야생화
화첩기행

야생화화첩기행

초판인쇄 | 2014년 7월 28일
초판발행 | 2014년 7월 31일

지 은 이 | 김인철
펴 낸 이 | 고명흠
펴 낸 곳 | 푸른행복

출판등록 | 2010년 1월 22일 제312-2010-000007호
주　　소 | 서울 서대문구 세검정로 1길 93(홍은1동 455번지)
　　　　　벽산아파트상가B/D 304호
전　　화 | (02)3216-8401~3 / FAX (02)3216-8404
E-MAIL | munyei21@hanmail.net
홈페이지 | www.munyei.com

ISBN　979-11-5637-008-6 (13480)

※ 이 책의 내용을 저작권자의 허락 없이 복제, 복사, 인용, 무단전재하는 행위는 법으로 금지되어 있습니다.
※ 이 도서의 국립중앙도서관 출판예정도서목록(CIP)은 서지정보유통지원시스템 홈페이지(http://seoji.nl.go.kr)와 국가자료공동목록시스템(http://www.nl.go.kr/kolisnet)에서 이용하실 수 있습니다. (CIP제어번호: CIP2014020419)
* 이 책은 관훈클럽 신영연구기금의 도움을 받아 저술, 출판되었습니다.

한라에서 백두까지
멸종위기종, 희귀식물, 특산식물 등 국내 대표 야생화 200종을 카메라에 담다!

야생화 화첩기행

글·사진 | 김인철

푸른행복

책머리에

"살면서 언제가 가장 행복했어요?"

난데없는 아내의 질문에 곰곰 생각해봅니다.

결혼한 날, 아이들 태어난 날 등등, 아내가 예시한 날들을 두루 짚어보지만, 정작 내 마음속에 떠오른 것은 특정한 날이 아니라 '꽃'이었습니다.

그렇습니다. 느닷없는 아내의 물음을 통해 산과 들, 계곡과 숲에 저 홀로 피고 지는 야생화를 마주하고 있는 순간을 내가 가장 행복하고 즐겁고 짜릿하고 편안해한다는 걸 새삼 알게 되었습니다. 그렇기에 결코 가볍지 않은 사진 장비를 짊어지고 기꺼운 마음으로 설악산과 태백산, 가야산 등 산과 제주도, 고흥 외나로도 등 섬을 포함해 전국을 떠돌아다니는 것이겠지요.

길 가다 넘어져 무릎에 가벼운 생채기라도 나면 소독하고 연고를 바릅니다. 자다가 이불을 걷어차 기침이라도 하면 주사를 맞고 감기약을 먹습니다. 그런데 세상살이에 지치고 상처 입은 우리 마음은, 영혼은 어떻게 위로해야 할까요. 눈에 보이지 않는 그 마음에도 소독약을 바르고, 주사를 놓고, 약을 처방해야 하지 않을까요.

저에겐 야생화를 만나는 일이 이런저런 이유로 상처 입고 병든 마음과 영혼을 달래고 치유하는, 이른바 힐링입니다.

'와, 예쁘다', '정말 좋다', '아, 행복하다!'

풀숲에 엎드려 너도바람꽃, 노루귀, 얼레지 등등 자잘한 풀꽃들을 보고 있으면, 단전으로

부슬부슬 풀리는 땅의 기운과 함께 위의 세 가지 감정이 동시에 밀려옵니다. 칼에 베인 듯 깊었던 마음의 상처가 어느새 아물고, 내일을 살아갈 새로운 활력이 샘솟는 게 느껴집니다.

너도나도 힐링을 말하는 시대, 우리의 산과 들에 자연스럽게 피어나는 야생화들을 통해 마음의 상처를 위로하고 치유했으면 좋겠다, '이토록 행복해도 될까' 싶은 포만감을 공유하면 좋겠다는 마음이 이 책을 펴내게 된 큰 동기입니다.

특히 많은 이들이 꽃을 보고 행복해지기를 바라는 마음에서, 언제 어디로 가면 이런저런 야생화들을 만날 수 있는지 자생지 정보도 담았습니다. 국민의 알 권리를 존중하며 정보를 공유토록 돕는 일에 30년 가까이 매달려온 터라, 그 어떤 이유에서든 정보의 독과점은 공정하지 못하다는 신념에서 수년 동안 지득한 자생지 정보를 아는 한 공개합니다. 야생화 탐사가 주는 정신적 치유 효과, 그에 따른 사회적 순기능이 지대하기에, 불가피하게 빚어질 생태학적 부작용은 감내해야 하지 않을까 하는 생각도 해봅니다.

그럼에도 알 권리만큼이나 '지켜야 할 의무' 또한 아무리 강조해도 지나치지 않습니다. 자연 생태를 지키고 보존해야 할 의무를 엄중하게 받아들이고 실천해서 단 한 포기도 훼손하지 않기를, 이 책의 독자들에게 당부하고 또 당부합니다.

제아무리 절세가인이라도 최상의 미모를 평생 유지할 수 없습니다. 사랑하는 이의 '젊은 한때'가 있어 늘 그 시절을 회상할 뿐입니다. 그러나 야생화는 다릅니다. 조금만 부지런하면 사랑하는 꽃의 완벽한 미모를 만날 수 있습니다.

털복주머니란 등 극히 일부를 제외하고는 개체수가 수없이 많기에, 찬찬히 살피면 언제 어디서나 최상의 꽃송이, 완벽한 꽃송이를 만날 수 있습니다. 바로 이런 완벽한 미모의 꽃들이 야생화 애호가들을 꼼짝달싹 못하게 매료시키는 것이지요. 초보자든 전문가든 누구나 시작만 하면 언제든 완벽한 꽃을 만날 수 있다는 건, 야생화를 찾아 나서기에 늦지 않았나 주저할 이유가 없다는 뜻이기도 합니다.

누구에게나 오랫동안 만나고 싶어 한 야생화가 있습니다. 또 마음속으로 그려온 멋진 장면이 있습니다. 동강의 물길이 굽이치는 곳에 자리 잡은 동강할미꽃, 설악산 여심폭포 절벽에 피어난 금강초롱꽃, 백두대간 연봉을 굽어보는 솔나리 등 이른바 그림 같은 사진들을 간추렸습니다. 셔터 속도와 노출값 등 각종 사진 정보도 자세히 담아 야생화 촬영 시 활용할 수 있게 했습니다.

  겨울 지나면 봄이 오고, 봄이 오면 어김없이 야생화들이 피어납니다. 비록 작지만 영롱한 꽃들입니다. 발밑을 살피지 않는 등산객들의 부주의로 등산화에 밟히고, 어리석은 자들의 욕심에 남획되기도 하지만, 어김없이 꽃을 피웁니다. 찾아주고 봐주는 이 없어도 하늘의 뜻에 따라, 자연의 순리에 따라 꽃을 피웁니다.

  꽃은 자리를 탐하지 않습니다. 새로운 꽃들에게 기꺼이 자리를 내줍니다. 숲은 그래서 날마다 새롭습니다. 며칠 간격으로 같은 산을 수없이 찾아도 늘 새롭습니다.

  다만, 겸손해야 만날 수 있습니다. 무릎을 꿇어야만 그 수줍은 그 속살을 만날 수 있습니다. 몸을 낮추는 이에게만 봄, 여름, 가을 환하게 피어나는 변산바람꽃, 병아리풀, 물매화가 방긋 미소를 짓습니다.

  식물학 전공자도 아니면서 오로지 꽃과 사진이 좋아 수년 동안 쫓아다닌 결과물임에도 기꺼이 출판에 나서준 출판사 대표님을 비롯하여 수천 장의 사진과 원고를 꼼꼼히 살펴준 편집과 디자인 팀장님의 노고가 없었다면 이 책은 결코 빛을 보지 못했을 것입니다.

2014년 여름
김인철

| 일러두기 |

1. 차례를 정하는 데 활용한 날짜는 각 야생화 주요 사진의 촬영일이다.
2. 국명과 학명 등의 용어는 국가생물종지식정보시스템(www.nature.go.kr)의 표기를 따랐다. 단, 난장이붓꽃과 난쟁이바위솔이 혼용되고 있는 바, 이 책에서는 바른 표기인 '난쟁이'로 통일했다.
3. 촬영 정보 중 A(조리개 우선) 모드로 촬영한 사진에는 관련 정보를 생략했다. P(자동 프로그램) 모드, M(수동) 모드, S(셔터스피드 우선) 모드로 촬영한 사진에는 관련 정보를 명기했다.

| 차 례 |

책머리에 / 5

2월

16일 | 염화시중의 미소 같은 꽃방망이_ **앉은부채** / 20

23일 | 여수 밤바다를 환히 밝히는_ **변산바람꽃** / 24

23일 | 황금빛 사랑을 노래하는 봄 야생화의 대명사_ **복수초** / 28

3월

7일 | 이제 봄, 더 이상 추위는 없다_ **너도바람꽃** / 32

16일 | 반짝이는 솜털, 몽환적 청색과 분홍 꽃_ **노루귀** / 36

22일 | 이른봄, 알싸하고도 향긋한 노란색 꽃_ **생강나무** / 40

23일 | 까투리 희롱하는 장끼의 꽁지깃_ **꿩의바람꽃** / 44

31일 | 동강할미꽃과 금슬 좋은 긴 수염 할배_ **동강고랭이** / 48

4월

3일 | 도도하나 거만하지 않은 동강변 명물_ **동강할미꽃** / 52

7일 | 연분이 맞아야 활짝 핀 자태를 볼 수 있는 꽃_ **깽깽이풀** / 58

10일 | 차마 이름 부르기 민망한_ **개불알풀, 선개불알풀** / 64

15일 | '피겨 여왕' 뺨치는 S라인 스핀 챔피언_ **얼레지, 흰얼레지** / 68

16일 | 만주벌판 말 달리던 북방계 바람꽃_ **만주바람꽃** / 74

18일 | 폭포수 옆 꽃도 좋고 설중화도 좋다_ **모데미풀** / 78

18일 | 봄바람 부는 산기슭, 흩날리는 치맛자락_ **처녀치마** / 84

18일 | 사내들 봄바람 나게 하는 연분홍 뒤태_ **들바람꽃** / 88

20일 | 메마른 낙엽 위로 띄우는 황금빛 봄소식_ **금붓꽃** / 94

23일 | 봄에 한 번, 가을에 한 번, 두 번의 만남_ **솜나물** / 98

26일 | 새색시 닮은 키 작은 붓꽃_ **각시붓꽃, 흰각시붓꽃** / 102

27일 | 열대 해변 비키니 여인을 닮은_ **남바람꽃** / 108

27일 | 봄이 무르익었음을 알리는 춘란_ **보춘화** / 112

28일 | 이름 없는 산속 분홍색 꽃밭_ **앵초, 설앵초, 큰앵초** / 116

28일 | 난데없는 폭설 속에 만난 군락_ **한계령풀** / 122

5월

1일 | 키 크고 꽃도 풍성하지만_ 나도바람꽃 / 126

1일 | 아차 하는 사이 스러지는 야생 백합_ 산자고 / 130

2일 | 용문사 뜰에도, 알프스 수도원에도_ 금낭화 / 134

4일 | 보랏빛 꽃색을 자랑하는 마지막 봄꽃_ 당개지치 / 136

4일 | 난보다 더 난 같은 단아함_ 중의무릇 / 138

5일 | 꽃피면 '돌아가리라'_ 노랑제비꽃, 제비꽃 / 142

5일 | 사라질까 애처로운 여린 풀꽃_ 애기송이풀 / 148

6일 | 황홀한 백의 얼굴, 천의 표정_ 광릉요강꽃 / 152

6일 | 이름 바꾸고 만나기 힘들어진 개불알꽃_ 복주머니란 / 158

7일 | 줄기 하나에 가지 셋, 잎도 셋_ 삼지구엽초 / 162

8일 | 수수해서 더 정이 가는 순한 하늘색 꽃_ 타래붓꽃 / 164

9일 | 꽃 같지 않은 꽃, 바람꽃 같지 않은 바람꽃_ 회리바람꽃 / 168

11일 | 눈부신 순백의 미인_ 홀아비바람꽃 / 172

11일 | 이토록 열정적인 꽃이라니_ 할미꽃 / 176

11일 | 태양 앞에 찬란한 황금색 꽃_ 금난초 / 180

11일 | 서양란의 자태에 그윽한 동양란의 향기_ 새우난초 / 184

11일 | 아름다운 석양 속에 피고 지고_ 솔붓꽃 / 188

11일 | 커다란 이파리 아래 수줍은 새색시_ 족도리풀, 각시족도리풀, 황록선운족도리풀 / 192

11일 | 작아도 정말 작은 들꽃_ 애기풀 / 198

12일 | 애기 똥 닮은 다정다감한 꽃_ **애기똥풀** / 202
15일 | 고향 마을 언덕에 튀밥처럼 흐드러지던 그 꽃_ **조팝나무, 설악조팝나무,
     참조팝나무** / 204
16일 | 학같이 고고한 숲속의 신사_ **연영초** / 210
18일 | 이렇게 키 큰 제비꽃도 있다네_ **왕제비꽃** / 212
18일 | 5월 지장산에서, 6월 한라산에서 만난 순백의 인연_ **민백미꽃** / 214
19일 | 섬진강변 흩날리던 매화 꽃잎의 환생_ **매화마름** / 218
25일 | 보름달 같은 우윳빛 꽃송이_ **큰꽃으아리** / 222
25일 | 낙하산처럼 피어나는 꽃_ **으름덩굴** / 224
25일 | 북방계 장미과 식물의 화사함을 대변하는_ **인가목, 흰인가목** / 226
28일 | 주근깨투성이 도도한 애기나리_ **금강애기나리, 큰애기나리** / 230
28일 | 연둣빛 숲속 금빛 유채화_ **동의나물** / 234
28일 | 지장보살 혹은 이밥나물_ **풀솜대, 자주솜대** / 236
28일 | 꽃도 예쁜 귀한 한약재_ **백작약** / 240

6월

1일 | 너무 흔하지도, 귀하지도 않아 반가운_ **감자난초** / 242
2일 | 선비를 닮은 고결한 자태_ **은대난초** / 246
2일 | 활짝 펼친 잎, 오뚝한 꽃대, 고고한 학이로다_ **두루미꽃** / 250
2일 | 신록의 숲에서 들리는 색소폰 소리_ **등칡** / 254
5일 | 은은한 향기 뒤 기묘한 별칭_ **은방울꽃** / 258
6일 | 키는 작지만 호연지기만은 설악산을 품고 산다_ **난쟁이붓꽃** / 262

6일 | 산솜다리 있어 설악산에 오른다_ **산솜다리, 왜솜다리** / 266

6일 | 황진이도 울고 갈 고운 꽃_ **참기생꽃, 기생꽃** / 270

7일 | 닥치고 보호해야 할 관리 대상 1호_ **털복주머니란** / 276

15일 | 영혼까지 보일 듯 투명한_ **나도수정초, 수정난풀, 구상난풀** / 280

16일 | 작열하는 여름 태양을 닮은_ **하늘나리, 날개하늘나리** / 286

17일 | 한라산·금강산이 고향이라오_ **흰그늘용담, 구슬붕이, 비로용담** / 290

17일 | 가냘프지만 굳센 제주 사람을 닮은_ **세바람꽃** / 294

18일 | 가장 늘씬하고 우아한 야생화_ **두루미천남성, 천남성** / 296

18일 | 작은 거인의 도도한 카리스마_ **은난초** / 300

18일 | 눈처럼 희고 함지박처럼 크고 둥근 꽃_ **함박꽃나무** / 304

19일 | 하늘이 내린 난_ **천마** / 308

22일 | 논둑길을 핑크빛 사랑으로 물들이는_ **개정향풀** / 312

22일 | 매화의 격조를 쏙 빼닮은_ **매화노루발, 노루발** / 316

26일 | 완숙미 넘치는 현대 조각품_ **산제비란** / 322

28일 | 참기생꽃도 두루미꽃도 없는 숲에선 내가 왕_ **범꼬리** / 324

29일 | 내년에도 너를 다시 볼 수 있을까_ **닭의난초** / 328

29일 | 바위가 생활 터전, 용감무쌍 야생화_ **병아리난초, 구름병아리난초** / 332

30일 | 고대산 바위 절벽서 북을 바라보는_ **자주꿩의다리, 꿩의다리, 은꿩의다리, 꿩의다리아재비** / 336

7월

4일 | 목화솜 뿌린 듯, 뭉게구름 피어나듯_ 터리풀 / 344
4일 | 진홍색 속살이 환상적인_ 린네풀 / 348
6일 | 잘 구워진 매병을 닮은 꽃_ 가솔송 / 350
6일 | 작지만 강렬한 꽃_ 왜지치, 꽃마리 / 354
6일 | '한여름 밤 꿈' 같은 황홀경_ 두메양귀비 / 358
7일 | 장마철 불발에 그치는 폭죽놀이_ 구실바위취 / 362
7일 | 여름 계곡을 환히 밝히는 도깨비방망이_ 도깨비부채 / 366
10일 | 이름이 뭐든 다 같은 우리 난_ 한국사철란 / 370
12일 | 풀인가, 곤충인가_ 나나벌이난초, 나리난초,
　　　옥잠난초 / 372

14일 | 주지 스님 기다리던 동자승의 슬픈 사연_ 동자꽃, 털동자꽃 / 378
18일 | 양반꽃의 해금이, 대중화가 반갑다_ 능소화 / 382
20일 | 천길 낭떠러지 이슬 먹고 자라는_ 지네발란 / 386
21일 | 백합보다 붉고 강렬한 천연 나리꽃_ 말나리, 하늘말나리,
　　　누른하늘말나리, 털중나리 / 390
22일 | 물질하는 해녀를 닮은 토종 허브_ 순비기나무 / 396
24일 | 서너 시간 보이고 스러지는 버섯의 여왕_ 노란망태버섯 / 400
25일 | 남덕유산 첩첩 연봉 굽어보는_ 솔나리, 흰솔나리 / 404
27일 | 강물과 더불어 한 폭의 수채화를 그리는_ 꽃장포 / 410
27일 | '작은 것이 아름답다'_ 말털이슬, 쥐털이슬 / 414
30일 | 온몸 비틀어 존재를 증명하는_ 타래난초 / 418
31일 | 이보다 더 앙증맞을 수 있을까_ 병아리풀 / 422
31일 | 오후 2시 정확하게 꽃잎 여는 귀화식물_ 노랑개아마 / 426
31일 | 지고지순한 여인을 닮은_ 땅나리 / 428
31일 | 기품 있고 단아한 '작은 호박꽃'_ 왕과 / 432

월

3일 | 여름 산과 들, 바닷가를 지키는 수문장_ 참나리, 뻐꾹나리 / 436

5일 | 겉모습만 보고 판단하지 말아요_ 하늘타리 / 440

5일 | 장모의 극진한 사위 사랑이 담긴_ 사위질빵 / 442

10일 | 우리 눈엔 제비, 서양사람 눈엔 돌고래_ 큰제비고깔 / 446

14일 | 꿈속에서라도 보고 싶다_ 해오라비난초 / 450

16일 | 바위에 떠억 붙어 피는 성냥개비꽃_ 바위떡풀 / 454

17일 | 땡땡이 무늬 아로새겨진 청화백자_ 네귀쓴풀, 자주쓴풀, 쓴풀 / 458

17일 | 멀리, 높이 가야 만나는 산꽃_ 산오이풀 / 464

21일 | 바위에 아슬아슬 엉겨 붙어 천년_ 난쟁이바위솔 / 468

24일 | 뽀송뽀송 솜털 난 어린아이 같은 연꽃_ 어리연꽃, 노랑어리연꽃 / 472

25일 | 이 땅 며느리들의 수난사_ 며느리밑씻개 / 476

25일 | 키 작은 나무에 둘둘 감긴 귀부인 목걸이_ 계요등 / 480

26일 | 어린 순은 산나물, 꽃피면 야생화_ 곰취, 참나물 / 482

27일 | 설탕가루 반짝반짝 빛나는 하얀 눈깔사탕_ 돌바늘꽃, 분홍바늘꽃 / 484

27일 | 가던 길 멈춰 서서 뒤돌아보게 하는_ 닻꽃 / 488

27일 | 산정에 서둘러 핀 가을꽃_ 까실쑥부쟁이 / 492

29일 | 실룩실룩 하늘로 올라가는 오리 떼_ 흰진범, 진범 / 496

9월

1일 | 한국 특산식물을 대표하는 야생화의 제왕_ 금강초롱꽃, 흰금강초롱꽃 / 500

1일 | 한여름 설악산 능선을 하얗게 수놓는_ 바람꽃 / 508

7일 | 쓰레기 더미 위 하늘공원의 명물_ 야고 / 512

8일 | 한탄강 절벽 연분홍 꽃잎_ 분홍장구채 / 516

8일 | 나를 내버려두세요_ 물봉선 / 520

8일 | 순백에서 진홍까지 색이 다른 앙증맞음_ 고마리 / 524

8일 | 초록 진주를 품은 별꽃_ 덩굴별꽃 / 528

8일 | 이역만리 아프리카가 고향_ 수박풀 / 530

14일 | 성벽에 뿌리내린 탐스런 꽃_ 큰꿩의비름, 꿩의비름 / 532

25일 | 붉은 립스틱 바르고 물가에 내려앉은 매화_ 물매화 / 536

25일 | 가을 계곡 물들이는 반짝이는 보랏빛_ 좀개미취 / 540

26일 | 이름은 빌렸으나 미모와 색은 오리지널을 능가하다_ 나도송이풀, 흰송이풀, 한라송이풀 / 542

28일 | 가을 한탄강변에 운치를 더하는_ 포천구절초 / 546

10월

1일 | 네가 있어 한탄강이 외롭지 않다_ **강부추** / 550

1일 | 투명한 가을날 고혹적인 보랏빛_ **솔체꽃** / 554

2일 | 뿌리는 뿌리대로, 꽃은 꽃대로_ **뚱딴지** / 558

3일 | 통곡하고 싶은 가을, 놓치면 통곡할 꽃_ **둥근잎꿩의비름** / 560

7일 | 청계천 물길서도 피는 장한 꽃_ **구절초** / 566

8일 | 제주 바다와 어울려 더 특별한_ **갯쑥부쟁이** / 570

9일 | 바위에 붙어 몸을 곧추세운 마애불_ **정선바위솔** / 574

9일 | 연보랏빛 해국 한 다발 꺾어드리오리다_ **해국** / 578

12일 | 계면조로 흐르는 가을 강변에_ **좀바위솔** / 584

12일 | 가을산에서 만난 호위 무사들_ **세뿔투구꽃, 투구꽃** / 590

12일 | 잘 살아온 누군가의 황혼을 닮은_ **용담, 과남풀** / 594

13일 | 스산한 가을, 가슴을 파고드는 진한 허브 향_ **가는잎향유, 꽃향유** / 598

13일 | 가시 같은 솜털, 분홍빛 꽃봉오리_ **가시여뀌, 이삭여뀌, 개여뀌** / 604

13일 | 절집 바위틈에도, 검정 고무신에도_ **연화바위솔** / 608

14일 | 코끝에 스치는 산국 향, 세상은 그런대로 살 만하다_ **산국** / 612

22일 | 여뀌류 가운데 제일_ **꽃여뀌** / 616

27일 | 한해 꽃농사의 마무리, 시작은 미미했으나 끝은 창대하리_ **좀딱취** / 620

야생화
화첩기행

01 2월 16일
염화시중의 미소 같은 꽃방망이

앉은부채

'꽃피는 봄'입니다. 개나리·진달래에게는 봄이 꽃피는 봄이고, 하늘나리·참나리·능소화에겐 여름이 꽃피는 봄입니다. 구절초·산국에겐 가을이 꽃피는 봄입니다. 그러니 봄꽃이 따로 없고, 여름꽃·가을꽃이 따로 있지 아니합니다. 제각각 꽃피는 저마다의 봄이 있을 뿐입니다. 봄·여름·가을 늘 꽃이 피니, 꽃에겐 봄·여름·가을이 늘 봄입니다.

앉은부채에겐 엄동설한 2월이 꽃피는 봄입니다. 산지사방이 꽁꽁 얼어붙었고 골짜기마다 눈이 가득하지만, 앉은부채는 백상어가 등지느러미를 곧추세우고 망망대해를 유영하듯 눈의 바다를 의연하게 관망하고 있습니다.

꽁꽁 언 땅속에 깊고 넓게 퍼진 여러 갈래의 뿌리, 거기에서 뿜어내는 수백 도의 자체 발광열이 얼음구들을 녹이고 싹을 틔워 도깨비방망이 모양의 꽃을 피웁니다. 앉은부채의 강인한 생명력은 자연의 경이로움을 새삼 실감케 합니다.

앉은부채란 꽃이 진 뒤 무성하게 자라나는 잎이 부채처럼 넓게 퍼진다고 해서 붙은 이름입니다. 하지만 꽃 모양이 가부좌 튼 부처를 닮았다 하여 '명상에 잠긴 부처'라 불리기도 하고, '앉은부처'라는 그럴듯한 이름으로 오해받기도 합니다.

노란 꽃덮개를 가진 앉은부채는 정식 명칭은 아니지만 '노랑앉은부채'라고 불립니다. 귀하게 만난 노랑앉은부채 한 송이가 염화시중의 미소로 겨울을 저만치 물리치고 있습니다.

캐논 EOS 350D　60mm　F5　1/1000초　노출보정 -1.0EV　ISO 100

학명은 *Symplocarpus renifolius* Schott ex Miq. 천남성과의 여러해살이풀

캐논 EOS 350D | 60mm | F4.5 | 1/250초 | M 모드 | 노출보정 0EV | ISO 100

니콘 D800 | 105mm | F4.5 | 1/60초 | 노출보정 0EV | ISO 200

캐논 EOS 350D 60mm F2.8 1/50초 노출보정 −1.0EV ISO 200

어디 가면 만날 수 있나

수도권 인근의 유명 자생지는 천마산. 3월 초순은 되어야 꽃이 핀 모습을 볼 수 있다. 경기 남양주시 오남읍 팔현로 다래산장가든 주변에 차를 세우고 성기마골 등산로를 따라 한 시간 정도 오르면 된다. 더 일찍 만나려면 남쪽으로 내려가야 한다. 아직 엄동설한인 2월 중순에 앉은부채를 만난 곳은 충북 청주시 낭성면의 작은 산. 면사무소 옆 작은 개울 건너편 야산을 조금 올라가면 된다.

02 2월 23일
여수 밤바다를 환히 밝히는

변산바람꽃

봄소식이, 꽃소식이 하도 요란하기에 찾아갔습니다. 가서 만났습니다. 이미 봄이 왔고, 봄꽃들이 흐드러지게 피어 있음을 보았습니다. 왕복 800km 여정이 쉽게 감행할 일이 아니기에 며칠을 두고 망설였으나, 아직 한겨울인 2월 초부터 요란하게 전해오는 꽃소식을 끝내 외면할 수 없었습니다.

돌산대교를 건너면서 최근 유행했던 〈여수 밤바다〉란 노래를 몇 차례 돌려가며 듣다 보니 어느새 향일암이 지척입니다. 향일암 1km 못 미친 곳에 차를 세우고 금오산으로 드니 무성한 칡덩굴과 가시덤불이 이내 앞을 가로막고, 그 아래 갈색 낙엽 사이로 하얀 꽃들이 방긋방긋 눈인사를 합니다. 수백 송이 변산바람꽃이 봄날 아스팔트 위에 피어나는 아지랑이처럼 반짝입니다.

'아하! 이런 걸 꽃멀미가 난다고 하는구나!' 비로소 실감합니다. 돌산 위에 하얗게 피어나 '여수 밤바다'를 환히 밝히는 향일암의 변산바람꽃은 풍성하기가 수도권 인근에 비할 바 아니었습니다.

전북 변산에서 처음 발견돼 변산바람꽃이란 이름이 붙은 꽃. 꽃잎처럼 보이는 넓은 흰색 이파리가 실제는 꽃받침이고, 그 안에 나팔처럼 생긴 열 개 안팎의 녹황색 깔때기들이 꽃잎입니다. 제주도와 강원도 동해시 등지의 복수초가 이미 1월, 때 이른 꽃소식을 전하고 난 뒤 내륙에서 피는 첫 야생화는 아마도 변산바람꽃일 것입니다.

변산바람꽃은 서남 해안가에 주로 핀다고 알려져 왔습니다. 물론 경기도에서도 자생지가 발견되기는 했지요. 서해와 가까워 바닷바람이 간간이 불어올 만

학명은 *Eranthis byunsanensis* B.Y.Sun. 미나리아재비과의 여러해살이풀. 특산식물

니콘 D800 105mm F6.3 1/200초 노출보정 −0.5EV ISO 100

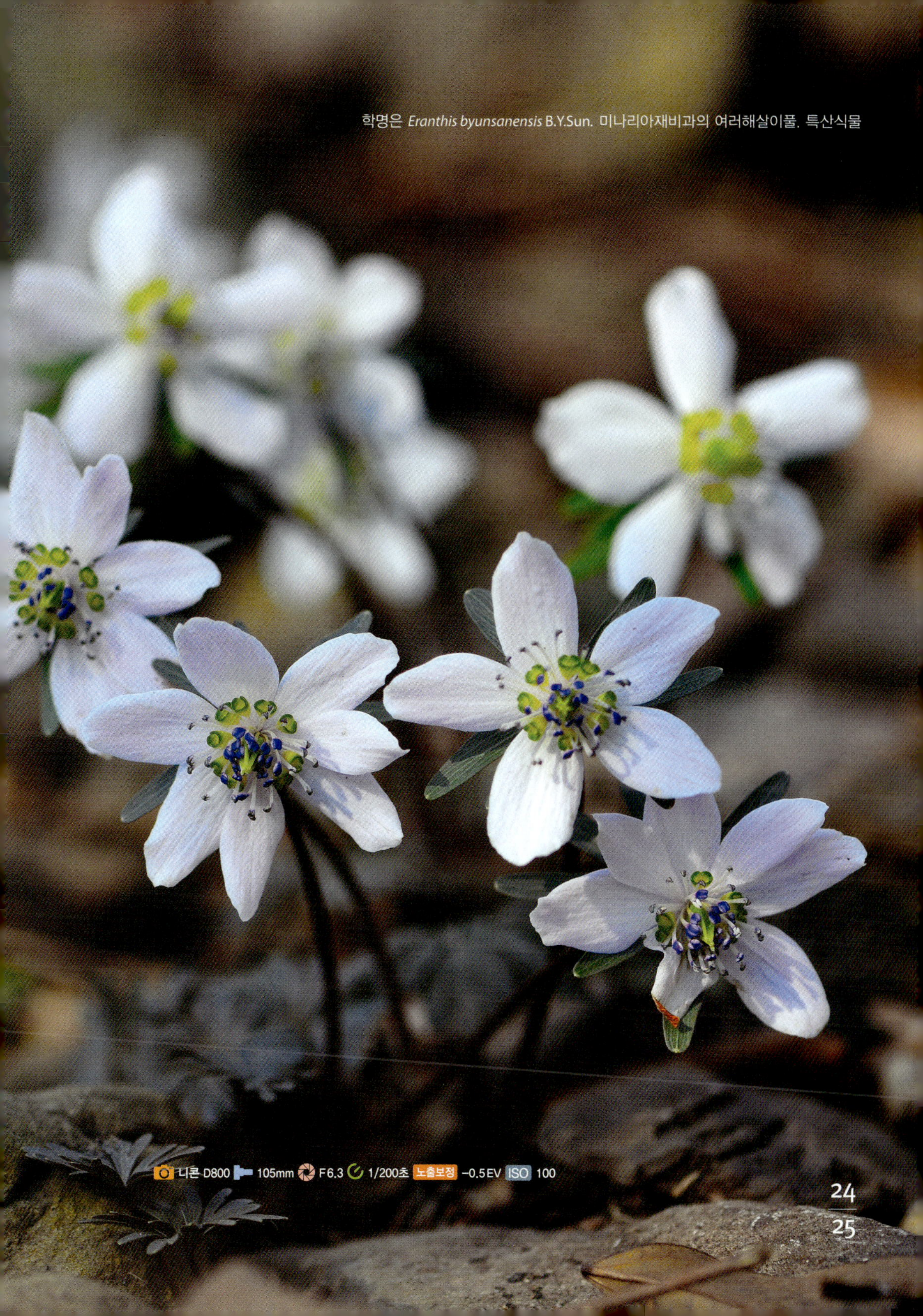

니콘 D800 　105mm　F10　1/200초　노출보정 −1.0EV　ISO 100

캐논 EOS 350D　60mm　F5　1/2000초　노출보정 −1.0EV　ISO 200

한 수리산이 북방한계선으로 여겨졌습니다. 그런데 바닷바람이 한 자락도 미치지 않는 경기 북부 지장산에서도 만날 수 있습니다.

　1993년 전북대 선병윤 교수가 변산반도에서 이 꽃을 처음 채집해 학명에 발견지인 변산과 그의 이름(B.Y.Sun)을 넣어 한국 특산종으로 발표했습니다. 변산반도 등 서해안 일대는 물론 서울 인근 수리산과 지장산과 명지산 그리고 지리산, 한라산, 설악산 등 전국적으로 자생합니다.

어디 가면 만날 수 있나

　가장 유명한 자생지는 역시 변산반도다. 특히 전북 부안군 상서면 청림마을은 십수 년 전부터 변산바람꽃의 자생지로 유명세를 타면서 생태계 파괴가 크게 우려되고 있다. 여수 금오산과 고흥 봉래산, 울산 무룡산도 이름난 자생지다. 수도권에서는 수리산이 변산바람꽃을 만나려는 이들로 3월 초 꽤나 붐빈다. 안양 시내 수리산 약수터 주차장에서 5분 정도 오르다 왼편 계곡 주변을 살피면 된다. 3월 중순 이후 경기도 연천 지장산 절골 제1등산로 초입에서도 만날 수 있다.

03 2월 23일
황금빛 사랑을 노래하는 봄 야생화의 대명사

복수초

남도의 꽃은 일찍 필뿐더러 더없이 풍성하고 화려합니다. 특히 복수초가 그러합니다. 여수 돌산에서 만난 복수초는 경기·강원 등 북부 지방의 높고 깊은 산에서 보는 복수초에 비해 꽃의 크기가 갑절 이상 큽니다. 게다가 꽃이 피는 것과 동시에 잎도 무성하게 자라납니다. 이른바 가지복수초입니다.

통상 우리나라에서 피는 복수초는 서너 가지로 분류됩니다. 남부와 서해 도서 지방에서 자생하는 가지복수초, 잎이 더 가늘게 갈라지는 제주도의 세(細)복수초, 경기·강원 등 중북부 산에서 자생하는 그냥 복수초, 마지막으로 복수초보다 더 작은 애기복수초입니다. 꽃피는 시기는 가지복수초나 세복수초가 1~2월인 데 반해, 복수초나 애기복수초는 3월이 돼야, 더 늦은 곳에선 4월에나 꽃이 핍니다.

봄이 오는 속도를, 복수초 개화시기를 활용해 간접 측정해볼 수 있습니다. 제주도를 제외하고 통상 가장 먼저 꽃소식을 전하는 곳은 완도수목원. 대개 1월 중순쯤 '봄의 전령사' 복수초가 황금색 꽃망울을 터뜨렸다는 1보가 전해집니다. 여기서 북쪽으로 500여km 떨어진 경기도 연천 지장산에서는 일러야 2월 말에나 복수초가 피니, 결국 봄은 하루 15~20km 속도로 아장아장 북상한다는 계산이 나옵니다.

활짝 핀 복수초는 마치 형광 물질을 뿜어내는 듯 강렬합니다. 실제 복수초 꽃 속의 온도가 바로 옆 50cm 떨어진 곳보다 7도 이상 높다는 조사 결과도 있습니다.

'복 받고 오래 살라'는 뜻의 한자명 복수초도 좋지만, 이른봄 얼음 사이에서 피어난다는 얼음새꽃·눈색이꽃이란 우리말 이름도 참 예쁩니다. 눈 속에 피는 연꽃 같다고 '설련(雪蓮)'이라고도 부릅니다. 제주와 남부 지역에서 1월 초부터 피기 시작해 경기·강원 깊은 산에선 5월 초까지도 피니 개화 기간이 5개월 가까이 됩니다. 참으로 긴 세월 피고 지는 봄 야생화의 대명사입니다.

학명은 *Adonis amurensis* Regel & Radde. 미나리아재비과의 여러해살이풀

캐논 EOS 350D　60mm　F2.8　1/800초　노출보정 -1.7EV　ISO 100

캐논 EOS 350D　60mm　F5.6　1/500초　노출보정 -1.3EV　ISO 100

캐논 EOS 60D　60mm　F3.2　1/1000초　노출보정 -0.3EV　ISO 100

👣 어디 가면 만날 수 있나

　전국의 산에서 만날 수 있다. 지역마다 1월에서 5월까지로 개화시기가 다르다. 아무튼 남보다 먼저 꽃을 보려면 멀리 가야 한다. 제주도와 동해안에선 이르면 1월에도 복수초 꽃을 볼 수 있다. 사진은 전남 여수 금오산, 경기도 양평 어비계곡과 연천 지장산 등지에서 담았다. 꽃이 핀 뒤 눈이 내려 연출되는 '설중 복수초'도 보기 힘든데, 운 좋게도 꽃피고 눈 내리고 그 눈이 녹다가 어는 기상 변화를 겪어야 만들어지는 얼음새꽃도 만났다. 가장 이른 복수초의 개화지로는 강원도 동해시 냉천공원과 전남 완도수목원, 고흥 봉래산 등이 손꼽힌다.

04 3월 7일
이제 봄, 더 이상 추위는 없다

너도바람꽃

꽁꽁 언 산골짜기에 바람이 났습니다. 너도바람꽃이 하나, 둘, 셋 피기 시작하더니 어느새 수십, 수백 송이가 활짝 피어 사방에 깔렸습니다.

봄은 발끝에서 온다더니, 과연 그렇습니다. 눈에 보이는 계곡은 아직도 빙판인데, 발밑에선 겨우 손톱만 한 너도바람꽃이 모진 추위를 이겨내고 봄을 노래합니다. 가냘프고 여리디여린 너도바람꽃이 어떻게 꽁꽁 언 땅바닥을 뚫고 나와 순백의 꽃을 피우는지, 참으로 놀라울 따름입니다.

자연의 신비! 생명의 신비! 계절 변이의 신비!

겨울의 끝이자 새봄의 첫머리에서 만나는 너도바람꽃에게서는 약자의 외로움보다는 강추위도, 폭설도 이겨낸 의연함이 느껴집니다. 비록 작고 가냘파 보이지만, 모진 세파를 이겨낸 강자에게서 느낄 수 있는 단단한 힘이랄까 그런 것 말입니다. 그래서인지 세세연년 피는 너도바람꽃이건만, 만날 때마다 새롭고 볼 때마다 반갑습니다.

대개 꽃대 하나에 꽃이 하나 달리는데, 경기도 포천시 관인면 지장산 계곡에서 꽃이 두 개 달린 '쌍둥이' 너도바람꽃을 여럿 만났습니다.

복수초 등의 설중화가 꽃이 먼저 핀 뒤 살짝 눈이 내려 만들어지는 데 반해 너도바람꽃은 두텁게 쌓인 눈을 헤집고 올라온, 진정한 의미의 '눈 속의 꽃[雪中花]'으로 피어나는 걸 볼 수 있습니다.

캐논 EOS 350D 60mm F5.6 1/1600초 노출보정 −1.0EV ISO 100

학명은 *Eranthis stellata* Maxim. 미나리아재비과의 여러해살이풀

니콘 D800 | 105mm | F3 | 1/1600초 | 노출보정 −1.5EV | ISO 100

캐논 EOS 350D | 60mm | F3.2 | 1/3200초 | 노출보정 −0.7EV | ISO 100

캐논 EOS 350D　60mm　F 2.8　1/4000초　노출보정 -2.0EV　ISO 100

👣 어디 가면 만날 수 있나

전국 어느 산, 어느 계곡에서나 볼 수 있다. 수도권에서는 경기도 광주 무갑산, 남양주 천마산과 예봉산 등지가 유명하다. 특히 무갑산 무갑사 계곡과 예봉산 세정사 계곡, 천마산 팔현계곡이 핵심 포인트다. 사진은 경기도 양평 용문산 어비계곡에서 만난 너도바람꽃이다. 두텁게 언 얼음이 한 뼘쯤 녹아내린 가장자리에 한 송이가 탐스럽게 피어 있어 담았다.

05 3월 16일
반짝이는 솜털, 몽환적 청색과 분홍 꽃

노루귀

  자연의 이치는 단순 명료합니다. 세월이 가면 계절이 바뀌고, 계절이 바뀌면 봄이 오고, 봄이 오면 꽃이 피고, 햇살이 번지면 꽃봉오리가 벌어집니다.

  여명의 노루귀들이 하나둘 꽃잎을 열기 시작합니다. 그 숨막히고 살 떨리는 절정의 순간을 엿보았습니다. 개화 그리고 만개….

  노루귀는 꽃이 진 뒤 둘둘 말려 나오는 솜털투성이 잎 모양이 노루의 귀를 닮았다고 해서 붙여진 이름입니다. 자생지에 따라 색과 크기가 다양한데, 특히 꽃색이 예쁘기로 손꼽을 만합니다.

  그중 압권은 청노루귀입니다. 거무튀튀한 낙엽더미에서 솟아나는 청노루귀의 진한 청색은 고흐의 그림에서 만나곤 하는 '신비의 청색'을 떠올리게 합니다. "하늘은 믿을 수 없이 파랗고… 천상에서나 볼 수 있을 법한 푸른색"이라고 빈센트 반 고흐가 동생 테오에게 보낸 편지에 썼던 그 색 말입니다.

  분홍노루귀의 깜찍한 색감도 청노루귀와 맞겨룰 만합니다. 연분홍 꽃잎이 화사한 노루귀를 바라보면 봄날 아지랑이 속에 연분홍 치마가 휘날리는 듯한, 복사꽃 곱게 핀 길이 춤추는 듯한 황홀경에 빠져듭니다.

  순백의 청순함이 돋보이는 흰노루귀도 있는데, 같은 청색·흰색·분홍색이라도 자생지마다, 꽃마다 색감이 다르고 투명도가 다릅니다.

  멀리 남쪽에서 3월 초순부터 피고 지는 노루귀가 경기·강원 북부 지역에선 한 달여 뒤인 4월 중순에야 만개하기 시작해 열흘 이상 더 피고 지니, 우리 땅 남과 북의 길이가 짧은 듯해도 꽃의 영토만은 결코 작지 않아 다행입니다.

니콘 D800　26mm　F6.3　1/640초　노출보정 −3.5EV　ISO 125

학명은 *Hepatica asiatica* Nakai. 미나리아재비과의 여러해살이풀

니콘 D800 105mm F3 1/5000초 노출보정 −1.5EV ISO 125

캐논 EOS 60D 60mm F6.3 1/2000초 노출보정 −2.7EV ISO 125

캐논 EOS 350D | 60mm | F3.2 | 1/1600초 | 노출보정 -2.0EV | ISO 100

💡 어디 가면 만날 수 있나

많은 야생화가 모르면 매우 귀하게 여겨지지만, 친숙해지면 전 국토가 자생지라 할 만큼 쉽게 만날 수 있다. 노루귀 역시 초보자에겐 귀하지만, 알고 나면 청계산 등 서울 시내 산에서도 쉽게 볼 수 있다. 수도권의 유명 자생지는 가평 화야산, 안양 수리산, 안산 구봉도, 양평 유명산, 연천 지장산 등이다. 그러나 남보다 일찍 만나려면 한두 시간 정도 남쪽으로 발품을 팔아야 한다. 충남 논산시 연산면 신양리 옛 한민대학교 뒷동산에 가면 열흘 정도 일찍 분홍노루귀 꽃을 볼 수 있다.

06 3월 22일
이른봄, 알싸하고도 향긋한 노란색 꽃

생강나무

"그 바람에 나의 몸뚱이도 겹쳐서 쓰러지며 한창 피어 퍼드러진 노란 동백꽃 속으로 폭 파묻혀버렸다. 알싸한, 그리고 향긋한 그 냄새에 나는 땅이 꺼지는 듯이 온 정신이 고만 아찔하였다."

김유정의 대표작 〈동백꽃〉의 한 대목입니다. 춘천 출신의 소설가가 강원도 산골 소년·소녀의 순박한 사랑 이야기를 그리며 남녘에서 주로 피는 동백꽃을 소재로 삼은 게 이상하다 했는데, 몇 해 전 강원도에선 생강나무를 '동백꽃'이라 불렀다는 걸 듣고 오랜 궁금증이 풀렸습니다.

생강나무는 봄철 목본류 가운데 가장 먼저 꽃을 피우는 봄의 전령사입니다. 노란 꽃에선 김유정의 표현대로 알싸한, 그리고 향긋한 냄새가 진하게 납니다. 잎과 줄기를 씹으면 톡 쏘는 생강 맛이 난다고도 합니다.

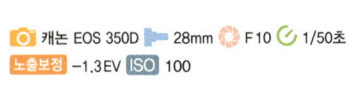

캐논 EOS 350D 28mm F10 1/50초
노출보정 −1.3EV ISO 100

학명은 *Lindera obtusiloba* Blume. 녹나무과의 낙엽 활엽 관목

니콘 D800 | 105mm | F3.5 | 1/2000초 | 노출보정 0EV | ISO 200

캐논 EOS 60D | 60mm | F4 | 1/500초 | 노출보정 0EV | ISO 200

 캐논 EOS 350D  60mm F4 1/2500초 노출보정 -1.7EV ISO 200

🐾 어디 가면 만날 수 있나

딱히 어디라고 특정하는 게 무의미할 만큼 전국 어느 산에서나 볼 수 있다. 혹 만난 기억이 없다면 바로 눈앞에 있는데도 알아보지 못했거나 이름을 알지 못했을 뿐이다. 3월 중순 이후 나무에 핀 노란색 꽃을 만나면 이것만 기억하자. 산에 피는 꽃은 생강나무, 밭이나 마을 주변에 피는 꽃은 산수유. 좀더 정확하게는, 꽃대가 있고 꽃잎이 방사선으로 퍼지면 산수유, 꽃대 없이 꽃이 뭉쳐서 피면 생강나무다.

07 3월 23일
까투리 희롱하는 장끼의 꽁지깃

꿩의바람꽃

'화무십일홍(花無十日紅)'이라 했던가요? 그렇게도 강인한 생명력을 과시하던 너도바람꽃이 시들해질 즈음, 꿩의바람꽃이 또 다른 순백의 아름다움을 뽐내기 시작합니다.

꿩의바람꽃이란 이름은 가지런하고 둥글게 펴진 십여 개의 길고 날렵한 꽃받침이 마치 장끼(수꿩)가 길고 화려한 꽁지깃을 활짝 편 것 같다 해서 붙은 것이 아닐까 합니다. 눈부시게 볕 좋은 봄날, 이 산 저 산 양지바른 기슭에서 까투리를 희롱하며 노는 장끼의 꼬리 깃이 꿩의바람꽃의 꽃받침처럼 활짝 펴지지 않을까 상상해봅니다.

꽃이 피면 꽃잎처럼 보이는 꽃받침이나 꽃술, 꽃밥 등이 모두 흰색으로 빛나지만, 꽃봉오리 시절엔 전체적으로 분홍빛이 감도는 참으로 귀여운 꽃입니다.

속명과 종명, 명명자가 담긴 식물의 학명에는 많은 이야기가 담겨 있습니다. 꿩의바람꽃은 '바람'이란 뜻의 '아네모네'가 속명입니다. 숲 속 바람 부는 곳에서 잘 자라는 식물이란 특성이 반영된 것이겠지요.

학명은 *Anemone raddeana* Regel. 미나리아재비과의 여러해살이풀

캐논 EOS 60D 60mm F4 1/640초 노출보정 -1.3EV ISO 125

니콘 D800 105mm F3.3 1/2000초 노출보정 -1.0EV ISO 100

전설에 따르면 꽃의 여신 플로라와 바람의 신 제피로스는 연인 사이였는데, 제피로스가 플로라의 시녀였던 아네모네를 사랑하게 되자 질투를 느낀 플로라가 아네모네를 먼 곳으로 쫓아냈습니다. 그러자 제피로스가 바람을 타고 아네모네를 찾아 나섰고, 추위에 떨고 있는 아네모네를 발견하고는 얼싸안았습니다. 이 모습을 지켜본 플로라는 결국 아네모네를 한 송이 꽃으로 만들어버렸습니다. 그 꽃이 바로 꿩의바람꽃입니다. 영어로 '윈드플라워(windflower)'란 모든 바람꽃을 일컫는 게 아니라 정확하게 꿩의바람꽃으로 해석해야 한답니다.

👣 어디 가면 만날 수 있나

꿩의바람꽃도 전국의 모든 산이 자생지라 할 수 있다. 하지만 같은 산이라도 특정한 계곡이나 산기슭, 산마루 등 제한된 지역에만 꽃이 피듯 아무 산에서나 볼 수 있다는 말은 아니어서, 야생화가 많기로 유명한 산을 찾아야 한다. 수도권 인근에서는 천마산과 화야산, 화악산, 수리산, 광덕산, 유명산, 서해의 풍도 등이 유명하다.

08 3월 31일
동강할미꽃과 금슬 좋은 긴 수염 할배

동강고랭이

동강변 석회암 절벽의 3대 명물 중 하나인 동강고랭이입니다.

동강할미꽃이 여성적 이미지라면, 동강고랭이는 수염을 길게 늘어뜨린 게 영락없는 남성성의 표징 같은 형상을 하고 있습니다. 그래서 '동강할멈'과 짝을 이루는 '동강할배', 그리고 둘 사이 여기저기에 자리를 잡은 돌단풍이 동강변 석회암 지대에 형성된 이른바 '뼝대'를 대표하는 삼총사라고 할 수 있습니다.

강원도 정선 일대를 휘감아 도는 조양강과 동강변에서 자라는 동강고랭이는 동강할미꽃이 한창 꽃을 피우는 봄날, 연두색 줄기를 곧추세우고 하얗거나 옅은 미색의 자잘한 꽃들을 밤하늘의 별처럼 총총히 피웁니다.

누군가 말하데요. "지금은 동강할미꽃이 각광받지만, 언젠가 동강고랭이의 소박한 아름다움에 더 많은 시선이 쏠리게 될 것"이라고 말이지요.

2006년까지 이창복 교수가 명명한 '정선황새풀'로 불렸으나, 이후 이영로 박사가 동강고랭이란 이름으로 학계에 등록했습니다.

학명은 *Scirpus diocicus* Y.Lee & Y.Oh, 사초과의 여러해살이풀, 특산식물

캐논 EOS 350D | 60mm | F 2.8 | 1/500초 | 노출보정 −1.0 EV | ISO 400

캐논 EOS 350D | 60mm | F 2.8 | 1/4000초 | 노출보정 −1.3 EV | ISO 100

캐논 EOS 350D　60mm　F2.8　1/1600초
노출보정 −1.3EV　ISO 100

👣 어디 가면 만날 수 있나

동강할미꽃이 피는 시기 영월·정선 일대에 가면 동강할미꽃과 함께 만날 수 있다. 그중에서도 풍성하고 쭉쭉 뻗은 동강고랭이를 만나려면 정선군 정선읍 귤암리 동강변 바위 절벽을 찾는 게 좋다.

4월 3일
도도하나 거만하지 않은 동강변 명물

동강할미꽃

 산이 산을 껴안고, 강이 강을 휘감아 도는 강원도 영월·정선. 백운산 정상 아래 깎아지른 석회암 절벽 위에 동강할미꽃이 피어 강원도 땅에도 봄이 왔음을 알리고 있습니다. 천길 낭떠러지가 얼마나 위험천만해 보이는지 오금이 저려 차마 서지 못하고 기다시피 해서 다가갔습니다. 살 떨리는 현장, 다시는 오지 않겠다 다짐하고 바들바들 떨며 몇 장 얻어 내려왔습니다.

 꽃빛이 말 그대로 형형색색입니다. 붉은가 하면 푸르고, 진보라색이 있는가 하면 옅은 남색이 있고, 꽃잎은 둥근가 하면 길게 뻗어 있기도 하고. 그러나 공통점이 있습니다. 어느 것이든 '한 미모' 하기 때문인지 하나같이 도도합니다. 허리 숙여 피는 그냥 할미꽃과 달리 절벽, 기암괴석에 뿌리내리고 하늘을 향해 고개를 곧추세우고 꽃망울을 활짝 터뜨립니다. 하나같이 고개를 뻗대고 있지만 거북하지 않습니다. 볼수록 행복하고 사랑스럽습니다.

 1997년 생태사진가 김정명 씨가 작품집을 내면서 처음 알려졌습니다. 3년 뒤 한국식물연구원 이영로 박사가 '동강할미꽃'이란 이름으로 학계에 발표하며 비로소 온 세상에 알려지게 됐습니다.

 척박한 서식 환경은 경북 청송 주왕산의 둥근잎꿩의비름 자생지와 흡사합니다. 당연히 두 꽃에서 풍기는 경외감과 신비감이 참으로 닮았습니다. 석회암 절벽에 가까스로 몸을 기댄 채 유유히 흐르는 동강을 굽어보는 동강할미꽃에게선 황혼의 비장미마저 엿보입니다.

학명은 *Pulsatilla tongkangensis* Y.N.Lee & T.C.Lee, 미나리아재비과의 여러해살이풀, 특산식물

꽃빛이 흰 동강할미꽃도 있습니다. 정선읍 귤암리 초입의 '흰둥이'는 처음 발견된 게 아니라 해마다 피던 것인데, 최근 몇 년간 꽃이 피지 않자 죽었거나 누군가 몰래 캐갔다고 생각했답니다. 사진을 담는데 지나가던 동네 사람들이 반기더군요.

"와! 죽은 줄 알았는데, 몇 년 만에 다시 꽃이 피었네!"

동강은 언제 가도 좋지만, 3월 말에서 4월 초 사이가 참 인상적입니다. 봄이 막 차오르는 계절, 에메랄드빛 강물이 굽이치는 뼝대 위에 동강할미꽃과 동강고랭이가 금슬 좋게 피어나기 때문입니다.

니콘 D800　105mm　F 4　1/1250초　노출보정 −0.5EV　ISO 125

니콘 D800　16mm　F 11　1/200초　노출보정 −1.5EV　ISO 125

니콘 D800　16mm　F11　1/400초　노출보정 −0.5EV　ISO 200

👣 어디 가면 만날 수 있나

강원도 영월·정선·평창 일대 동강변이 주요 자생지이자 탐사지이다. 동강 유역 어디에서나 한두 송이 동강할미꽃을 만날 수 있지만, 정선군 정선읍 귤암리, 정선군 신동읍 점재마을, 평창군 미탄면 마하리 문희마을, 영월군 영월읍 문산리 등이 동호인들이 즐겨 찾는 집단 자생지로 널리 알려져 있다. 특히 정선 백운산 칠족령에서 천애절벽에 핀 꽃을 만나는 것은 동강할미꽃 탐사의 백미라 할 수 있다.

10 4월 7일
연분이 맞아야 활짝 핀 자태를 볼 수 있는 꽃

깽깽이풀

　꽃도 연분이 있는지, 어떤 건 마음만 먹으면 활짝 핀 꽃을 볼 수 있는데, 어떤 건 몇 해를 두고 쫓아다녀도 제대로 핀 것을 만나기 어렵습니다. 바로 깽깽이풀이 선덕을 제대로 쌓아야 만날 수 있는 꽃인가 봅니다. 찾을 때마다 봄비가 오거나, 또는 때가 이르거나 늦거나, 미적대다 비바람이 몰아친 뒤여서 꽃들이 이미 져버린 일도 있었습니다.

　깽깽이풀 꽃이 만개한 자태를 보기 어려운 건 온도와 관련이 있습니다. 아침 꽃샘추위가 기승을 부리거나 햇빛이 적으면 깽깽이풀이 꽃잎을 열지 않습니다. 적어도 기온이 15도 이상 올라가야 벌들의 활동이 왕성해지고, 이에 따라 자연스럽게 꽃가루 이동과 수분이 이뤄져 개체 증식과 종족 보존이 가능합니다. 이러한 생명 활동을 장담할 수 없으니 꽃잎을 꽉 닫아버리는 것이지요.

　그래도 불행 중 다행이라고, 긴 시간 기다려 오후 반나절이라도 반짝 해가 나면 아쉬운 대로 눈부신 꽃을 볼 수 있습니다. 어질어질하면서 아련한, 봄날의 몽환적 아찔함을 만끽할 수 있습니다.

　깽깽이풀은 아마도 봄꽃 가운데 가장 크게 사랑받는 꽃의 하나일 것입니다. 그런 만큼 남획 등 수난을 겪을 가능성도 높습니다. 게다가 심산유곡이 아닌 마을 어귀에, 사람들

학명은 *Jeffersonia dubia* (Maxim.) Benth. & Hook.f. ex Baker & S.Moore. 매자나무과의 여러해살이풀

캐논 EOS 350D　60mm　F2.8　1/1000초　노출보정 -2.0EV　ISO 100

이 쉽게 접근할 수 있는 산과 계곡 초입에, 도로나 택지로 파헤쳐지고 개발되기 쉬운 곳에 자생하기에, 아차 하는 사이 사라지기 쉬운 야생화입니다.

　남녘의 깽깽이풀은 수술의 꽃밥이 노란색을 띠는 데 반해, 중부 이북의 깽깽이풀은 자주색으로 확연히 구분됩니다. 한방에선 황련이란 약재로 불립니다.

니콘 D800　105mm　F3　1/8000초　노출보정 -3.5EV　ISO 100

캐논 EOS 350D 60mm F2.8 1/80초 노출보정 -1.7 EV ISO 100

니콘 D800　105mm　F3　1/1250초　노출보정 −2.0EV　ISO 100

👣 어디 가면 만날 수 있나

2012년 멸종위기종에서 해제됐지만 남획으로 자생지가 훼손될 위험이 높아 누구든 선뜻 탐사지를 알려주지 않는 야생화의 하나다. 경북 의성군 고운사 주변, 대구 달성군 화원읍 본리리 야산, 강원 홍천군 내면 방내리 야산, 경기 연천군 신서면 내산리 야산 등이 유명세를 탄 곳이다. 그중 대구 화원자연휴양림 인근 야산 중턱의 깽깽이풀이 개체수도 많고 무더기로 꽃을 피워 동호인들이 즐겨 찾는다.

11 4월 10일
차마 이름 부르기 민망한

개불알풀
－선개불알풀

"밤새 질펀한 사랑을 나눈 듯 / 지천에 피어난 //
우선 일 저질러놓고 / 야트막한 언덕배기에서 살림을 차린 듯 //
세상 물정 모르는 / 귀때기 시퍼런 / 저 철없는 풀꽃들의 지저귐을 뭐라 번역하나?"

－안준철〈개불알풀〉전문

시인이 절묘하게 말했듯, 참으로 민망하여 이름 부르기를 주저하게 만드는 꽃입니다. 꽃이 지고 난 뒤에 맺히는 열매가 개의 불알을 닮았다 하여 개불알풀입니다. 이르면 1~2월에도 아파트 화단이나 양지바른 길가에 빼꼼히 얼굴을 내미는 봄의 전령사로, 봄까치꽃으로도 불립니다.

유럽이 원산지인 귀화식물인데 꽃이 더 큰 큰개불알풀, 줄기가 길고 꼿꼿하게 서 있는 선개불알풀, 키가 작고 땅바닥에 누운 듯 꽃을 피우는 눈개불알풀 등 네 종류가 있습니다.

선개불알풀은 꽃이 새끼손톱의 반도 안 될 만큼 매우 작아서 처음에 꽃을 알아보기도 힘들고, 꽃 이름을 알기도 쉽지 않습니다. 경기도 양평 유명산 정상 활공장에서 찍어온 지 서너 달 지나서야 겨우 동정을 파악했습니다.

학명은 *Veronica didyma* var. *lilacina* (H.Hara) T.Yamaz. 현삼과의 두해살이풀

캐논 EOS 350D　29mm　F4.5　1/200초　노출보정 −1.0EV　ISO 200

👣 어디 가면 만날 수 있나

전국 어디서나 지역과 기후에 따라 이르면 1~2월부터 늦가을까지도 만날 수 있는 친숙한 꽃이다. 대구 달성에 있는 깽깽이풀 군락지를 찾아가다가 미나리꽝 옆 길섶에 무성하게 꽃을 피운 개불알풀 무더기를 담았다.

선개불알풀

학명은 *Veronica arvensis* L. 현삼과의 한해살이 또는 두해살이풀

12 4월 15일
'피겨 여왕' 뺨치는 S라인 스핀 챔피언

얼레지
-흰얼레지

4월 숲의 여왕, 얼레지입니다.

봄이 한창 무르익을 즈음, 낙엽이 쌓여 퇴비가 되고 늘 습기가 있어 비옥한 산기슭에 가면 봄처녀들이 너도나도 날씬한 몸매를 뽐냅니다. 누구는 S라인의 팔등신 미인들 같다고 하고, 누구는 셔틀콕의 멋진 모습이 연상된다고 합니다.

그러나 여섯 장의 꽃잎이 뒤로 젖혀지는 장면을 보려면 햇볕이 충분히 드는 정오 무렵을 지나야 합니다. 밤사이 오므라들었던 꽃잎이 다시 열리려면 충분한 볕이 있어야 하기 때문입니다.

몇 해 전, 한참 꽃구경을 하고 내려오는 길에 산비탈을 보니 아주머니 세 분이 얼레지 군락에서 앉은 자세로 서성댑니다.

"뭐하세요?"

"나물해요."

가까이 다가가 살펴보니, 얼레지의 알록달록한 잎이며 날렵한 꽃들이 순식간에 사라져갑니다. 묵나물로 만들어 된장국을 끓여 먹으면 미역 맛이 난다고 '미역취'라고도 한다더니…. 저마다 커다란 자루에 한가득 꽃과 잎을 따고 있습니다.

"적당히 따시지요. 이러다 씨가 마르겠네요."

한마디하고 돌아서는데, "예" 하고 대답은 하면서도 손놀림들은 여전합니다.

씨에서 싹이 튼 뒤 꽃이 피기까지 무려 7년을 기다려야 하는 얼레지 꽃들이 그렇게 한순간에 사라지고 있습니다. 이 봄, 이 산 저 산, 이 골 저 골에서 말입니다.

니콘 D800 105mm F3 1/1250초 노출보정 −1.5EV ISO 100

학명은 *Erythronium japonicum* (Balrer) Decne. 백합과의 여러해살이풀

📷 니콘 D800　105mm　F5.6　1/200초　노출보정 −0.5EV　ISO 100

📷 캐논 EOS 60D　18mm　F10　1/200초　노출보정 −2.0EV　ISO 125

캐논 EOS 350D 41mm F7.1 1/100초 노출보정 −1.0EV ISO 400

캐논 EOS 350D 60mm F2.8 1/2500초 노출보정 −1.7EV ISO 200

흰얼레지

학명은 *Erythronium japonicum* f. *album* T.B.Lee. 백합과의 여러해살이풀

캐논 EOS 350D　60mm　F3.5　1/4000초　노출보정 −1.0EV　ISO 800

캐논 EOS 350D　60mm　F2.8　1/2500초　노출보정 -2.0EV　ISO 200

'백마 탄 왕자', '백설공주'에 대한 갈망과 동경 때문일까요? 유독 흰 물건을 명품시하는 경향이 있습니다. 백마니, 백사니, 백록이니….

꽃도 마찬가지입니다. 산꽃·들꽃 중에서도 흰 꽃을 보면 많은 이들이 걸음을 멈추고 떠나질 않습니다. 산기슭을 뒤덮다시피 한 수천, 수만 송이 붉은 얼레지 꽃밭 한가운데 우뚝 선 한 송이 흰얼레지가 카리스마 넘칩니다. 빛깔만 흰 게 아니라 자태도 귀티가 납니다. 군계일학의 영물이요, 귀물이란 생각이 절로 듭니다.

급기야 혼자만 담겠다는 욕심에, 얼른 카메라에 담고는 꽃을 따버리는 이도 있다고 들었습니다. 참으로 미욱하기 짝이 없는 인간의 욕심입니다.

캐논 EOS 350D　60mm　F2.8　1/3200초　노출보정 -2.0EV　ISO 100

어디 가면 만날 수 있나

전국의 많은 산이 얼레지 꽃으로 붉게 물들 만큼 자생지마다 개체수가 풍성하다. 그중에서도 경기도 가평군 청평면 삼회리 화야산 등산로를 필두로, 양평 용문산과 유명산, 가평 화악산, 남양주 천마산, 포천 광덕산 등이 수도권에서 가까운 얼레지 꽃동산으로 꼽힌다.

13 4월 16일
만주벌판 말 달리던 북방계 바람꽃

만주바람꽃

활짝 핀 모습을 좀체 만나기 쉽지 않은 만주바람꽃입니다.

시기로는 변산바람꽃이나 너도바람꽃, 꿩의바람꽃보다 다소 늦게 피고, 시간으로는 한낮이 지나야만 꽃잎이 활짝 열리기 때문입니다.

먼저 핀 이런저런 바람꽃들이 저마다 한바탕 미모를 뽐내고 물러간 뒤 피어나기에, 또 바람꽃이냐고 식상해하며 제대로 대접 받지 못하기 일쑤지요. 게다가 해가 중천에 올라 햇볕이 충분히 내리쬐어야 꽃잎이 예쁘게 열리기에, 행락 인파를 피해 이른 아침 산에 올랐다 서둘러 돌아서는 이들과는 시간적으로도 궁합이 잘 맞지 않습니다.

이른봄에 피는 키 작은 풀꽃들이 거개 그렇듯, 만주바람꽃도 겸손해야 만날 수 있습니다. 무릎 꿇고 화판이 열리기를 진득하게 기다려야 보석 같은 속살을 볼 수 있습니다. 몸을 낮추는 이에게만 환하게 피어나는 봄꽃들이 방긋 미소를 건넵니다. 모진 추위를 이겨내고 꽃을 피웠건만, 허리 꼿꼿이 세운 이에겐 그저 등산화에 짓밟히는 한갓 잡초에 지나지 않겠지만요.

1930년대 만주에서 처음 발견되면서 북방계 식물로 여겨졌는데, 최근 중남부 지역 여기저기서 자생지가 확인되면서 '만주'라는 이름이 무색해지고 있습니다.

먼저 잎이 나고 꽃이 나중에 피는데, 이파리 색이 처음에는 황색을 띠다가 꽃이 피고 시간이 지나면서 녹색으로 변해갑니다. 꽃을 비롯해 잎과 줄기가 자잘해 유심히 살피지 않으면 같은 시기 피어나는 얼레지나 현호색, 꿩의바람꽃 등 화사한 봄꽃들에 묻혀 지나치기 쉬운 풀꽃입니다.

캐논 EOS 350D 60mm F2.8 1/2500초 노출보정 -2.0EV ISO 100

학명은 *Isopyrum manshuricum* (Kom.) Kom. 미나리아재비과의 여러해살이풀

캐논 EOS 60D | 60mm | F4 | 1/2000초 | 노출보정 −1.0EV | ISO 100

니콘 D800 | 105mm | F5.6 | 1/200초 | 노출보정 −1.5EV | ISO 125

캐논 EOS 60D | 60mm | F 3.5 | 1/1250초 | 노출보정 -1.7 EV | ISO 125

👣 어디 가면 만날 수 있나

경기 이북에서만 만날 수 있는 것으로 알려졌는데, 최근 전남 장성 백암산, 경남 사천 와룡산 등 전국적으로 자생지가 확인되고 있다. 수도권에서는 얼레지와 미치광이풀이 꽃을 피울 때 가평 화야산이나 남양주 천마산, 양평 유명산에 가면 함께 볼 수 있다.

14 4월 18일
폭포수 옆 꽃도 좋고 설중화도 좋다

모데미풀

  높고 푸른 산속에 투명하리만큼 맑은 물이 폭포수처럼 흘러내리고, 그 곁에 달처럼 환한 모데미풀이 무더기무더기 피어 있습니다. 먼젓번엔 '설중' 모데미풀이 발길을 잡더니, 이번엔 '폭포 버전' 모데미풀이 쉬엄쉬엄 가라며 손을 잡습니다.

  일주일 전, 필히 '설중화'를 보리라 작정하고 길을 나섰습니다. 4월 중순인데 가능할까? 내심 그런 생각도 들었습니다. 그렇지만 '분명 있을 거야'라고 자문자답하며 즐겨 찾던 나만의 꽃동산을 찾았습니다.

  경기도 양평군 옥천면 용천리 용문산 초입 주위에선 눈 흔적을 찾기 어렵더군요. '낭패로군' 하면서도 '혹시나' 하며 30분쯤 더 올라가니, 멀리 정상 부근 산기슭 곳곳이 눈에 덮여 있는 게 보입니다.

  그러면 그렇지! 1000m 넘는 산이라 평년에도 눈이 켜켜이 쌓여 얼음덩이로 남아 있었는데, 올 4월에는 늦은 눈도 한두 차례 내리지 않았던가. 그렇습니다. 꽃이 핀 뒤 살짝 눈이 내려 연출되는 설중화하고는 차원이 다른, 그야말로 눈 속에서 싹이 나고 꽃이 피는 원조 설중화가 눈앞에 나타나기 시작합니다.

  두꺼운 얼음장판을 뚫고 올라온 꽃대에 하나둘 꽃이 피어 있습니다. 모데미풀을 비롯해 너도바람꽃·복수초·꿩의바람꽃·얼레지·박새가 눈구덩이에 갇혀 있습니다. 참으로 대단한 4월의 '설중' 야생화들입니다.

학명은 *Megaleranthis saniculifolia* Ohwi. 미나리아재비과의 여러해살이풀. 특산식물

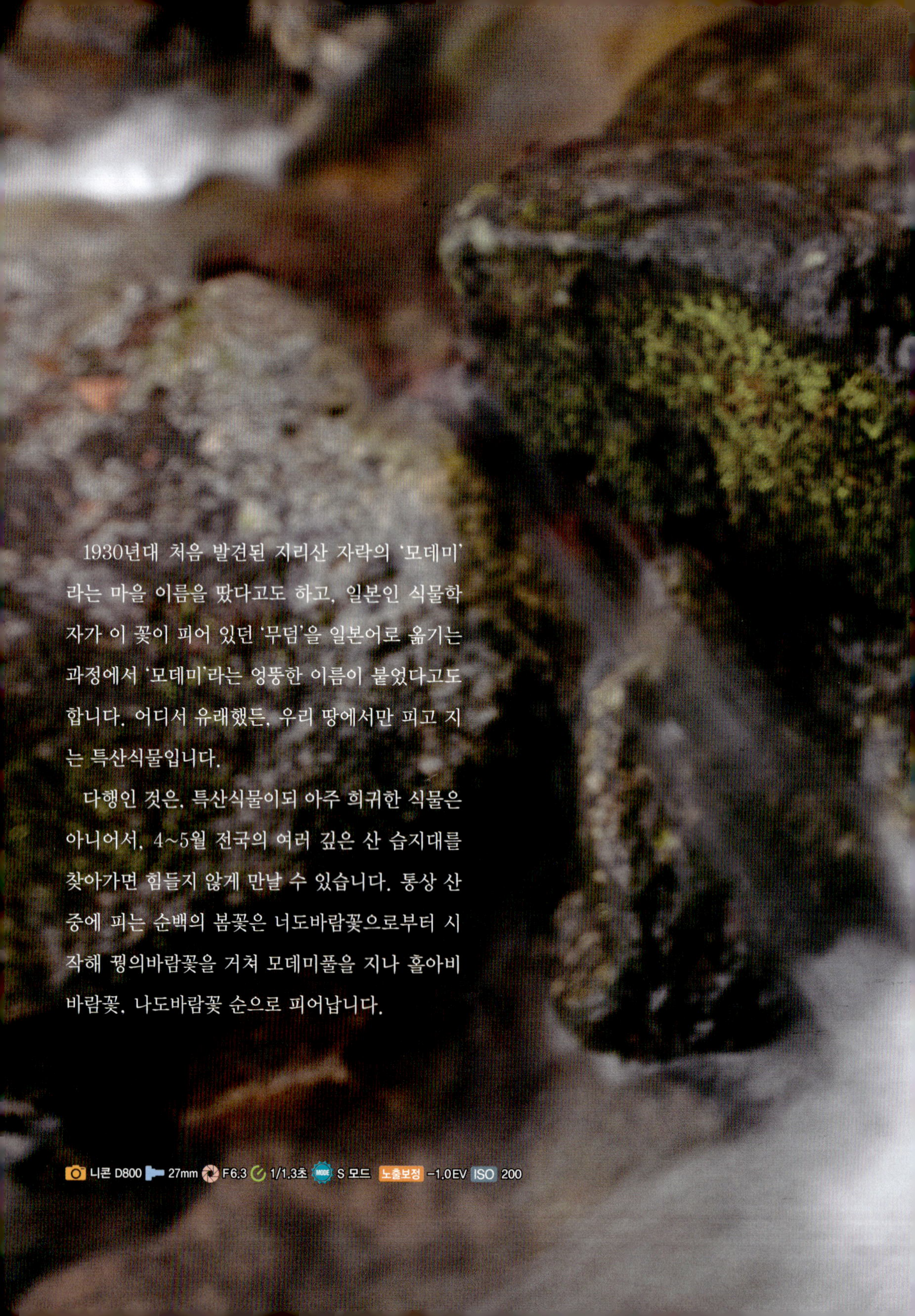

1930년대 처음 발견된 지리산 자락의 '모데미'라는 마을 이름을 땄다고도 하고, 일본인 식물학자가 이 꽃이 피어 있던 '무덤'을 일본어로 옮기는 과정에서 '모데미'라는 엉뚱한 이름이 붙었다고도 합니다. 어디서 유래했든, 우리 땅에서만 피고 지는 특산식물입니다.

다행인 것은, 특산식물이되 아주 희귀한 식물은 아니어서, 4~5월 전국의 여러 깊은 산 습지대를 찾아가면 힘들지 않게 만날 수 있습니다. 통상 산중에 피는 순백의 봄꽃은 너도바람꽃으로부터 시작해 꿩의바람꽃을 거쳐 모데미풀을 지나 홀아비바람꽃, 나도바람꽃 순으로 피어납니다.

니콘 D800 27mm F6.3 1/1.3초 S 모드 노출보정 -1.0EV ISO 200

니콘 D800　105mm　F3.5　1/1000초　노출보정 −2.0EV　ISO 100

👣 어디 가면 만날 수 있나

　처음 발견됐다는 전북 남원 운봉의 모데미마을 인근에서 지금은 정작 한 포기도 찾아볼 수 없다고 한다. 대신 전국적으로 발견되고 있으며, 개체수가 많기로는 덕유산과 소백산이 꼽힌다. 야생화 사진작가들이 최고로 꼽는 모데미풀 자생지는 강원도 횡성군 둔내면 청태산자연휴양림이다. 주차장에 차를 대고 제1산림문화휴양관을 지나 정상으로 오르다 보면 초록색 이끼가 무성한 작은 계곡이 눈앞에 나타나는데, 그곳 바위 사이사이 하얗게 꽃을 피운 모데미풀을 만날 수 있다. 계곡과 물과 이끼와 바위, 모데미풀을 한꺼번에 담을 수 있는 명소다.

15 4월 18일
봄바람 부는 산기슭, 흩날리는 치맛자락

처녀치마

   과연 여성 상위 시대인가 봅니다. 어제는 할미꽃의 당당함이 참으로 인상적이더니, 오늘은 짧은 치마 걸쳐 입은 처녀들이 나 보란듯 언덕 위에 올라서서 세상을 호령합니다. 봄바람이 불더니 앞산 뒷산, 이 골 저 골에 할미와 처녀들이 진을 치고 오가는 이들을 째려보며 말을 건넵니다.

   "나하고 한판 붙어볼 테여? 이젠 우리도 선선히 물러나지 않을겨!"

   처녀치마는 웬만한 산 낙엽이 무성한 곳을 자세히 살피면 만나볼 수 있습니다. 처음 보는 순간 '아하! 딱 이름 그대로네' 하는 느낌이 들었던 꽃입니다.

   땅이 얼고 눈이 내리는 한겨울에도 푸른 잎이 지지 않는, 이른바 늘 푸른 풀입니다. 습기가 많은 산속 음지에서 잘 자라지만, 땅바닥에 납작 엎드려 있는 데다 낙엽 따위에 뒤덮여 있기 일쑤여서 눈에 잘 띄지 않습니다. 봄철 낙엽에 뒤덮인 채 납작 엎드린 여러 갈래의 잎줄기 정중앙에서 꽃대가 싹트기 시작합니다. 그야말로 꽃대가 올라오기까지 한겨울이 걸리지만, 피는 건 잠깐입니다.

   처음엔 치마폭을 펼쳐놓은 듯 땅바닥에 둥글게 퍼져 있는 잎 생김새를 보고 처녀치마란 이름을 지었으리라 짐작했는데, 일본식 이름이 잘못 번역되면서 생겨난 엉뚱한 명칭이란 설명이 더 설득력 있어 보입니다. 그렇지만 활짝 핀 꽃 모양이 '인디언 치마' 또는 멋쟁이 처녀들의 미니스커트를 닮은 것도 사실입니다.

니콘 D800　105mm　F 3　1/5000초　노출보정 −2.5EV　ISO 200

학명은 *Heloniopsis koreana* Fuse & N.S.Lee & M.N.Tamura, 백합과의 여러해살이풀

니콘 D800 105mm F3 1/5000초 노출보정 −3.0EV ISO 100

🐾 어디 가면 만날 수 있나

전국의 산과 계곡이 자생지여서 장소를 특정하는 게 다소 무리이기는 하다. 개체수가 많고 찾기가 쉬운 곳을 굳이 추천하자면 강원도 홍천군 내면 광암리 둥지속하얀집 계곡을 들 수 있다. 펜션 주변 길섶과 가까운 숲속을 찬찬히 살피면 여기저기 불쑥불쑥 솟아오른 처녀치마 꽃대를 쉽게 만날 수 있다.

16 4월 18일
사내들 봄바람 나게 하는 연분홍 뒤태

들바람꽃

고개를 처박은 놈, 곧추드는 놈, 외로 꼬는 놈, 꽃잎을 감싸는 놈, 활짝 펴는 놈, 아예 뒤로 젖히는 놈. 다소 늦게 찾아온 봄, 아침 햇살이 스며들자 경기도 가평 숲속에서 들바람꽃들이 춤을 춥니다. 변산바람꽃이나 너도바람꽃·만주바람꽃·회리바람꽃 등 다른 바람꽃에 비해 다소 키가 크다 보니, 꽃 무게를 주체하지 못해 건들대는 형상입니다.

야망이니 야욕이니, 들 '야(野)' 자가 들어가는 단어들이 주는 느낌, 즉 거친 사내들의 야성을 들바람꽃도 가지고 있지 않나 하는 엉뚱한 생각을 합니다.

너도바람꽃·나도바람꽃·꿩의바람꽃·홀아비바람꽃·회리바람꽃 등 다른 바람꽃보다 만나기가 쉽지 않습니다. 북방계 식물로서 남한에서는 자생지가 그리 흔치 않기 때문입니다. 이런 특성도 들바람꽃의 야성을 입증하는 하나의 팩트가 아닌가 싶습니다. 하지만 바람꽃류가 가지는 순백의 미는 들바람꽃도 예외는 아니어서, 흰 꽃잎은 아침 햇살이 그대로 꿰뚫고 지나갈 만큼 투명하고 여립니다.

같은 꽃도 지역에 따라 피는 시기가 다소 차이가 납니다. 시기만 다른 게 아니라 꽃색도 다른 것 같습니다. 앞서 경기도 가평에서 만난 들바람꽃을 보고는 분명 흰 꽃인 줄만 알았는데, 강원도 홍천에서 본 들바람꽃은 연분홍 뒤태가 참으로 어여뻤습니다.

캐논 EOS 350D 30mm F8 1/250초 노출보정 -2.0EV ISO 100

학명은 *Anemone amurensis* (Korsh.) Kom. 미나리아재비과의 여러해살이풀

캐논 EOS 350D　27mm　F8　1/400초　노출보정 −2.0EV　ISO 100

캐논 EOS 60D　60mm　F3.2　1/3200초　노출보정 −2.0EV　ISO 100

그 뒷모습에 감탄하고 탄복했습니다. 비슷한 시기에 저 멀리 남녘에서 피는 '얼짱' 남바람꽃의 미모에 결코 뒤지지 않습니다. 그 이름이 들판을 홀로 누비는 시라소니의 야성을 연상시키지만, 분홍빛 꽃잎은 이런 이미지를 한숨에 날려보냅니다.

연분홍 봄날이 들바람꽃과 함께 저 숲, 저 들녘에서 휘날리고 있습니다.

🐾 어디 가면 만날 수 있나

태백산이나 청태산 등 강원도 높은 산 정상 가까이에서 어렵지 않게 만날 수 있다. 다행스럽게도 수도권 인근에도 자생지가 있어 봄이면 많은 동호인들이 수시로 찾는다. 경기도 가평군 설악면 회곡리 뾰루봉이다. 처녀치마를 보러 찾아간 강원도 홍천군 내면 광암리 계곡 주변도 들바람꽃이 분홍빛 꽃을 흐드러지게 피우는 자생지로 사랑받는 곳이다.

17 **4월 20일**
메마른 낙엽 위로 띄우는 황금빛 봄소식

금붓꽃

  새가 좌우의 날개로 날듯, 붓꽃은 청과 황이란 서로 다른 색으로 세상을 밝힙니다. 각시붓꽃과 타래붓꽃이 산과 바닷가를 온통 파란색으로 물들이는 데 맞서, 금붓꽃과 노랑붓꽃은 황금색으로 산과 골을 뒤덮습니다. 파란색과 노란색이 절묘하게 균형을 맞추고 있는 셈입니다.
  낙엽이 수북이 깔린 산기슭, 풀피리 모양의 날렵한 푸른 잎새 사이로 황금빛 노란 꽃이 빛을 발합니다. 우리나라 전역과 중국에서만 자라는 금붓꽃입니다. 키가 작아 애기노랑붓꽃으로도 불리는데, 비슷한 시기 파란색으로 피는 각시붓꽃과 함께 우리나라 전역에서 흔히 만나볼 수 있습니다. 물론 키

니콘 D800　105mm　F4　1/400초　노출보정 −0.5EV　ISO 125

학명은 *Iris minutiaurea* Makino. 붓꽃과의 여러해살이풀

캐논 EOS 350D | 60mm | F4.5 | 1/1250초 | 노출보정 −0.7EV | ISO 200

캐논 EOS 350D | 60mm | F2.8 | 1/3200초 | 노출보정 −1.0EV | ISO 100

캐논 EOS 350D | 60mm | F3.2
1/1250초 | 노출보정 -1.3EV | ISO 100

작고 꽃색도 연해서 고개를 숙이고 자세히 살피는 이에게만 예쁜 얼굴을 보여줍니다.

중의무릇부터 노랑제비꽃 · 피나물 · 애기똥풀 · 민들레 · 양지꽃에 이어 금붓꽃까지가 봄철에 자주 보는 '노란색 꽃 시리즈'라 할 수 있습니다. 금마타리 · 금불초 · 금방망이 등과 마찬가지로 쇠 '금(金)' 자가 들어간 노란색 꽃입니다.

참 예쁜데, '사진발'은 참 안 받아 애를 먹이는 꽃이기도 합니다.

어디 가면 만날 수 있나

사진 속 금붓꽃은 경기도 남양주시 조안면 진중리 세정사 계곡에서 담았다. 4월 중순에서 5월 초순 사이 경기 파주 감악산과 양평 용문산, 충북 제천 백운산 등 중부 지역 웬만한 산과 계곡에 가면 어렵지 않게 만날 수 있다.

18 **4월 23일**
봄에 한 번, 가을에 한 번, 두 번의 만남

솜나물

바람꽃 만나러 갔다가 바람맞고 돌아서는 길. 분홍색 솜나물이 허허로운 마음을 달래줍니다.

연두색 봄이 시시각각(時時刻刻), 시시각각(視視角角) 배경색을 달리해주니, 단 한 포기 꽃을 놓고 수십 장의 수채화를 그렸습니다. 분홍색과 연두색, 연파랑이 빚어내는 색의 향연이 즐거운 한나절이었습니다.

솜나물은 봄가을에 각각 꽃을 피우는 독특한 풀꽃입니다. 봄에는 분홍색이 감도는 작은 설상화(舌狀花)를, 가을에는 꽃잎이 벌어지지 않는 닫힌 꽃을 피웁니다.

동강 가에 사는 솜나물은 동강할미꽃을 닮아서 그런지, 산길 바깥쪽 가장자리에 자리를 잡고선 까치발을 하고 고개를 삐죽 내밀고 흐르는 강물을 물끄러미 바라봅니다. 해바라기하듯, '강바라기' 자세로 꽃을 피웁니다. 덕분에 분홍빛 뒤태가 잘 드러나 카메라에 쉽게 담을 수 있었습니다.

사진 속 사선의 갈색 가닥은 지난가을 폐쇄화로 꽃피었던 꽃대의 흔적입니다.

니콘 D800　105mm　F3.2　1/4000초　노출보정 −2.5EV　ISO 100

학명은 *Leibnitzia anandria* (L.) Turcz. 국화과의 여러해살이풀

니콘 D800　105mm　F3.2　1/3200초　노출보정 -3.0EV　ISO 100

캐논 EOS 450D　60mm　F2.8　1/200초　노출보정 -0.7EV　ISO 100

캐논 EOS 350D　60mm　F2.8　1/1000초　노출보정 -2.0EV　ISO 100

👣 어디 가면 만날 수 있나

남해 보리암, 영종도 처녀바위, 대구 비슬산, 정선 백운산, 강화도 등 전국에서 만났다. 그중 가장 인상적인 사진이 바로 경기도 가평군 청평면 회곡리 뽀루봉 등산로 초입에서 시시각각 변하는 연두색 봄을 배경으로 담은 솜나물이다.

19 4월 26일
새색시 닮은 키 작은 붓꽃

각시붓꽃
—흰각시붓꽃

이른봄 온 동네 처자들이 아끼던 '처녀치마'를 온 산기슭에 늘어놓더니, 봄의 끝자락에 온 세상 새색시들이 이 산등 저 산등에 '각시붓꽃'을 뿌려놓습니다.

각시붓꽃은 키 작은 붓꽃이란 뜻입니다. 각시둥굴레 · 각시원추리 · 각시제비꽃 · 각시고사리 등과 마찬가지로 각시붓꽃도 키나 크기가 작다는 것을 의미하는 접두어 '각시'의 이미지에서 자유롭지 못한 것이지요. 크기가 작을 뿐 아니라 낙엽이나 검불 속에서 꽃을 피우기에, 유심히 살피지 않으면 그냥 지나치기 십상입니다.

경기도 광주 앵자봉에서 내려오는 길.

"저기 제비꽃이 참 크기도 하네."

산에 막 오르는 등산객들의 말에 이끌려 발걸음을 멈추고 주위를 살펴보니 각시붓꽃이 한 무더기 피어 있었습니다. 그리고 일주일 후, 경기도의 또 다른 야산에서 색 바랜 각시붓꽃을 몇 포기 만났습니다. 쭉 뻗은 잎줄기와 활짝 벌어진 꽃잎, 단 몇 송이인데도 백만 송이 장미 못지않은 화사함과 기품이 느껴집니다.

그리고 또 일주일이 지난 뒤, 인천 영종도에서 뜻밖에 싱싱하게 살아 있는 각시붓꽃 더미와 조우했습니다. 산중의 봄만 더디 오는 게 아니라, 서해 섬마을의 봄도 슬로 템포로 오더군요.

학명은 *Iris rossii* Baker. 붓꽃과의 여러해살이풀

캐논 EOS 350D　60mm　F5　1/320초　노출보정 −0.7EV　ISO 800

캐논 EOS 350D　60mm　F2.8　1/2000초　노출보정 −2.0EV　ISO 200

캐논 EOS 350D 60mm F2.8 1/60초 노출보정 −0.3EV ISO 400

👣 어디 가면 만날 수 있나

전국 어느 동네 뒷산에서나 만날 수 있다. 두릅 따는 친구 따라 경기도 양평군 양동면 고송리 쑥골 뒷산을 찾았다가 봄비 맞은 각시붓꽃의 청초함에 홀딱 빠졌다. 전국에 분포하며 애기붓꽃이라고도 한다.

니콘 D800 105mm F3 1/1000초 노출보정 −1.0EV ISO 100

흰각시붓꽃

학명은 *Iris rossii f. alba* Y.N.Lee. 붓꽃과의 여러해살이풀

“마씨 성을 가진 오형제가 있었으니, 그들 모두 재주가 범상치 않았다. 그중에서도 눈썹이 흰 마량(馬良)이 최고였다. 마량의 눈썹이 흰 데서 흔히 최고를 지칭할 때 백미(白眉)란 말을 쓰게 되었다.”

《삼국지》에 전하는 이야기입니다. 흰색은 동서고금을 막론하고 남다른 대우를 받곤 하는데, 야생화도 예외가 아닙니다. 흰얼레지, 흰동강할미꽃, 흰동자꽃, 흰앵초 등을 만나면 큰 행운을 만난 듯 감격합니다.

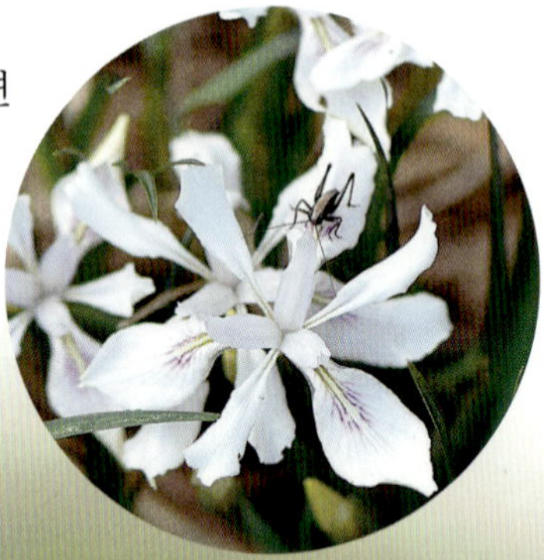

흰각시붓꽃을 처음 만났을 때도 그랬습니다. 신기하고 반가워 주변을 둘러봤지만, 그날 찾은 건 사진에 담은 게 유일합니다. 설사 자생지를 찾더라도 개체수가 그리 많지 않은 종임을 말해줍니다. 그런 만큼 잘 보존됐으면 하는 마음 간절합니다.

니콘 D800 105mm F3 1/4000초 노출보정 -1.5EV ISO 100

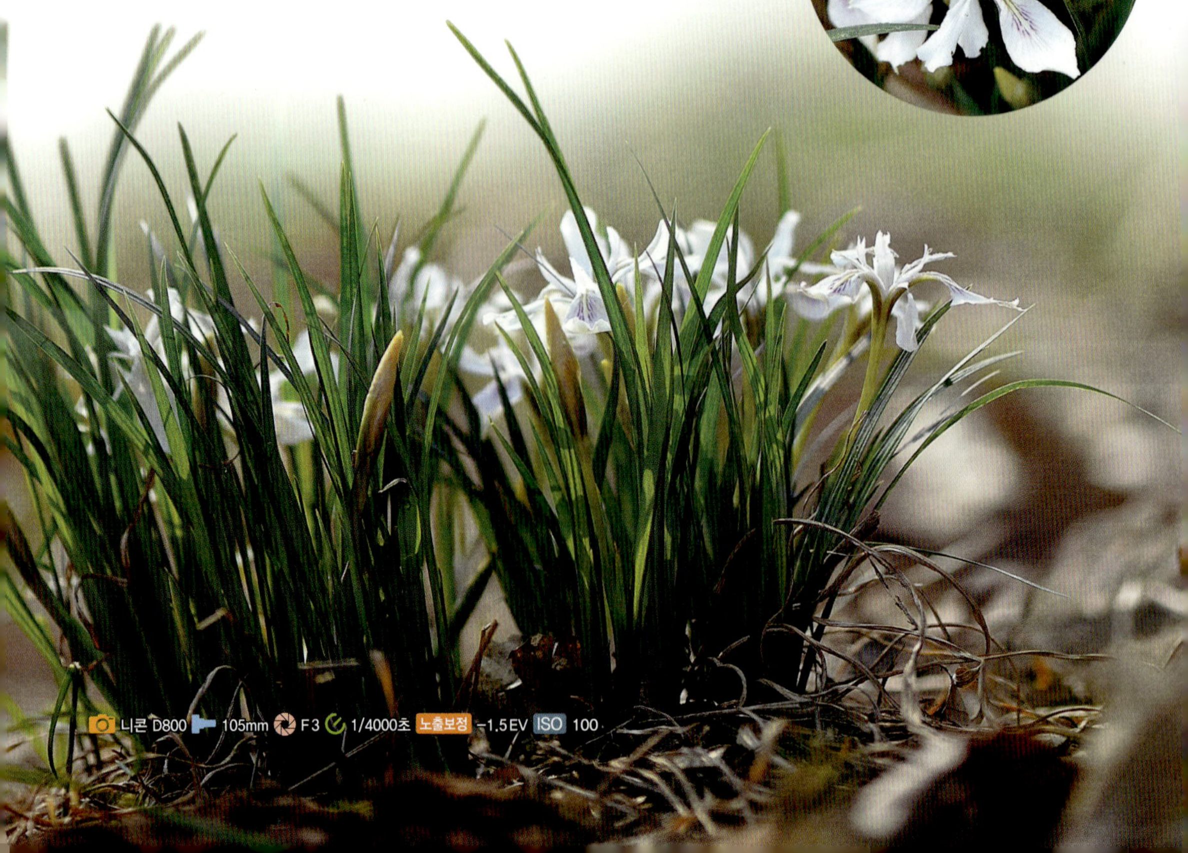

👣 어디 가면 만날 수 있나

강화도의 한 야산에서 만났다. 강화군 송해면 은암자연과학박물관에서 양사면 철산리 강화평화전망대로 가는 길 중간 지점에서 왼편으로 올라가 야트막한 동산에서 한 무더기 핀 것을 담았다. 경북 의성 고운사 주변도 흰각시붓꽃 자생지로 알려졌다.

20 4월 27일
열대 해변 비키니 여인을 닮은

남바람꽃

만주바람꽃에게서 만주벌판을 누비던 남정네들의 거친 숨소리를 들었다면, 남바람꽃에게선 열대 해변을 거니는 비키니 여인들의 요염함을 보았습니다. 만주와 남, 두 단어에서 비롯된 선입견이겠지만 실제 모습 역시 이런 추론을 그럴싸하게 뒷받침합니다.

남바람꽃은 자생지가 제주도 중산간과 경남 함안, 전북 순창 등으로 전국에서 딱 세 군데에 불과하기에 만나기가 참으로 어려운 꽃입니다.

국내에 자생하는 흰색 일변도인 20여 종의 바람꽃들과 달리 꽃잎에 붉은색이 감돌아 누구나 처음 보는 순간 그 매력에 한없이 빠져들게 됩니다. 특히 뒤태가 예뻐 젊은 사람이건 나이 지긋한 노인이건 가릴 것 없이 점잖 따윈 집어던지고 땅바닥에 털썩 엎드리게 만드는 그런 꽃입니다.

자료에 따르면, 1942년 전남 구례에서 처음 발견된 후 잊혔다가 2006년 한라산 해발 550m 숲에서 다시 발견돼, 일부 언론에 미기록종 '한라바람꽃'으로 잇따라 보도됐습니다. 이듬해에 〈제주 미기록종 : 남바람꽃〉이란 논문으로 정식 보고됐습니다. 이후 다시 경남 함안군 대산면 정암리 용화산 반구정 주변과 전북 순창 회문산 등 자생지 두 곳이 추가로 발견되면서 남바람꽃이란 통일된 명칭을 갖게 되었습니다.

같은 남바람꽃이지만, 한라산과 경남·전북의 꽃이 다소 차이가 있습니다. 제주 지역의 꽃은 흰색 일변도이고 일부가 옅은 자주색을 띠는 데 반해, 경남과 전북 지역의 꽃은 진한 자주색을 띠는 게 많습니다.

캐논 EOS 350D　24mm　F10　1/320초　노출보정 -2.0EV　ISO 100

학명은 *Anemone flaccida* F.Schmidt. 미나리아재비과의 여러해살이풀

캐논 EOS 350D　60mm　F2.8　1/3200초　노출보정 −2.0EV　ISO 100

캐논 EOS 350D　39mm　F9　1/500초　노출보정 −1.7EV　ISO 100

캐논 EOS 350D | 60mm | F2.8 | 1/2000초 | 노출보정 -1.7EV | ISO 100

어디 가면 만날 수 있나

내비게이션에 회문산자연휴양림을 입력하고 길을 따라가면 전북 순창군 구림면 안정리 산3-1 휴양림 안내소에 도착한다. 거기서부터는 관리사무소 측의 협조와 안내를 받는 게 좋다. 산림청이 휴양림 내 132㎡ 규모의 자생지 두 군데에 철망을 둘러 관리하고 있다. 운이 좋으면 철망 밖에서도 꽃을 조금 볼 수 있다. 경남 함안의 반구정 주변도 한라산과 함께 남바람꽃을 볼 수 있는 '국내 3대 자생지'로 꼽힌다.

21 4월 27일
봄이 무르익었음을 알리는 춘란

보춘화

    봄을 알리는 꽃이라는 뜻의 보춘화(報春花). 예쁜 도자기 화분에 담겨 있는 모습에 익숙하다 보니, 으레 실내에서 만나는 관상용 난인 줄 알았습니다. 헌데 찬 기운이 여전한 3월 하순에 야산에서 만나다니, 놀랍고 반가웠습니다. 춘란(春蘭)이라는 또 다른 이름에서 알 수 있듯, 이른봄 서·남해안에서 연한 황록색 꽃을 피우며 봄이 지척에 왔음을 알려줍니다.

    한겨울에도 푸른 기상을 간직하고 있는 게 소나무와 잣나무라지요. 그런데 이뿐만이 아닙니다. 하얀 눈으로 덮인 산기슭을 오고가는 투박한 등산화에 속절없이 짓밟히면서도 푸르른 잎을 유지하는 풀들이 여럿 있습니다. 보춘화는 물론, 전국의 산에서 비교적 흔하게 보는 감자난초도 여름철과 진배없이 푸르고 무성한 잎을 유지합니다. 특히 날렵하고 기품 있게 뻗은 잎이 매력인 보춘화는 땅속 알뿌리에 봄이 왔음을 알리는 고고성을 잉태한 채 한겨울을 이겨냅니다.

    그러나 꽃이 만개하는 시기는 초봄이라기보다는 기온이 적잖이 오르는 4월 중순 이후입니다. 해서 '봄이 왔다'고 알리는 꽃이라기보다는 봄이 되돌릴 수 없을 만큼 '무르익었음'을 알리는 꽃이라고 조금은 달리 해석해봅니다.

    남바람꽃을 만나고 돌아오던 길, 충남 태안군 안면도에 들러 담았습니다. 시기가 다소 늦었다고 걱정했는데, 진노랑 꽃잎의 춘란과 파릇한 꽃잎이 더없이 싱그러운 어린 춘란 등 여러 꽃송이를 석양빛에 보았습니다.

    야생의 난초를 만나면 늘 이런 생각을 합니다. 고급 도자기에 담긴 고가의 이름 있는 난들이 제아무리 명품 행세를 해도, 잡초 더미에서 피어난 야생란 한 포기의 기품에 비할 바 아니라고 말이지요.

학명은 *Cymbidium goeringii* (Rchb.f.) Rchb.f. 난초과의 여러해살이풀

니콘 D800　105mm　F 11　1/60초　노출보정 −1.5EV　ISO 320

니콘 D800　105mm　F 4.5　1/1600초　노출보정 −0.5EV　ISO 320

📷 니콘 D800　105mm　F3.5　1/800초　노출보정 -1.0EV　ISO 125

👣 어디 가면 만날 수 있나

　서·남해안과 도서 지역이 너무 멀다면, 보춘화의 북방한계선이랄 수 있는 충남 안면도까지만 내려가도 어렵지 않게 만날 수 있다. 충남 태안군 안면읍 안면대로 안면도자연휴양림 앞산과 뒷산 산책로 주변에서도 야생의 춘란을 만날 수 있다. 전남 고흥 봉래산도 손때 묻지 않은 보춘화의 보고다.

22 4월 28일
이름 없는 산속 분홍색 꽃밭

앵초 –설앵초/큰앵초

몇 해 전, 친구 따라 더덕 캐고 두릅 따러 뒷산에 올랐습니다. 막 새순이 돋는 더덕을 찾아 땅바닥만 뚫어져라 살피며 산기슭을 헤매는데, 어느 순간 분홍빛 꽃밭이 눈앞에 펼쳐지더군요. 아, 그때의 황홀함이란! 바로 앵초밭이었습니다.

일부러 가꾼 꽃밭이 아니라 천연의 화원이 이름 없는 산속에 이렇게 펼쳐지다니. 계곡이 깊지도, 산이 높지도 않은 이름 없는 뒷동산 골짜기에 이런 꽃들이 저 홀로 피고 지다니. 참으로 감동 또 감동이었습니다.

그후로 저 홀로 피고 지는 앵초를 보러 해마다 그곳을 찾아갑니다. 같이 간 친구들이 가시에 찔려가며 두릅순과 씨름하는 사이, 아스라이 피어오르는 앵초와 눈 맞추고 사랑을 나눕니다.

헌데 언젠가부터 친구들이 "이젠 여기도 틀렸다. 벌써 많이들 훑고 지나갔어. 내년부턴 더 깊은 산, 더 외진 산으로 가야 할 것 같다"고 투덜댑니다. 너도나도 산나물을 캐러 나서니, 전국 어디든 이름깨나 알려진 나물은 씨가 마를 지경이랍니다. 천만다행히도 아직 앵초밭에 관심을 두는 이는 없는지, 꽃무더기가 잘 보전되고 있습니다.

앵초는 4월 하순에서 5월 초순 사이 전국 각처의 습한 산골짜기에 무리 지어 핍니다. 팔랑개비처럼 생긴 꽃도 예쁘지만, 쌈으로 먹는 연녹색 잎도 싱그럽습니다. 꽃도 잎도 예쁜 만큼, 관상용으로 개량한 것이 세계적으로 500여 종이나 됩니다.

👣 어디 가면 만날 수 있나

처음 앵초를 만난 곳은 십수 년 전 봄 강원도 인제 '천상의 화원' 곰배령 가는 길. 사진은 경기도 양평군 양동면 고송리 쑥골이란 작은 골짜기에서 담았다. 내가 카메라에 담지 않았다면 억겁의 세월이 흐른다 해도 저 홀로 피고 졌을 앵초이기에 더없이 애정이 간다.

학명은 *Primula sieboldii* E.Morren. 앵초과의 여러해살이풀

니콘 D800 | 105mm | F3 | 1/800초 | 노출보정 -1.0EV | ISO 125

캐논 EOS 350D | 35mm | F4.5 | 1/1600초 | 노출보정 -2.0EV | ISO 100

설앵초

학명은 *Primula modesta* var. *hannasanensis* T.Yamaz. 앵초과의 여러해살이풀. 특산식물

앵초와 큰앵초는 어렵지 않게 만나지만, 깊고 높은 산에서 피는 설앵초는 처음입니다. 봄에 피기는 하나 눈이 채 녹지 않은 고산지대에서 핀다 하여 '설(雪)' 자가 이름 앞에 붙었나 봅니다.

6월 중순, 한라산 높은 곳에서 만난 끝물이라 다소 아쉽지만, 그래도 '한 미모' 한다는 설앵초의 아름다움은 들던 바 그대로입니다.

어디 가면 만날 수 있나

한라산 윗세오름에서 남벽 분기점까지 등산로 주변 곳곳에서 만날 수 있다. 합천 가야산과 울산 신불산도 설앵초 자생지로 유명하다.

큰앵초

학명은 *Primula jesoana* Miq. 앵초과의 여러해살이풀

키 작은 봄의 요정 앵초가 하늘하늘 여린 꽃잎을 날리는가 싶더니, 어느새 큰앵초가 짙어가는 연초록 숲을 환하게 밝히기 시작합니다. 초여름 높은 산 숲의 여왕은 선홍빛 선연한 큰앵초가 아닐까 싶습니다. 팔랑개비 모양의 꽃을 치든 채 초록 일색의 숲을 붉게 밝히는 모습은 가히 군계일학입니다.

캐논 EOS 350D · 60mm · F3.2 · 1/500초 · 노출보정 -1.0EV · ISO 400

앵초가 투명한 수채화라면, 큰앵초는 앵돌아진 새색시 같은 꽃입니다. 빙 둘러 난 꽃잎이 키 큰 나뭇잎 사이로 비치는 햇살을 난반사하기에, 그 표정 또한 시시각각 달라집니다.

👣 어디 가면 만날 수 있나
경기도 양평 용문산과 가평 화악산, 강원도 인제 대암산 등지에서 만났다.

23 4월 28일
난데없는 폭설 속에 만난 군락

한계령풀

  몇 해 전 수백, 수천 평 규모의 한계령풀 자생지가 처음 발견됐다는 제보를 받고 강원도 홍천의 한 야산을 올랐을 때입니다. 처음엔 비가 내리네 했는데, 점점 진눈깨비로 변하더니 나중에는 세찬 눈발이 돼 이 산 저 산, 이 골 저 골 휘날립니다.
  하늘하늘한 연두색 이파리, 투명한 노란색 꽃이 빚어내는 파스텔톤의 드넓은 꽃밭을 기대했건만…. 그래도 4월 말에 '설중' 한계령풀을 만났기에 더없는 행운이라 생각하며 위안을 삼았습니다.
  날은 차고 눈까지 내리니 꽃이 활짝 피지 못하고 고개를 땅에 처박고 있습니다. 그러니 말갈기 같은 이파리를 휘날리며 당당하게 선 한계령풀을 보리란 생각은 아쉽지만 접어야 했습니다.
  설악산 한계령 능선에서 처음 발견돼 한계령풀이란 이름을 얻었습니다. 이후 점봉산·가리왕산·태백산·금대봉 등 백두대간 1000m 이상 고지에서 자생하는 것으로 확인됐습니다.
  세계적으로도 희귀한 한계령풀 자생지가 강원도 홍천에서도 발견된 데 이어 고산지대가 아닌 해발 400~450m 산지에 무려 2ha에 걸쳐 또 발견됐다고 해서 찾아 나선 길이었습니다. 최대 규모로 추정된다는 홍천군 동면 대학산 한계령풀 자생지 탐사를 마치고 서울로 돌아와 뉴스를 보니, '103년 만의 강추위'를 기록했다는 소식이 들려옵니다.

학명은 *Leontice microrhyncha* S. Moore. 매자나무과의 여러해살이풀. 특산식물.

캐논 EOS 350D　60mm　F3.5　1/160초　노출보정 -1.7EV　ISO 100

캐논 EOS 350D | 60mm | F 2.8 | 1/400초 | 노출보정 -1.3EV | ISO 100

어쩐지. 아무리 강원도라도 그렇지, 4월 말에 눈이라니….

한계령풀은 해마다 4월 초부터 새순이 자라서 5월 초에 꽃이 피고, 6월 초면 잎과 줄기가 모두 말라버리는 것으로 알려져 있습니다. 그런데 대학산 한계령풀은 기후와 지리적 요건이 달라 4월 중순에 만개하는 것으로 확인됐습니다.

어디 가면 만날 수 있나

강원도 홍천군 동면 노천리 대학산은 2009년에 새로 발견된 자생지이다. 홍천에서 우회전해 444번 도로를 따라가다 부목재 고개를 넘으면 동면과 서석면 사이 큰골 입구에 닿는다. 거기서부터 임도를 따라 대학산 중턱까지 30여 분 오르면 수십, 수백 평의 크고 작은 군락지를 여럿 만날 수 있다. 최근 홍천군이 대학산과 이웃한 응봉산 내 임도를 산악자전거 코스로 개발해 손쉽게 접근할 수 있다.

24 5월 1일
키 크고 꽃도 풍성하지만

나도바람꽃

　지역에 따라 이르면 1월 말에서 2월 초 너도바람꽃을 시작으로 꽁꽁 얼어붙었던 숲의 해동을 알렸던 여러 이름의 바람꽃들 중 하나가 봄이 간다고 막바지 고고성을 내지릅니다.

　손톱만큼 자잘한 꽃송이에 전초가 길어봤자 새끼 손가락만 한 너도바람꽃에 비해 '할배'라고 할 수 있을 만큼 키도 20~30cm로 비교적 크고 잎도 풍성합니다. 게다가 주렁주렁 꽃송이를 달고 가는 봄 숲속을 또다시 순백으로 환히 밝힙니다. "나도 바람꽃이다!"라고 큰 소리로 외칩니다.

　가만 보니 꽃색이 희고 생김새가 아담한 게 나도바람꽃이란 이름이 잘 어울립니다.

캐논 EOS 350D　60mm　F3.5　1/3200초　노출보정 -2.0EV　ISO 200

학명은 *Enemion raddeanum* Regel. 미나리아재비과의 여러해살이풀

캐논 EOS 350D 32mm F4.5 1/1600초 노출보정 −2.0EV ISO 100

캐논 EOS 350D 60mm F2.8 1/4000초 노출보정 −2.0EV ISO 200

캐논 EOS 350D　23mm　F8　1/60초　노출보정 −1.0EV　ISO 400

👣 어디 가면 만날 수 있나

경기도 양평 용문산 중턱에서 만났다. 용문산의 여러 탐방로 중 옥천면 용천리 쪽 도로를 이용한다. 용천스카이밸리펜션까지 찾아간 뒤 정상 군부대로 이어지는 도로를 따라 오르다 왼쪽 숲을 살피면 너도바람꽃과 나도바람꽃·홀아비바람꽃 등이 만발한 꽃밭이 펼쳐진다.

25 5월 1일
아차 하는 사이 스러지는 야생 백합

산자고

아침부터 내리는 비에 발목이 잡혔다가 가까운 파주 감악산으로 길을 잡았습니다.

들에 피는 산자고, 섬에 피는 산자고가 아니라 진짜 산에 피는 산자고(山慈姑)를 찾아 나섰습니다. 다행히 그리 힘들이지 않고 산자고 무리를 만났습니다.

그런데 문제는 비였습니다. 조금 내리다 말겠지 했는데 좀처럼 그치지 않습니다. 등산객도 거의 없어 혼자 산을 올랐습니다. 한참만에 하산하는 이를 겨우 한 사람 만났습니다. 산 위의 사정을 물어본즉, 정상 부근에는 눈이 내린다더군요. 산자고 무더기 앞에 멈춰 서서 하염없이 기다리다 결국 꽉 다문 꽃봉오리 몇 장 담고 내려왔습니다.

그 뒤 몇 번이나 다시 찾아가야지 하고 벼르다가 시기를 놓쳐버렸는데, 다행히도 일주일 뒤 용문산에 올랐다가 뜻밖에도 만개한 산자고 군락을 만났습니다. 횡재한 기분이었습니다.

야생의 작은 백합 같은 꽃. 우리말로 까치무릇이라고 합니다. 잎 모양이 무릇 비슷하지만 꽃잎에 붉은 줄이 있어 그렇게 부른답니다. 그러나 개화가 까다롭고 그 기간도 짧아 활짝 핀 산자고 꽃을 만나기가 쉽지 않습니다.

들꽃들이 거개 그렇듯, 꽃피는 기간이 하루나 이틀, 길어야 일주일여에 불과하기에 아차 하는 순간 절정의 시기가 지나갑니다. 가

학명은 *Tulipa edulis* (Miq.) Baker. 백합과의 여러해살이풀

니콘 D800 | 105mm | F3 | 1/160초 | 노출보정 −2.5EV | ISO 100

니콘 D800 | 105mm | F3.2 | 1/6400초 | 노출보정 −2.0EV | ISO 100

캐논 EOS 350D　20mm　F5　1/2000초　노출보정 -2.0EV　ISO 100

날픈 줄기에 비해 백합과의 꽃답게 꽃송이가 제법 커서, 제 몸 하나 간수하지 못한 채 땅바닥에 머리를 처박고 있기 십상입니다. 하지만 어쩌다 만나는 싱싱한 꽃은 난초과 꽃 못지않게 품격 있는 자태를 뽐낸답니다.

어디 가면 만날 수 있나

나도바람꽃과 같다. 경기도 양평군 옥천면 용천리 용천스카이밸리펜션 부근에 차를 세우고 군사도로를 따라 10여 분 오르다, 오른편 숲속 야생화 꽃밭에서 담았다. 경기도 파주 감악산도 가까운 자생지다. 양주시 남면 신암리 신암저수지 쪽 접근로를 택해 감악약수터에서 신암사 터까지 오르면 된다. 옛 절터 주변에 무성하게 자생한다. 서해 영흥도 통일사 뒷산은 산자고가 일찍 피는 곳으로 유명하다.

26 5월 2일
용문사 뜰에도, 알프스 수도원에도

금낭화

학명은 *Dicentra spectabilis* (L.) Lem. 현호색과의 여러해살이풀

"봄은 겨울로부터 오는 것이 아니다. 봄은 침묵으로부터 온다. 또한 그 침묵으로부터 겨울이, 그리고 여름과 가을이 온다."

몇 해 전 소리 소문 없이 관객이 모이고 있다는 영화 〈위대한 침묵〉을 봤습니다.

영화 시작과 함께 화면을 가득 채운 자막, 독일인 의사이자 작가였던 막스 피카르트의 《침묵의 세계》라는 책에서 인용했다는 그 글귀가 오랫동안 기억에 남습니다. 눈 덮인 겨울 산의 적막과 깊은 침묵으로부터 봄이 오고 온갖 꽃들이 피어날 것이라는 기대감 때문이겠지요.

게다가 영화에서 낯익은 금낭화를 발견하고는 무척 반가웠습니다. 알프스 산악지대 카르투시오 수도원 앞마당에 봄 햇살이 들자, 한 수도사가 손바닥만 한 뜰을 거니는 장면에서 화면 왼쪽 한구석에 소담스럽게 핀 금낭화가 카메라에 잡힙니다. 눈 밝은 관객이라면 '아! 어디서 본 듯한 꽃인데' 했을 겁니다.

캐논 EOS 350D 60mm F2.8 1/400초 노출보정 −1.0EV ISO 800

부처님 오신 날, 천년 고찰 경기도 양평 용문사에 갔습니다. 수령 1100년도 더 됐다는 그 유명한 은행나무의 넉넉한 품안에서 금낭화가 하트 모양의 진분홍색 꽃을 활짝 피우고 있는 멋진 광경을 보았습니다. 국내에서 처음 발견된 장소가 설악산 봉정암 부근인데, 중국의 금낭화가 사찰을 통해 전해졌을 것이란 주장을 접한 적이 있던 터라, 용문사 은행나무와 금낭화의 어울림이 새삼 눈에 띄었습니다.

모란처럼 아름다우면서 꽃줄기가 등처럼 휘어 있어 등모란 또는 덩굴모란으로 불리기도 합니다. 옛날 여인들이 가지고 다니던 주머니를 닮은 꽃 모양 때문에 며느리주머니, 며늘치라는 이름으로도 불립니다.

어디 가면 만날 수 있나

전북 완주군 동상면 대아수목원에 7ha 규모의 전국 최대 금낭화 자생 군락지가 편입돼 있는 것으로 유명하다. 수목원 내이기는 하되, 본래 야생의 금낭화이기에 굳이 꺼릴 이유는 없다.

27 5월 4일
보랏빛 꽃색을 자랑하는 마지막 봄꽃

당개지치

가는 봄날이 아쉬울 즈음, 깊은 산중에선 연초록 잎을 배경으로 보랏빛 찬란한 당개지치가 활짝 피어나 신록의 아름다움을 노래합니다. 이름은 꽤나 낯설지만 색감이나 모양새는 한번 본 이의 마음을 빼앗을 만큼 아름답습니다.

연두색 풀들이 무릎까지 차오르며 발걸음을 내딛기 어려울 정도로 무성해지면 봄꽃들이 마지막 향연을 벌입니다. 은방울꽃·둥굴레꽃·피나물꽃·냉이꽃 등 풀꽃들이 피고 지는 사이 어른 무릎까지 오는, 제법 큰 키를 자랑하는 당개지치도 큰 잎 사이로 별처럼 영롱한 꽃송이를 치렁치렁 매달고 서 있습니다. 그런데 타원형의 큰 잎들이 시야를 가리는 바람에 그 사이로 늘어진 자잘한 꽃송이를 무심코 지나치기 일쑤입니다.

5~6년 전 봄에 마주친 후 다시 한 번 담아봐야지 벼르다가, 강원도 평창 운두령에서 끝물의 당개지치 꽃 몇 송이를 보았습니다. 여전히 별처럼 빛나는 작은 꽃, 자수정처럼 화사한 보랏빛 꽃, 너른 잎들이 연초록 바탕색이 돼 분위기가 아주 그만입니다. '작은 것이 아름답다'는 듯, 그날도 자잘한 꽃송이를 흔들고 선 당개지치가 환한 미소를 지으며 내게로 왔습니다. 이것으로 올 봄 꽃축제는 파장인가 싶습니다.

👣 어디 가면 만날 수 있나

경기·강원 등 중부 이북 산지에 주로 자생한다. 천마산과 연인산, 유명산 등 경기도 내 크고 작은 산에서 비교적 쉽게 만날 수 있다. 물론 개화시기를 잘 맞춰야 하고, 큰 잎에 비해 꽃이 작기 때문에 주의 깊게 살펴야 꽃을 알아볼 수 있다. 경기도 가평군 설악면 유명산자연휴양림 내 유명계곡 양편 숲속을 천천히 둘러보면 된다. 강원도 평창군 용평면 운두령 숲속에서도 만났다.

학명은 *Brachybotrys paridiformis* Maxim. ex Oliv.
지치과의 여러해살이풀

28 5월 4일
난보다 더 난 같은 단아함

중의무릇

한 폭의 잘 친 난 그림을 보는 듯 운치가 있습니다. 쭉 뻗은 줄기에 단아한 꽃송이들이 보면 볼수록 고졸한 기품이 느껴집니다.

3월 말에서 5월 초 사이 높은 산 깊은 계곡이 꽃대궐로 변해갈 즈음, 얼레지·꿩의바람꽃·나도바람꽃 등 이름난 봄꽃들 사이에서 아주 작은 꽃 하나가 같이 피어납니다. 조금은 진한 연두색 줄기 끝에 달린 '풀빛노랑' 꽃봉오리가 바로 중의무릇입니다.

키가 한 뼘 정도 될까. 가는 줄기에 얼핏 보면 풀빛으로, 가만 들여다보아야 노란색으로 구별되는 자잘한 꽃송이가 참으로 일품입니다. 키도 작고 꽃도 작아 땅바닥에 가슴을 대고 눈높이를 낮출 때 난초보다 더 우아한 매력이 눈에 들어온답니다.

그리운 사람 만나듯 많은 꽃들을 만날 수 있는 봄날, 등산화 아래 숱한 꽃들이 짓뭉개지고 있음에도 "에이, 무슨 꽃타령인가요? 아직 진달래·개나리 나무에 물도 오르지 않았던데…" 하고 딴청 피우지 않도록, 꽃 공부 열심히 한 뒤 찬란한 봄을 마주하기 바랍니다.

캐논 EOS 350D　60mm　F2.8　1/1000초　노출보정 -1.7EV　ISO 100

학명은 *Gagea lutea* (L.) KerGawl. 백합과의 여러해살이풀

캐논 EOS 350D　60mm　F2.8　1/400초　노출보정 −1.0 EV　ISO 100

캐논 EOS 350D　60mm　F3.5　1/640초　노출보정 −1.0 EV　ISO 200

캐논 EOS 350D | 60mm | F3.2 | 1/3200초 | 노출보정 −1.0EV | ISO 200

어디 가면 만날 수 있나

경기도 연천군 신서면 내산리 지장산은 아직 손때 묻지 않은 꽃밭이다. 특히 군부대가 진입로를 막고 있는 내산리 방면이 한가하다. 산 초입에 위치한 절 원심원사에 이르기 전 왼편에 부도비가 있는데, 그쪽 계곡을 따라 천천히 오르면 중의무릇·현호색 등 봄꽃들을 다수 만날 수 있다.

29 5월 5일
꽃피면 '돌아가리라'

노랑제비꽃 -제비꽃

"다음번 노랑제비꽃이 필 때까지는 반드시 돌아가리라."

지금으로부터 꼭 200년 전인 1814년 5월 3일, 황제의 자리에서 쫓겨나 지중해 엘바 섬에 유배된 나폴레옹은 혼자 다짐합니다. 실제로 그는 다음해 제비꽃이 채 피기도 전인 3월 1일 섬을 탈출해 황제로 복귀합니다.

예나 지금이나 동서를 막론하고 제비꽃은 봄을, 그리고 그 무언가를 기약하는 상징이었나 봅니다.

출근길 아파트 화단을 들여다봅니다. 활짝 핀 영산홍 밑을 유심히 살피니 여기 저기 흰 제비꽃이 눈에 들어옵니다. 흰색만 있는 게 아니라 보라색, 자주색, 알록달록 색색의 제비꽃이 있습니다. 그런데 이상하게도 노란색 제비꽃만은 볼 수가 없습니다. 높은 산에 가면 지천으로 깔린 게 노랑제비꽃인데 말입니다.

얼레지니 꿩의바람꽃이니 하는 야생화들 사이에 흔하게 자라는 게 노랑제비꽃이어서 귀하다 생각하지 않았는데, 정작 아무데서나 사는 게 아닌가 봅니다. 어떤 도감을 보니 산 중턱 이상에만 산다고 돼 있더군요.

아무튼 노랑 바탕에 검은 줄이 그어진 모습이 고양잇과 동물을 마주보는 듯 독특한 느낌을 줍니다. '동물성' 식물이라고 할까요?

👣 어디 가면 만날 수 있나

경기도 양평군 옥천면 용천리 설매재를 사이에 두고 용문산과 유명산이 이어진다. 그 설매재 정상 양쪽으로 등산로가 이어지고, 설매재를 넘어서면 양편으로 계곡물이 흐른다. 그리고 양쪽 계곡을 따라 산비탈마다 노랑제비꽃이 무더기무더기 꽃을 피운다.

학명은 *Viola orientalis* (Maxim.) W.Becker 제비꽃과의 여러해살이풀

캐논 EOS 350D　60mm　F2.8　1/4000초　노출보정 −2.0EV　ISO 100

캐논 EOS 350D　60mm　F2.8　1/2000초　노출보정 −2.0EV　ISO 100

제비꽃

학명은 *Viola mandshurica* W.Becker 제비꽃과의 여러해살이풀

도시나 산골이나, 들이나 개천가나, 심지어 도심 한복판 보도블록 사이에서도 피는 꽃. 강남 갔다 돌아온 제비를 닮아 제비꽃이라 불리는, 우리 모두에게 친숙한 꽃입니다.

그 옛날 이 꽃이 필 무렵이면 북녘의 오랑캐가 수시로 쳐들어왔다고 해서 오랑캐꽃이라고도 불렸습니다. 고통스러웠던 이 땅의 수난사를 말해주는 꽃이기도 합니다.

제비꽃은 꽃과 잎, 색과 크기 등의 차이에 따라 40여 종으로 분류됩니다. 보라색 꽃이 가장 흔히 만나는 제비꽃입니다. 흰색 제비꽃도 잎과 줄기 등 모양에 따라 남산제비꽃·태백제비꽃·단풍제비꽃·흰제비꽃 등으로 나뉩니다. 봄날 도심 화단에서 흔히 만나는 팬지나 삼색제비꽃은 야생 제비꽃을 개량한 것입니다.

니콘 D800　105mm　F3　1/125초　노출보정 −1.0EV　ISO 320

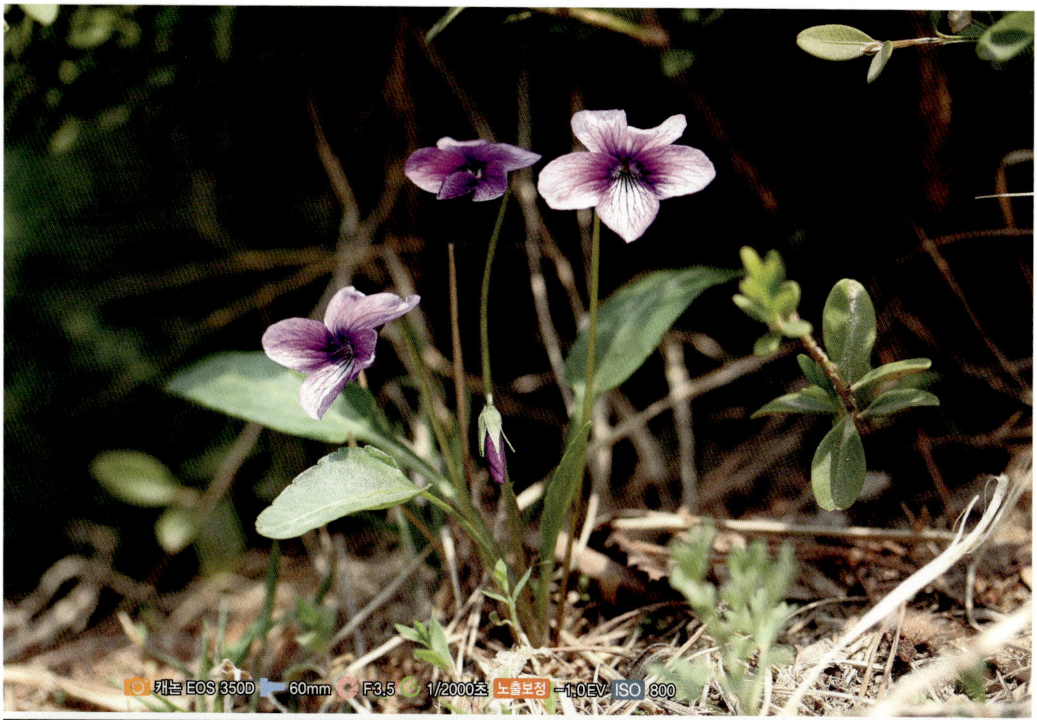

캐논 EOS 350D　60mm　F3.5　1/2000초　노출보정 -1.0EV　ISO 800

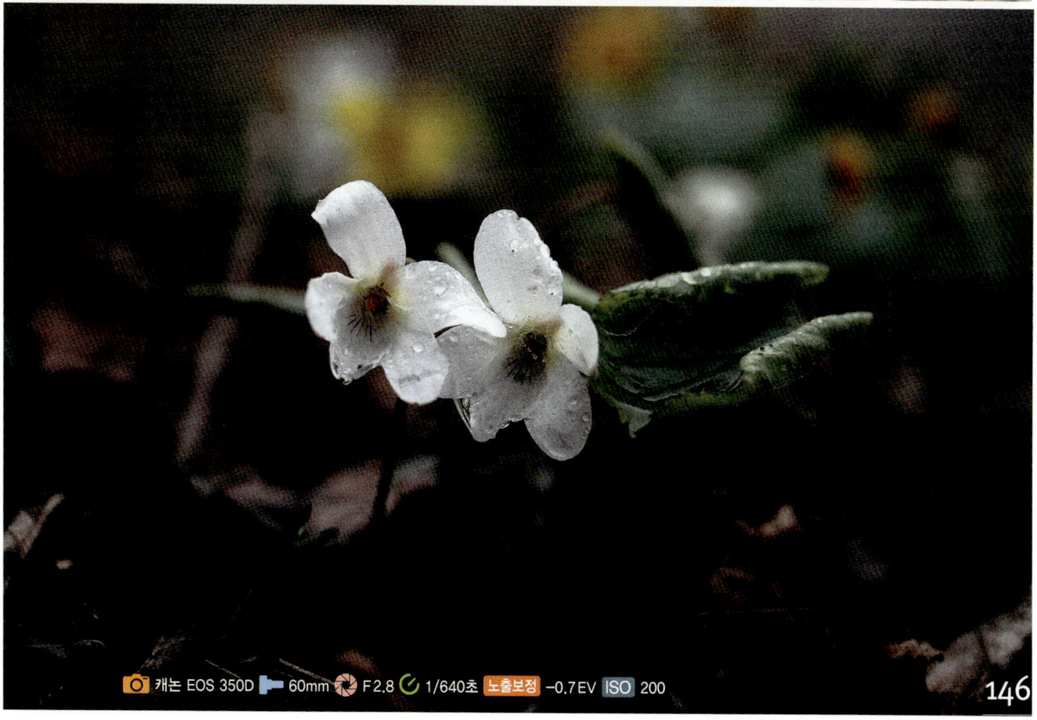

캐논 EOS 350D　60mm　F2.8　1/640초　노출보정 -0.7EV　ISO 200

30 5월 5일
사라질까 애처로운 여린 풀꽃

애기송이풀

    이름이 아이의 운명을 결정할 수도 있다고 해서 작명에 적지 않은 공력을 들인 경험이 누구에게나 있을 것입니다. 식물에게도 그 이름이 붙은 연유가 있고, 그 이름에서 비롯되는 고유의 이미지가 있을 터. 애기송이풀에게도 '애기'란 이름이 붙은 나름의 이유가 있으리라 생각하며 뷰파인더를 통해 한참을 살피던 중 서서히 감이 옵니다.

    클로즈업 사진을 보면 막 태어난 병아리나 어린 새가 고개를 내밀고 세상을 살피는 듯한, 날갯짓을 하는 듯한 모습이 연상되지 않습니까? 가냘프고 어린 새 생명이 온 힘을 다해 퍼드덕 날갯짓을 하는 모습. 그것이 제가 애기송이풀에서 찾아낸 특유의 이미지입니다.

    송이풀·나도송이풀·한라송이풀·고산송이풀 등 여러 송이풀 가운데 꽃이나 잎이 가장 여린 종이 애기송이풀이 아닐까 짐작해봅니다. 꽃이나 잎의 크기로만 보면 송이풀이나 나도송이풀보다 결코 작지 않습니다. 물론 선 키만으로는 작을지도 모릅니다.

    차로 세 시간여 떨어진 두 곳의 애기송이풀을 한꺼번에 담았습니다. 묘하게도 두 곳 다 1급수가 흐르는 심산유곡에 산천경개가 더할 나위 없이 좋습니다. 덩치 큰 나무 그늘 아래 자생하는 것도 똑같았습니다. 그런데 계곡물이 흐르는 데서 얼마 떨어지지 않은 저지대에 자생하기에 장마철 홍수 피해를 보기 십상이더군요. 게다가 사람들 눈에 띄기도 쉬우니 손 탈 위험성도 크고, 주변이 개발되면서 쉽게 훼손될 것으로 보이더군요. 그러니 멸종위기종으로 지정됐구나 싶습니다.

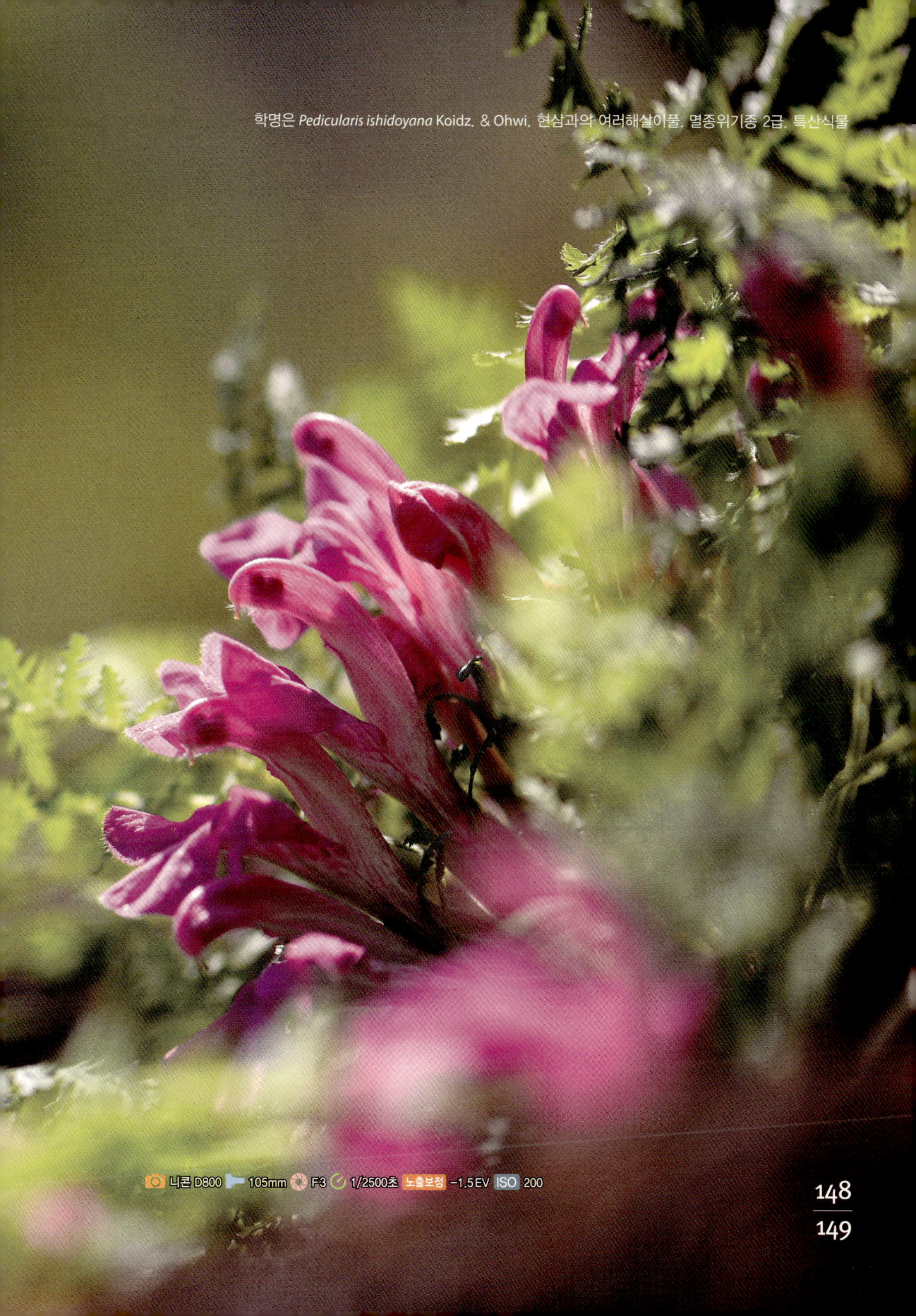

학명은 *Pedicularis ishidoyana* Koidz. & Ohwi. 현삼과의 여러해살이풀. 멸종위기종 2급. 특산식물

니콘 D800 105mm F3 1/2500초 노출보정 -1.5EV ISO 200

니콘 D800　105mm　F3　1/8000초　노출보정 −2.5EV　ISO 200

니콘 D800　22mm　F9　1/80초　노출보정 −1.5EV　ISO 100

니콘 D800　105mm　F3.2　1/1600초　노출보정 -1.5EV　ISO 200

👣 어디 가면 만날 수 있나

하루에 자생지 두 곳을 모두 둘러봤다. 충북 제천시 백운면 덕동계곡과 경기도 연천군 신서면 내산리 절골 앞 계곡이다. 두 곳 다 활짝 핀 꽃을 볼 수 있었다. 남북으로 200km쯤 떨어졌지만 개화시기가 크게 차이 나지 않는 셈이다.

31 5월 6일
황홀한 백의 얼굴, 천의 표정

광릉요강꽃

　천의 표정을 가진 꽃. 그러나 솔직히 과연 그렇게 대단할까 하는 마음도 들었습니다. 제아무리 귀하다 한들 다른 많은 꽃들에 비해 그리도 잘났을까 생각했습니다. 그런데 보는 순간, 그런 생각이 싹 사라집니다. 많은 이들이 왜 한결같이 엄지손가락을 치켜드는지 알 것 같았습니다.

　광릉요강꽃은 전천후 매력을 발산합니다. 잎이든, 줄기든, 어린 꽃봉오리든, 만개한 꽃이든, 시들어가는 꽃이든, 햇살이 역광으로 비추든, 순광으로 비추든 백의 얼굴로 천의 표정으로 보는 이를 황홀하게 만듭니다. 어떤 꽃은 어릿광대의 몸짓으로, 어떤 꽃은 하회탈의 웃음으로, 또 절세미인의 요염한 표정으로, 시골 처녀의 순박한 미소로 보는 이를 행복하게 합니다.

　경기도 광릉에서 처음 발견되었고, 타원형 꽃 가운데가 움푹 파인 게 요강을 닮았다 하여 광릉요강꽃이란 이름이 붙었습니다. 8cm 안팎의 꽃을 가운데 두고 앞뒤 대칭으로 펼쳐진 합죽선 형태의 넓은 잎 두 장이 주름치마를 닮았다고 치마난초라고도 합니다.

　자연환경보전법을 만들고 광릉요강꽃을 멸종위기종 1호로 지정해 보호하며 증식, 번식 방안을 찾은 지 수십 년이 지났습니다. 그러나 안타깝게도 아직까지 인공수정을 통한 증식(씨앗 증식)에 성공하지 못했습니다. 이는 현재까지 경기도 포천의 죽엽산과 가평의 명지산, 강원도 화천의 화악산과 백적산, 전북 무주의 덕유산, 전남 광양의 백운산 등 6개 산악지역 18곳에서 자생하는 것으로 확인된 400여 개체가 훼손될 경우 국내에서는 아예 절멸될 수 있다는 뜻이기도 합니다. 그만큼 각별한 관리와 보호 대책이 요구되는 희귀 야생란입니다.

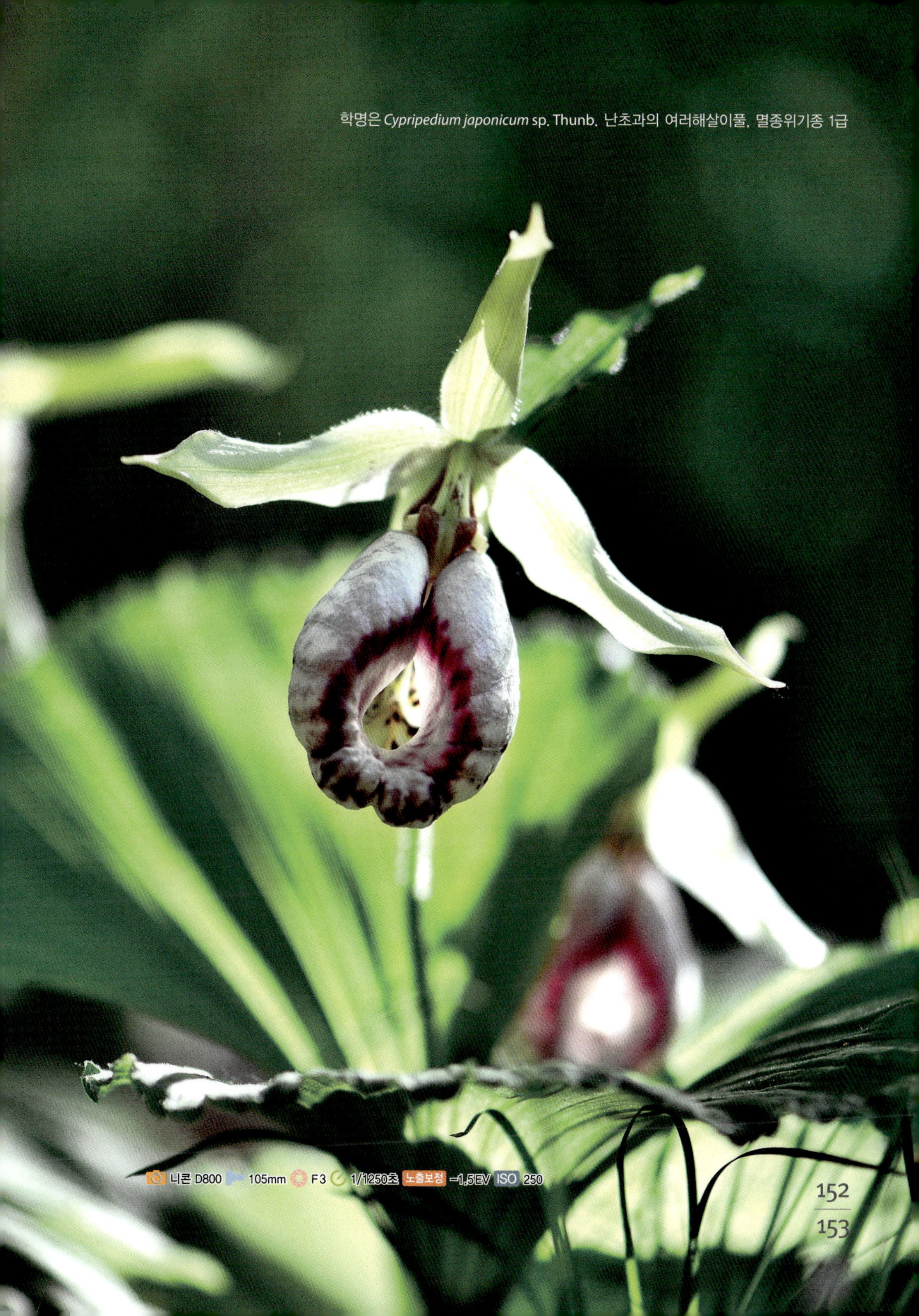

학명은 *Cypripedium japonicum* sp. Thunb. 난초과의 여러해살이풀. 멸종위기종 1급

니콘 D800 105mm F3 1/1250초 노출보정 -1.5EV ISO 250

📷 니콘 D800　105mm　F3　1/1600초　노출보정 −1.0EV　ISO 200

　　광릉요강꽃은 털복주머니란과 함께 멸종위기종 1급 야생란입니다. 광릉요강꽃이 우리나라뿐 아니라 일본과 대만에도 자생하는 남방계 식물인 데 반해, 털복주머니란은 러시아와 중국, 북미 등지에도 분포하는 북방계 식물로서 우리나라에서 발견되는 함백산이 전 세계적인 남방한계선이라 할 수 있습니다. 반면, 강원도 화천군 백적산은 광릉요강꽃의 북방한계선인 셈입니다.

니콘 D800　105mm　F3.2　1/200초　노출보정 −0.5EV　ISO 100

니콘 D800　105mm　F3.5　1/250초　노출보정 −0.5EV　ISO 320

👣 어디 가면 만날 수 있나

경기도 포천시 소흘읍 국립수목원은 2013년 수목원 안에 펜스를 치고 광릉요강꽃을 공개했다. 대량 뿌리 증식에 성공한 강원도 화천의 한 보호시설에서 몇몇 개체를 옮겨 심고 일반에 공개한 것. 이전 복원한 광릉요강꽃을 통해 일반인들의 욕구를 충족시켜줌으로써 자생지가 훼손되는 것을 막자는 취지에서였다. 강원도 화천군 화천읍 동촌리에 가면 마을 주민이 수십 년 전 평화의 댐 공사로 파헤쳐진 광릉요강꽃 몇 뿌리를 마을 인근 산에 옮겨 심은 뒤 자체적인 노력으로 500여 개체 이상 뿌리 증식을 성공시킨 광릉요강꽃 군락을 볼 수 있다.

32 5월 6일
이름 바꾸고 만나기 힘들어진 개불알꽃

복주머니란

 참 곱지요? 한때 개불알란 또는 개불알꽃으로 불렸던 복주머니란입니다. 볕이 정말 좋았던 5월 초순, 강원도 깊은 계곡에서 만났습니다. 다소 망측하기는 해도 오래 전부터 선조들이 불러온 이름이 어엿하게 존재하는데도 순화한 용어를 쓴다고 하루아침에 표준 식물명을 바꾸는 게 잘한 일인지 의문입니다.
 당초 꽃이나 뿌리, 잎 등의 모양이나 생태적 특성 등을 두루 살펴서 가장 두드러진 특성을 반영해서 이름을 붙였을 텐데, 조금 민망하긴 해도 활짝 핀 복주머니란 꽃의 특성을 가장 잘 보여주는 용어인 만큼 그대로 놔두는 게 좋지 않았겠느냐는 뜻입니다. 개불알꽃을 복주머니란으로 바꿔 부른 뒤 '복'에 환장한 사람들의 손을 타는 건 아닌가 하는 생각도 듭니다.
 어쨌든 처음 보는 순간 "참 곱지요?"라고 묻게 되듯, 무척 고와서 많은 수난을 당하는 꽃이기도 합니다. 자연 상태의 복주머니란 꽃을 만나보기가 점점 어려워진다는 뜻이지요.
 망측한 옛 이름에 비해 색과 모양이 화려하고 예쁜 탓에 보이는 대로 남획당하기 일쑤여서, 각별한 관심과 대책을 세워 보호·관리하지 않으면 순식간에 사라질 수 있는 야생란의 하나입니다.
 이런 사정은 우리나라만의 일은 아닌 듯합니다. 몇 해 전 영국에서는 복주머니란의 일종인 '시프리페디움'이 한 골프장에서 발견됐는데, 경찰이 이를 지키기 위해 방어선을 치고 매시간 순찰을 도는가 하면, CCTV까지 설치해 감시할 계획이라는 외신 보도가 전해진 바 있습니다.

학명은 *Cypripedium macranthos* Sw. 난초과의 여러해살이풀. 멸종위기종 2급

캐논 EOS 350D　60mm　F5.6　1/250초　노출보정 −1.0EV　ISO 100

니콘 D800　105mm　F3　1/800초　노출보정 −1.0EV　ISO 160

학명 중 속명 'Cypripedium'은 영어로 미의 여신 비너스를 뜻하는 'cypris'와 슬리퍼를 뜻하는 'pedilon'의 합성어입니다. 항아리 또는 주머니 모양의 꽃잎이 마치 미의 여신 비너스가 신는 신발처럼 우아하고 아름답다는 의미에서 붙여진 것으로 보입니다. 영어 이름은 라틴어 학명과 같은 의미의 '숙녀의 슬리퍼(Lady's slipper)'입니다.

어디 가면 만날 수 있나

강원도 태백 두문동재~금대봉~분주령~대덕산 코스가 운이 좋으면 그런대로 손때 묻지 않은 복주머니란을 만나볼 수 있는 몇 안 되는 자생지라 할 수 있다. 그만큼 전국적으로 남획되고 있어 자연 상태의 복주머니란 꽃을 보기 힘들다는 뜻이다. 사진은 강원도 홍천군 서석면 생곡리 야산, 강원도 화천군 화천읍 동촌리 비수구미마을 그리고 백두산 소천지 등에서 담았다.

33 5월 7일
줄기 하나에 가지 셋, 잎도 셋

삼지구엽초

'남자한테 참 좋은데…' 증후군 때문에 수난을 겪는 동식물이 하나둘이 아닙니다. 이미 오래전부터 수컷들의 성 본능 때문에 눈에 띄는 족족 사라지기 시작해 이제는 자연 상태의 종을 쉽게 찾아보기 어려운 식물 중 하나가 바로 삼지구엽초(三枝九葉草)입니다.

한 가닥 원줄기가 세 가닥 작은 가지로 갈라지고, 다시 갈라진 작은 줄기마다 잎이 석 장씩 달린다고 해서 삼지구엽초라 불립니다.

그 삼지구엽초 줄기 옆구리에서 아래로 달리는 미색 꽃은 다이아몬드처럼, 수정처럼 빛나는 게 여간 귀티 나는 게 아닙니다. 그런데 가만 들여다보니 가을철에 피는 닻꽃을 꼭 닮았습니다. 도감을 찾아보니 아예 닻풀이란 별칭을 갖고 있더군요.

줄기가 세 가닥으로 갈라지고 잎이 아홉 장 나오는 게 독초인 꿩의다리는 물론, 꿩의다리아재비와도 많이 닮았습니다. 꽃이 아니라면 셋을 분간하기가 쉽지 않습니다. 분별없이 욕심을 부리다가 가짜 삼지구엽초 때문에 낭패를 볼 수 있다는 경고가 아닐까요? 한약재 이름은 그 유명한 음양곽입니다.

👣 어디 가면 만날 수 있나

매년 두릅 순 따는 시기 친구들과 함께 경기도 양평군 양동면 고송리 쑥골마을 뒷산을 헤매다 앵초와 함께 담게 되는 꽃이다. 인천 강화군 양사면 덕하리 소고개삼거리 주변 야산에서도 삼지구엽초 꽃을 볼 수 있다.

학명은 *Epimedium koreanum* Nakai, 매자나무과의 여러해살이풀

34 5월 8일
수수해서 더 정이 가는 순한 하늘색 꽃

타래붓꽃

영종도 바닷가에서 우연히 만난 타래붓꽃입니다.

모래사장 옆 풀밭에 할미꽃이 있더란 동행의 말에 큰 기대 없이 발품을 팔았는데, 하늘색 타래붓꽃을 한 무더기 만나다니…. 횡재한 기분이었습니다.

타래붓꽃이란 이름은 꽃이든 잎이든 꽈배기처럼 꼬여 있는 형상의 붓꽃이라는 뜻입니다. 사진을 살펴보면 확연하게 드러나듯, 무성하고 긴 잎들이 서너 차례 몸을 비틀며 하늘을 향해 있는 데서 그 이름이 유래한 것이지요. 타래난초 역시 같은 특징을 보이고 있습니다.

학명은 *Iris lactea* var. *chinensis* (Fisch.) Koidz. 붓꽃과의 여러해살이풀

산이나 들에 핀다고 하는데, 실제 타래붓꽃을 만난 곳은 주로 해안가 양지바른 곳입니다. 타래붓꽃의 또 다른 특징은 여느 붓꽃과 달리 연하고 순한 하늘색을 유지하고 있다는 것입니다. 색이든 형태든 모든 것이 극단을 지향하는 요즈음, 남들이 알아주든 말든 수수한 고유색으로 바닷가를 곱게 물들이는 모습이 여간 보기 좋은 게 아니랍니다. 자유롭게 하늘을 유영하는 갈매기도 만나보세요.

👣 어디 가면 만날 수 있나

인천 영종도 선녀바위 주변 모래밭에 무더기로 핀다. 도감에는 제주·경남·경북·전북(덕유산)·충북·경기(광릉)·황해·평남·평북·함남·함북에 자생한다고 돼 있으나 실제로 내륙에서 자생하는 것은 보기 어렵고, 경기 서해안 일대에서 쉽게 만날 수 있다. 인천 중구 을왕동 선녀바위 주변에 자생하는 타래붓꽃은 모래밭까지 밀고 들어온 행락객 차량에 깔리는 수난을 당하기도 한다.

35 5월 9일
꽃 같지 않은 꽃, 바람꽃 같지 않은 바람꽃

회리바람꽃

그저 이름 없는 풀인가 싶지만, 가만히 들여다보면 흰 꽃도 있고 노란 수술도 있습니다.

너도바람꽃 · 홀아비바람꽃 · 꿩의바람꽃 등 여느 바람꽃에 비해 첫인상은 빈약해 보이지만, 보면 볼수록 보석처럼 빛나는 어엿한 바람꽃입니다.

경기 · 강원 등 중부 이북에 자생하는 북방계 바람꽃으로, 충청 이남 지역에서는 만나기 어렵다 합니다.

캐논 EOS 350D | 60mm | F2.8 | 1/250초 | 노출보정 -1.3EV | ISO 100

학명은 *Anemone reflexa* Steph. ex Willd. 미나리아재비과의 여러해살이풀

니콘 D800　105mm　F3.5　1/4000초　노출보정 −3.0EV　ISO 100

니콘 D800　105mm　F3.2　1/1250초　노출보정 −2.5EV　ISO 100

니콘 D800　105mm　F3.2　1/4000초　노출보정 -2.5EV　ISO 100

👣 어디 가면 만날 수 있나

노랑제비꽃과 마찬가지로 경기도 양평 용문산과 유명산, 연천 지장산에 가면 쉽게 볼 수 있다.

36 5월 11일
눈부신 순백의 미인

홀아비바람꽃

　너도바람꽃이 이른봄 야생화원의 문을 열고 지나간 숲속에 온갖 바람꽃이 들불 번지듯 지천으로 피어납니다. 그중 하나의 꽃대에서 한 송이 순백의 꽃을 피우는 홀아비바람꽃이 있습니다. 경기·강원 등 중부 지방 깊은 숲속에서 만날 수 있는 꽃입니다.

　이른봄부터 늦봄까지 제법 긴 시간 동안, 비교적 인적이 드문 산에 가면 물결치듯 봄바람에 출렁이는 홀아비바람꽃의 바다를 만나볼 수 있습니다.

　어느 해인가 봄비를 무릅쓰고 산에 올랐다가 시커먼 비안개가 서서히 걷힐 즈음, 노랑제비꽃 등 봄꽃이 산기슭에 가득 깔린 가운데 홀로 우뚝 선 홀아비바람꽃을 보았습니다. 가랑가랑한 꽃대 끝에 달랑 작은 꽃 하나 달려 안쓰럽던 홀아비바람꽃이 그 순간만큼은 큼지막한 연꽃을 닮은 듯 푸짐하고 풍만해 보이더군요.

　희기가 백설처럼 하얀 게 은색의 피부미인을 떠올리게 합니다. 은색의 연꽃을 닮았다 해서 붙여진 조선은련화(朝鮮銀蓮花)라는 별칭이 참으로 그럴듯하게 여겨졌습니다.

캐논 EOS 350D　18mm　F9　1/100초　노출보정 −1.7EV　ISO 400

학명은 *Anemone koraiensis* Nakai. 미나리아재비과의 여러해살이풀. 특산식물

캐논 EOS 350D　60mm　F7.1　1/2000초　노출보정 -1.0EV　ISO 400

니콘 D800　105mm　F2.8　1/3200초　노출보정 -0.5EV　ISO 100

니콘 D800　105mm　F3.5　1/4000초　노출보정 −0.5EV　ISO 100

캐논 EOS 350D　60mm　F2.8　1/1600초　노출보정 −1.7EV　ISO 100

👣 어디 가면 만날 수 있나

경기도 양평군 옥천면 용천리에서 오르는 용문산은 서울 가까이서 만날 수 있는 가장 풍성한 자생지 중 하나다. 작은 계곡 주변에 핀 홀아비바람꽃도 일품이고, 산기슭 노랑제비꽃들 위로 우뚝 솟은 홀아비바람꽃도 돋보인다. 흐드러진 홀아비바람꽃들 사이로 하나의 줄기에 꽃이 두 개 달린 쌍동바람꽃도 간간이 눈에 띈다. 강원도 화천 광덕산 계곡도 봄이면 홀아비바람꽃으로 하얗게 덮인다.

37　5월 11일
이토록 열정적인 꽃이라니

할미꽃

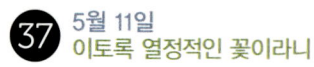

　할미꽃이 이렇게 예쁘고 당당한 줄 미처 몰랐습니다.

　고개 숙인 꽃, 백발이 성성한 꽃으로만 기억했는데 이렇게 강렬한 붉은 꽃잎, 노란 수술을 가득 품고 있을 줄이야. 더 몸을 낮춰야 풀꽃들의 진면목을 볼 수 있나 봅니다.

　그 많던 할미꽃을 이제는 쉽게 만날 수 없습니다. 할미꽃이 사라졌기 때문인지, 우리의 삶이 할미꽃이 피는 자연으로부터 멀어졌기 때문인지 알 수 없습니다. 어떤 이유에서든, 어쩌다 만날 수 있기에 반갑고 애틋한 꽃입니다.

　그리고 새삼 느끼게 된 사실은, 할미꽃이 이름과 달리 화려하고 정열적인 꽃이라는 점입니다. 짙붉은 색과 진노랑의 대비, 한번 느껴보세요.

📷 캐논 EOS 350D　60mm　F2.8　1/4000초　노출보정 -2.0EV　ISO 100

학명은 *Pulsatilla koreana* (Yabe ex Nakai) Nakai ex Nakai.
미나리아재비과의 여러해살이풀. 특산식물

니콘 D800　105mm　F3　1/500초　노출보정 −1.5EV　ISO 160

👣 어디 가면 만날 수 있나

제주도를 제외한 전국에서 자라는 특산식물이라는 설명처럼 우리나라 어느 뒷동산에서나 볼 수 있었다. 그런데 산업화·근대화와 함께 개체수가 눈에 띄게 줄어들면서 애써 자생지를 찾아가야 만날 수 있는 꽃이 돼가고 있다. 사진 속 할미꽃은 충남 서산시 해미면 휴암리의 작은 공원묘지에서 담은 것이다. 이제 막 피어나는 할미꽃, 백두옹(白頭翁)이란 별칭처럼 꽃이 지고 난 뒤 흰머리를 휘날리는 할미꽃, 그리고 망자를 기리는 비석이 어우러진 정경이 오래 기억에 남는다.

38 5월 11일
태양 앞에 찬란한 황금색 꽃

금난초

보는 순간 숨이 턱 막힐 정도로 화려하고 강렬한 야생화입니다. 그 이름도 찬란한 금난초(金蘭草)입니다. 말 그대로 황금색 노란 꽃이 송이송이 꽃대 위에 한가득 달려 있는 모습이 절로 감탄사를 자아내게 합니다.

은난초·은대난초와 마찬가지로 꽃잎이 활짝 벌어지지 않고 하늘을 향해 반쯤 벙그러지는데, 제 속을 다 보여주지 않기에 사람의 눈길을 더 끄는 것 같습니다. 서울·경기 지역에서도 흔히 만날 수 있는 은난초·은대난초와 달리 충청 지역까지 내려가야 볼 수 있습니다. 아마도 금난초가 생존 가능한 적정 기후가 그 정도 선까지가 아닐까 추정합니다.

양지바른 둔덕에서 태양을 정면으로 마주하고, 또 태양을 향해 꽃봉오리를 반쯤만 열어젖힌 채 당당하게 피어나는 금난초. 그 도도한 황금색에 마음이나마 한껏 부자가 되는 봄날의 끝자락입니다.

👣 어디 가면 만날 수 있나

충남 태안군 안면도는 남방계 식물들의 북방한계선이 되고 있다. 수도권에선 볼 수 없는 꽃들도 안면도로 내려가면 어렵지 않게 만날 수 있다. 금난초도 그중 하나다. 안면읍 승언리 안면고등학교 인근 야산과 안면읍 창기리의 한 야산에서 같은 날 여러 개체를 만났다.

학명은 *Cephalanthera falcata* (Thunb.) Blume. 난초과의 여러해살이풀

니콘 D800　105mm　F3.2　1/8000초　노출보정 −2.5EV　ISO 160

니콘 D800　105mm　F3　1/500초　노출보정 0EV　ISO 160

니콘 D800 105mm F3.2 1/640초 노출보정 -0.5EV ISO 160

니콘 D800 105mm F3.2 1/1000초 노출보정 -2.5EV ISO 160

39 5월 11일
서양란의 자태에 그윽한 동양란의 향기

새우난초

숲에 들어 두 번 놀랐습니다.

한번은 자동차 길에서 불과 20~30m 들어갔을 뿐인데, 마치 난대식물원에 들어선 듯 자생란들이 여기저기 피어 있어 놀랐습니다.

또 한번은 한 송이, 두 송이 피는 게 아니라 수십, 수백 송이가 가득 피어 있어 놀랐습니다. 그래서 "우리 연변에서는 새우잡이 그물을 한번 던지면 수천, 수만 마리 새우가 한꺼번에 잡힌다"는 우스갯말이 자연스럽게 오갔습니다.

정말 그랬습니다. 발 디딜 틈 없다는 말이 실감날 만큼 무성한 새우난초 군락을 만났습니다. 이리저리 카메라를 들이대는 대로 한 폭의 동양화가 그려졌습니다.

생김새도 다양하고 색도 여러 가지였습니다. 언젠가 황금색 금새우난초도 만날 날이 있겠지요. 뿌리가 등 굽은 새우처럼 생겼다고 해서 새우난초라는 이름이 붙었다고 하는데, 뿌리를 캐서 확인해보지는 못했습니다.

전문가들에 따르면, 화려한 색과 모양은 서양란을 닮았고 그윽한 향은 동양란을 닮은, 매우 귀중한 우리의 자연유산이라고 합니다. 아쉽게도 충청 지역까지는 내려가야 만날 수 있습니다. 다시 말해 서울 인근에서는 만나기 어려운 남방계 야생화입니다. 제주 한라산과 충남 태안군 안면도 등 서·남해안에 주로 분포합니다.

니콘 D800　105mm　F3.2　1/1600초　노출보정 −1.0EV　ISO 200

학명은 *Calanthe discolor* Lindl. 난초과의 여러해살이풀

니콘 D800　105mm　F3.5　1/100초　노출보정 −1.0EV　ISO 200

니콘 D800　105mm　F5.6　1/50초　노출보정 −1.0EV　ISO 200

📷 니콘 D800　105mm　F3.2　1/2000초　노출보정 −0.5EV　ISO 200

👣 어디 가면 만날 수 있나

금난초 만나던 날 안면도자연휴양림 뒷산과 태안군 안면읍 창기리 야산 숲에서 수십, 수백 촉의 새우난초가 풍성하게 꽃핀 모습을 담았다.

40 5월 11일
아름다운 석양 속에 피고 지고

솔붓꽃

　석양이 아름다운 것은 지기 때문입니다. 모든 것을 다 내려놓고 사라지기 때문입니다. 어둠에 맞서 이기려 하지 않고 지기 때문에 아름다운 것이 아닐까 생각해봅니다.

　석양은 그냥 지는 건 아닙니다. 지평선 아래로 사라지기 전 마지막 열정을 불태우듯 서편 하늘을 붉게 물들입니다. 저녁노을이지요. 아주 짧은 시간 자신을 가리고 있던 모든 빛을 걷어내고 본연의 색을 보여줍니다. 강렬한 빛이 사라진 뒤 드러난 석양을 한아름 안고 서 있는 솔붓꽃을 담았습니다. 석양이 디지털카메라에 남긴 주황색이 경건하기까지 합니다.

　그날, 지는 해가 피는 솔붓꽃보다 더 아름다울 수 있다는 걸 눈으로 보았습니다.

　각시붓꽃·난쟁이붓꽃과 마찬가지로 봄에 꽃이 피는 솔붓꽃은 경기·충남·대구 등 일부 지역에 서식하는 것으로 알려져 있습니다.

니콘 D800　105mm　F3　1/250초　노출보정 −1.0EV　ISO 160

학명은 *Iris ruthenica* kerGawl. 붓꽃과의 여러해살이풀. 멸종위기종 2급

각시붓꽃이나 난쟁이붓꽃처럼 키가 작은데, 꽃잎의 폭은 각시붓꽃보다 더 좁습니다. 대신 꽃잎 중앙 흰색 부분은 다소 커 보입니다. 난쟁이붓꽃과는 꽃줄기가 보이지 않는 것이 다른 점입니다. 꽃잎 아래 줄기 부분을 파란 포엽이 둘러싸고 있습니다.

마을 인근 야산이나 묘지 주변에서 주로 자라기 때문에 개발과 함께 쉽게 사라질 위험성이 매우 높아 각별한 보호가 요구됩니다.

어디 가면 만날 수 있나

멸종위기종 2급이니 심산유곡에 피지 않을까 생각했는데, 의외로 마을 가까이에 자생하고 있다. 그중 하나가 바로 충남 서산시 해미면 휴암리의 작은 공원묘지. 앞서 할미꽃을 담은 장소와 같다.

5월 11일
커다란 이파리 아래 수줍은 새색시

족도리풀
-각시족도리풀/황록선운족도리풀

고개를 숙여야만, 아니 몸을 낮춰야만 제대로 만날 수 있는 꽃입니다. 몸이 땅바닥에 닿을수록 더욱더 또렷하게 눈에 들어옵니다. 꽃의 생김새가 연지곤지 찍은 새색시가 마지막으로 머리에 올리는 족두리를 쏙 빼닮았다 하여 족도리풀입니다.

색이 붉거나 노랗거나 흰 것도 아니요, 꽃잎이 하늘거리는 것도 아니어서, 처음 보면 무슨 꽃이 이렇게 생겼을까 의아합니다. 하지만 그 이름을 알게 되면 '아하!' 하고 고개가 절로 끄덕여지고 다시는 잊히지 않는 꽃입니다. 분류학적으로는 쥐방울덩굴과에 속하는데, 쥐방울덩굴이란 이름도 참 그럴듯합니다.

드라마 〈선덕여왕〉에서 문노가 전염병 치료를 위해 비담에게 구해오라고 호통치던 세신(細辛)이 바로 족도리풀의 한약재 이름입니다. 뿌리 등 전초에서 시원한 향이 나는데, 실제 은단의 재료로 쓰인다고 합니다.

본격적으로 새순이 돋기 시작하는 5월 즈음, 뒷동산에 오르거든 무작정 길을 재촉하지만 말고, 하트 모양의 커다란 잎 아래에 숨은 쥐방울만 한 족도리풀을 찾아 눈인사라도 건네보세요. 새색시 수줍은 미소에 산행길이 한결 가벼워질 테니.

캐논 EOS 350D 60mm F2.8 1/800초 노출보정 -0.3EV ISO 100

학명은 *Asarum sieboldii* Miq. 쥐방울덩굴과의 여러해살이풀

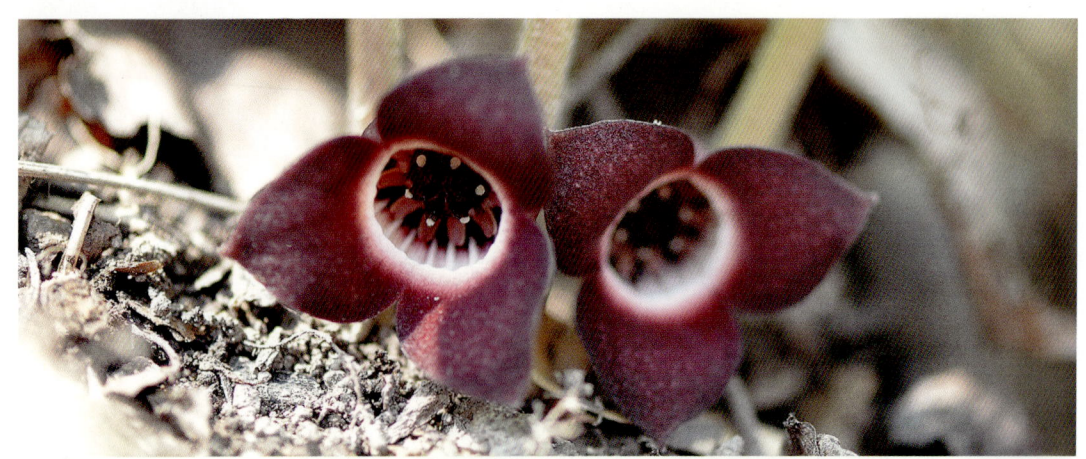

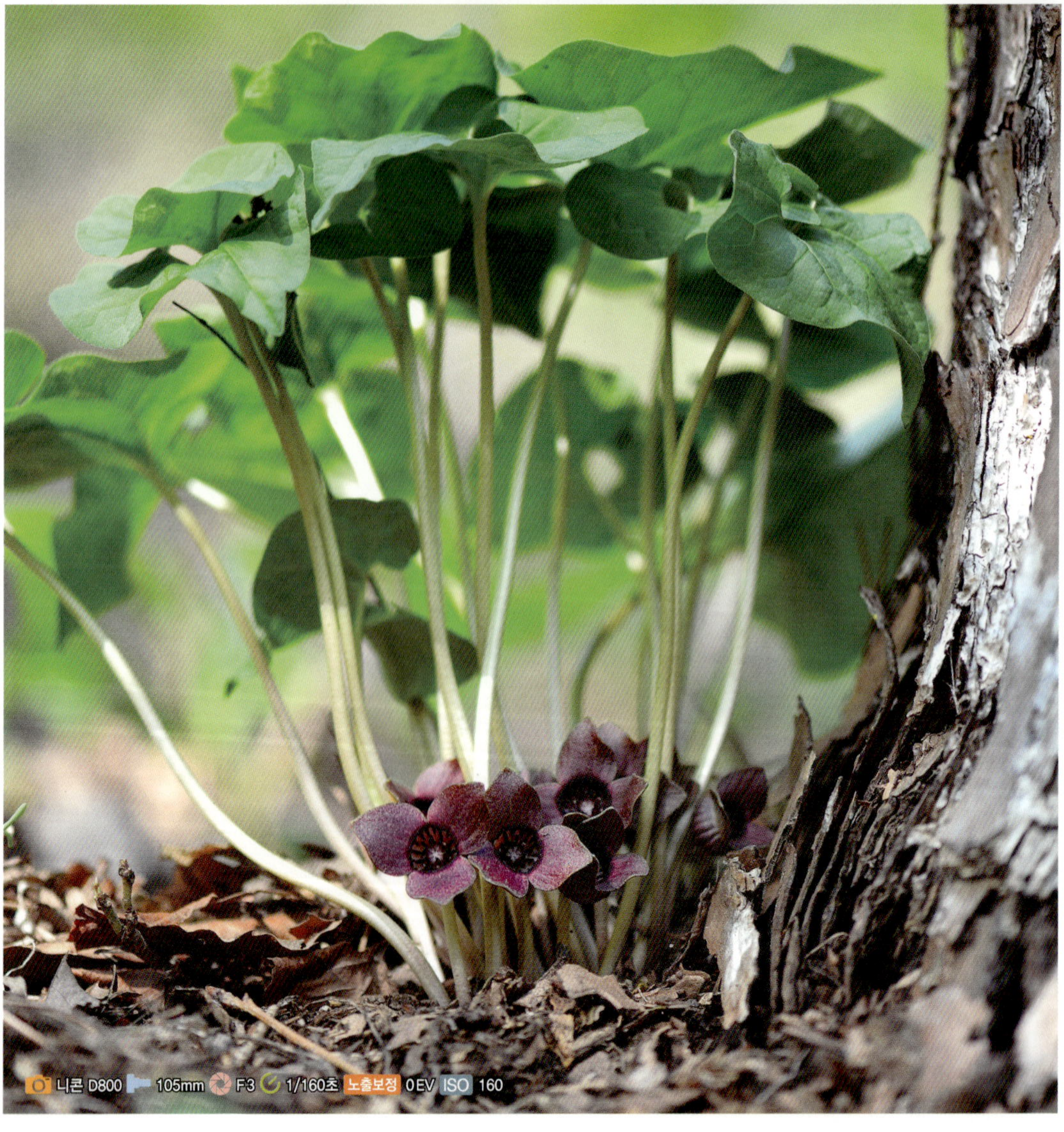
니콘 D800 105mm F3 1/160초 노출보정 0EV ISO 160

각시족도리풀

학명은 *Asarum glabrata* (C.S.Yook & J.G.Kim) B.U.Oh. 쥐방울덩굴과의 여러해살이풀

다른 족도리풀과 비교할 때 꽃받침 끝의 삼각형 뿔이 뒤로 젖혀져 꽃받침 통에 거의 붙습니다. 그래서 꽃의 전체적인 형태가 둥근 공처럼 보입니다. 제주도와 완도, 영종도 등 서·남해안 지역에 자생하는 특산식물입니다.

황록선운족도리풀

학명은 *Asarum sonunsanense* Y. Lee var. *viriluteolum* Y.Lee. 쥐방울덩굴과의 여러해살이풀

꽃색이 다른 족도리풀과는 확연히 구분되는 황록색이고 처음 발견된 지역이 선운사 주변이어서 황록선운족도리풀이라는 이름으로 학계에 보고되었습니다. 하지만 아직 국가표준식물목록에는 정식으로 등록되지 않은 희귀 미기록종입니다.

니콘 D800   105mm   F3   1/320초   노출보정 -1.0EV   ISO 160

어디 가면 만날 수 있나

족도리풀은 허리를 굽히고 풀숲을 유심히 살피면 전국 어느 산에서나 볼 수 있다. 각시족도리풀은 안면도자연휴양림 뒷산에 새우난초를 담으러 갔다가 초입에서 만났다. 아직 학계에 등록되지 않았을 정도로 최근에야 존재가 알려진 황록선운족도리풀은 충남 서산시 고북면 장요리 천장사 뒷산 중턱에서 힘겹게 만났다.

42 5월 11일
작아도 정말 작은 들꽃

애기풀

아예 이름 자체가 애기풀입니다. 앞서 소개한 애기송이풀이니 애기나리·애기똥풀·애기수영·애기현호색처럼 접두어로 붙은 '애기'가 아니라 꽃 이름 전체가 애기풀이니, 그 얼마나 작고 귀엽고 앙증맞은 꽃일지 짐작이 가시겠지요.

그런데 애기풀의 꽃 또한 가만 들여다보니 촘촘한 꽃술을 자랑하는 꽃을 가운데 두고 좌우로 꽃받침 두 개가 펼쳐져 있는 게, 마치 새나 나비가 훨훨 나는 듯한 모습입니다. 줄기와 잎 등 전초가 10cm 정도, 꽃은 1cm 안팎에 불과하니 작아도 정말 작은 들꽃입니다.

5월 초·중순에 꽃이 피며, 한창 만개한 꽃은 꽃술이 길어지고 실타래처럼 갈래갈래 갈라집니다. 한방에서는 뿌리와 줄기, 잎을 약초로 쓰며 과자금(瓜子金) 또는 영신초(靈神草)라 부릅니다.

학명은 *Polygala japonica* Houtt. 원지과의 초본성 반관목

니콘 D800 105mm F3.2 1/4000초 노출보정 -2.0EV ISO 100

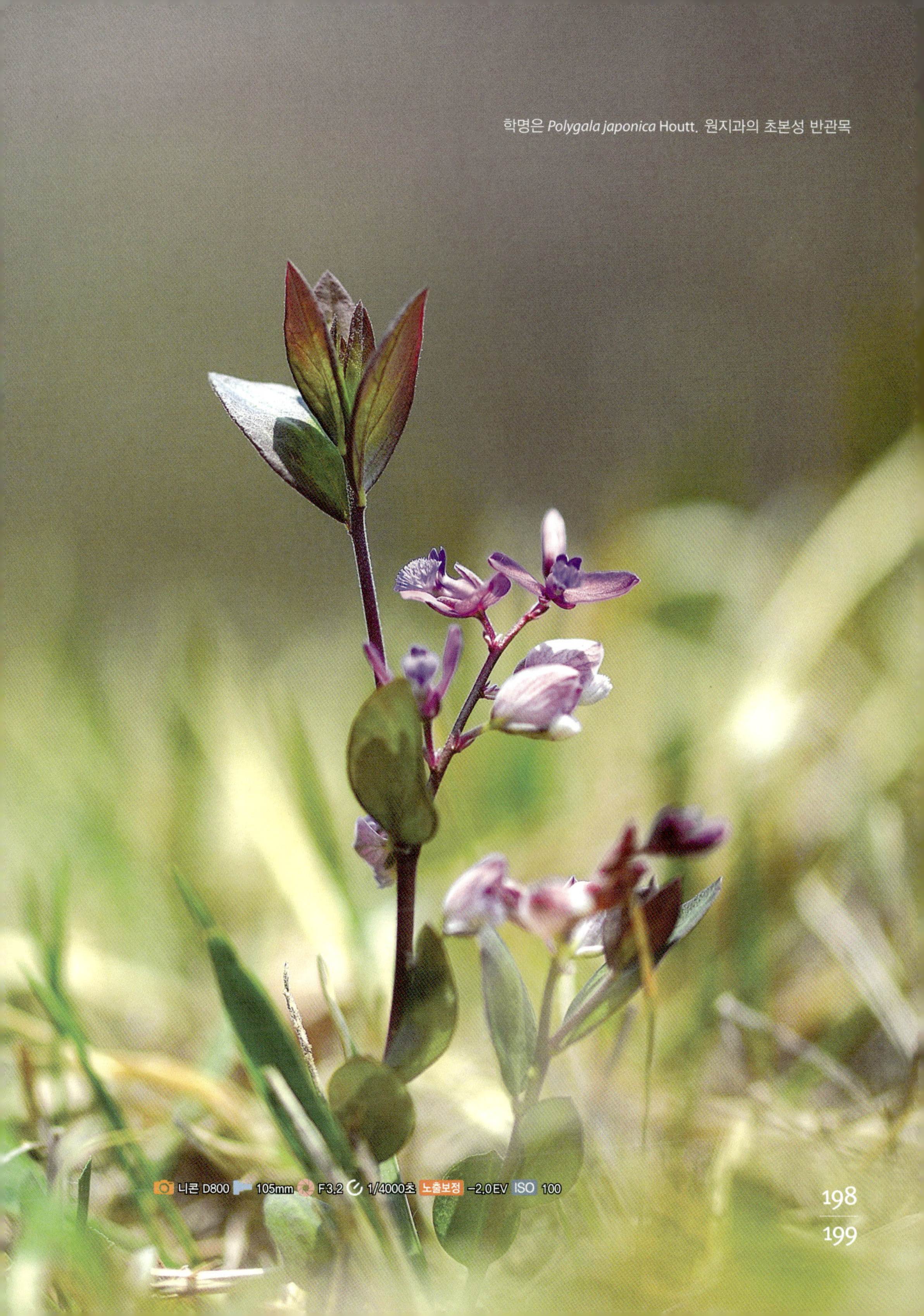

니콘 D800　105mm　F3.2　1/2000초　노출보정 -2.0EV　ISO 100

니콘 D800　105mm　F3.2　1/6400초　노출보정 -2.0EV　ISO 160

👣 어디 가면 만날 수 있나

내륙 지역에서는 보기 어렵지만, 서해안 지역에서는 비교적 흔하다. 인천 강화군 불은면 두운리 허유전 묘 인근 잔디밭에서 무성하게 핀 것을 담았다. 며칠 뒤 충남 태안군 안면읍 승언리 안면고등학교 인근 야산에서 금난초와 함께 만났다. 그 뒤 인천 무의도 해안 산책로 길섶에서도 보았다. 바닷바람을 좋아하는 야생화인 듯싶다.

43 **5월 12일**
애기 똥 닮은 다정다감한 꽃

애기똥풀

"얘들아, 여기 봐! 줄기 끝에서 노란 물이 나오지? 뭘 닮은 것 같아?"
"아! 애기 똥 같아요."

아이들을 자연과, 야생의 꽃들과 친숙하게 만드는 데 활용하기 좋은 교재 중 하나가 바로 애기똥풀입니다.

봄부터 여름까지 산과 들, 길가에서 흔히 만날 수 있는 꽃인 데다, 이름의 유래를 현장에서 실감나게 증명해 보일 수 있기 때문이지요.

또 다른 훌륭한 교재인 피나물이나 애기똥풀이나 다 같은 양귀비과 식물입니다. 피나물은 줄기를 꺾으면 핏물 같은 주황색 유액이 나온다고 피나물이요, 애기똥풀은 애기 똥 같은 노란색 유액이 나온다고 애기똥풀입니다.

친숙하고 다정다감한 꽃이지만, 너무 흔해서 그런지 카메라에 잘 담지 않는 꽃이기도 합니다.

어디 가면 만날 수 있나

서울 청계천 산책로에서도 심심치 않게 만날 수 있을 정도이니, 굳이 산과 들로 나가지 않더라도 의지만 있으면 어디서든 볼 수 있다.

캐논 EOS 350D | 60mm | F2.8 | 1/2000초 | 노출보정 −2.0EV | ISO 100

학명은 *Chelidonium majus* var. *asiaticum* (H.Hara) Ohwi. 양귀비과의 두해살이풀

5월 15일
고향 마을 언덕에 튀밥처럼 흐드러지던 그 꽃

조팝나무
–설악조팝나무/참조팝나무

　고향을 잊고 사는 도시인들의 향수를 자극하는 꽃, 달콤하고 알싸한 고향의 향기가 물씬 묻어나는 꽃, 산모퉁이 바로 돌아 고향 마을과 고향 집이 바라다보이는 양지바른 언덕에 피어 있는 꽃.
　싸락눈이 내린 듯 순백으로 빛나는 조팝나무 꽃은 기억조차 아련하고 아스라한 봄날의 고향 집을 생각나게 합니다. 고향 마을 산과 들녘에 띄엄띄엄 무리 지어 피어 있던 새하얀 꽃무더기가 뇌리에 강한 인상을 남겼나 봅니다.
　청계천변 이팝나무가 하얀 쌀밥을 그득 담은 고봉밥처럼 피어날 때, 우리나라 산천 곳곳에는 뻥튀기한 좁쌀을 다닥다닥 붙여놓은 듯 풍성한 조팝나무가 환하게 피어납니다. 꽃핀 모양이 튀긴 좁쌀을 붙인 것처럼 보인다고 조팝나무(조밥나무)라는 이름을 얻었습니다. 꽃은 진한 백색만큼이나 달콤하고 그윽한 향기를 내뿜습니다.

👣 어디 가면 만날 수 있나
　전국 어디에서나 볼 수 있는 정겨운 꽃이다. 사진은 경기도 가평 유명산 자락에서 담았다.

학명은 *Spiraea prunifolia* f. *simpliciflora* Nakai. 장미과의 낙엽 활엽 관목

캐논 EOS 350D　60mm　F3.2　1/4000초　노출보정 −2.0EV　ISO 100

캐논 EOS 350D　60mm　F2.8　1/4000초　노출보정 −2.0EV　ISO 100

설악조팝나무

학명은 *Spiraea pubescens* var. *lasiocarpa* Nakai. 장미과의 낙엽 활엽 관목

　조팝나무 흰 꽃이 타향살이에 지친 영혼들을 달래주더니, 초여름 설악산 정상에선 뭉게구름처럼 뭉실뭉실 피어난 설악조팝나무 흰 꽃이 산 중의 산 설악산을 찾아온 산객들을 두 팔 벌려 환영합니다. 앞을 가로막고 우뚝 선 가리봉과 저 멀리 뱀 꼬리처럼 이어지는 한계령 고갯길을 배경으로 꽃다발처럼 길게 피어나 온몸이 땀에 젖은 산객들을 넉넉하게 안아줍니다.
　설악조팝나무는 설악산을 비롯해 화악산 등 경기·강원의 높은 산에 주로 자랍니다. 산 정상에서 강한 바람에 맞서다 보니 보시다시피 키가 작습니다.

👣 어디 가면 만날 수 있나
설악산 장수대탐방소를 출발해 대승폭포, 대승령을 지나 안산으로 가는 능선에서 만났다.

니콘 D800　105mm　F 3.2　1/8000초　노출보정 -1.5EV　ISO 500

캐논 EOS 350D | 60mm | F2.8 | 1/1000초 | 노출보정 -1.3EV | ISO 100

니콘 D800 | 22mm | F8 | 1/1250초 | 노출보정 -2.5EV | ISO 500

참조팝나무

학명은 *Spiraea fritschiana* C.K.Schneid. 장미과의 낙엽 활엽 관목

세상사 잃는 게 있으면 얻는 것도 있는 법. 비 온다고 투덜대며 걷다가 우연히 만난 꽃, '저게 뭐지?' 하며 집중해 보니 예쁜 꽃이 공중에 떠 있더군요.

진짜 조팝나무라는 뜻의 참조팝나무. 꽃이 희지도 붉지도 않고 어정쩡하니 시선을 끌지 못하지만, 우리나라의 대표 조팝나무입니다. 아마 숱하게 만났을 텐데 눈여겨보지 않다가, 비를 맞아 더 함초롬해지고 더 청초해진 참조팝나무 연분홍 꽃빛에 눈길이 사로잡혔습니다.

어디 가면 만날 수 있나
경기도 가평 화악산 등산로에서 만났다.

캐논 EOS 350D　60mm　F2.8　1/800초　노출보정 -2.0EV　ISO 400

45 5월 16일
학같이 고고한 숲속의 신사

연영초

큰앵초가 무르익은 봄 숲속의 여왕이라면, 연영초(延齡草)는 숲속의 신사라고 이를 만합니다. 잘 다림질한 와이셔츠를 받쳐 입은 귀공자 같은 꽃입니다. 게다가 큰 새의 날개처럼 우아하고 커다란 잎은 저 넓은 들판을 유유히 거니는 고고한 학을 떠올리게 합니다.

강원도 깊고 높은 산에 가면 어렵지 않게 만날 수 있습니다. 장맛비처럼 하루 종일 비가 오는 가운데 인제 대암산에서 만났습니다. 빗속에서도 고고한 자태를 잃지 않고 숲속을 환히 밝히는 게, 역시 어떤 역경에서도 군계일학이었습니다.

학의 날개 같기도 하고 열대식물의 잎 같기도 한 너른 잎이 석 장, 잎에 비해 작게 느껴지는 꽃잎이 석 장, 꽃받침이 석 장인 3·3·3의 완성판입니다.

 **어디 가면 만날 수 있나**

강원도 인제 대암산 중턱 이상 숲에서 만났다. 키도 크고 꽃도 희어서 멀리서 잘 보일 듯하지만, 등산로를 벗어나 숲속으로 들어가야 찾을 수 있다. 화천 광덕산에서도 만날 수 있다.

학명은 *Trillium Kamtschaticum* Pall. ex Pursh. 백합과의 여러해살이풀

46 5월 18일
이렇게 키 큰 제비꽃도 있다네

왕제비꽃

'다음에 담지' 하고 늘 지나쳐온 야생화가 있습니다. 바로 제비꽃이지요. 흔히 만날 수 있기도 하고, 딱히 개화기가 짧지도 않고, 더 솔직히 말하자면 종류가 숱하게 많아 도감을 찾아가며 일일이 구분하기가 귀찮기도 하고, 자신도 없고 해서 다음으로 계속 미루기만 했습니다. 국내에 자생하는 제비꽃류가 무려 40여 종에 이른다니 말입니다.

언젠가 날 잡아 공부해야지 하며 제쳐놓고 있던 차에, 더 이상 외면할 수 없는 희귀종을 만났습니다. 왕제비꽃. 선제비꽃과 더불어 멸종위기종 2급으로 지정된 희귀 제비꽃입니다. 백두산 등 북쪽에 주로 분포하고, 남쪽에서는 명지산·삼방산 등으로 매우 제한적이라고 합니다. 중부 이북이 주요 자생지인 것으로 미뤄 북방계 식물이 아닐까 추정합니다.

'왕' 자에서 짐작하듯 뭔가가 큰 제비꽃인데, 그 무엇이 꽃이 아니라 바로 키였습니다. 도감에서는 40~90cm 가량이라는데, 실제 만난 왕제비꽃은 허리 높이까지 자라더군요. 큰 키 덕분에 얼른 알아봤습니다. 무성한 잎 가장자리가 톱니처럼 날카로운 게 또 다른 특징입니다. 제비꽃을 앉은뱅이풀이라고 했다는데, 왕제비꽃만은 그리 부를 수 없을 듯합니다.

어디 가면 만날 수 있나

경기도 연천군 신서면 내산리 절골마을 앞 냇가에서 만났다. 경기 북부의 널리 알려지지 않은 '꽃동산'인 지장산에서 내려온 산간수와 아미천이 만나는 지점이다.

학명은 *Viola websteri* Hemsl. 제비꽃과의 여러해살이풀. 멸종위기종 2급

47 5월 18일
5월 지장산에서, 6월 한라산에서 만난 순백의 인연

민백미꽃

꽃을 찾아다니면서 종종 드는 생각이 있습니다.
'세상사 모든 것에 인연이란 게 있구나.'
보고 싶다고, 찾아간다고 다 만나지는 게 아니라 인연 따라 만나기도 하고 못 만나기도 하고 그런 건가 봅니다.

전국 각처의 산과 들에 흔히 산다는 민백미꽃이 그런 꽃의 하나였습니다. 이 산 저 산 몇 해를 다녔건만 인연이 닿지 않아서인지, 그리워하면서도 만나지 못했던 꽃입니다.

그 민백미꽃을 한라산 영실 초입에서 윗세오름까지 오르는 사이 곳곳에서 숱하게 만났습니다. 6월 중순, 한라산 곳곳에 하얗게 피어 있는 꽃 중 가장 흔한 종이 민백미꽃과 찔레꽃, 그다음이 산딸나무 꽃이었습니다. 녹음이 짙어가는 한라산 숲속에서 수수한 순백색으로 빛나던 민백미꽃이 억겁의 인연으로 제게 다가왔습니다.

한라산에서 뜻하지 않게 만난 뒤 수도권 인근에서는 보기 어려운 꽃이라 생각했는데, 몇 해 뒤 5월 서울에서 가까운 경기도 연천 지장산을 오르다가 산기슭에서 여러 개체를 만나곤 깜짝 놀랐습니다. 역시 한 번 만나기가 어렵지, 길을 터놓으니 수시로 만나게 됩니다.

학명은 *Cynanchum ascyrifolium* (Franch. & Sav.) Matsum. 박주가리과의 여러해살이풀

니콘 D800　105mm　F3　1/400초　노출보정 −2.0EV　ISO 320

니콘 D800　105mm　F3.2　1/400초　노출보정 −1.5EV　ISO 320

캐논 EOS 350D　20mm　F6.3　1/400초　노출보정 -2.0EV　ISO 100

👣 어디 가면 만날 수 있나

경기도 연천군 신서면 내산리 원심원사 주차장에 차를 세우고 석대암 쪽으로 오르면서 왼쪽 산비탈을 살피면 앙증맞은 민백미꽃이 팔랑개비같이 핀 모습을 쉽게 만날 수 있다. 한라산에서는 한 달이나 늦은 6월에 볼 수 있다.

48 5월 19일
섬진강변 흩날리던 매화 꽃잎의 환생

매화마름

전에 어디선가 본 듯한 느낌을 기시감이라 하던가요?

이른봄, 멀리 남도 땅 도사리에서 흩날리던 매화 꽃잎이 섬진강에 어지러이 내려앉았다가 서해 바다를 거쳐 강화도로 올라와, 늦봄 모내기를 하려고 물을 채운 논에 새끼손톱 크기의 자잘한 꽃으로 환생하였는가?

'매화'라는 접두어를 단 매화마름을 처음 만났을 때 떠오른 느낌이었습니다.

꽃은 물매화를, 잎은 붕어마름을 닮아 매화마름이라는 이름이 붙었습니다. 이 수생식물은 농약 사용이 보편화되면서 개체수가 사라지기 시작해, 한동안 한란·나도풍란·광릉요강꽃·섬개야광나무·돌매화나무와 함께 환경부 지정 6대 멸종위기 야생식물(1급)로 보호받다가 몇 해 전에야 2급으로 내려앉았습니다.

계절의 여왕이라는 5월, 연례행사처럼 강화도를 찾게 하는 꽃, 매화마름입니다.

매화·매화마름·매화말발도리·매화노루발·물매화…. 우리 선조들이 매화를 얼마나 지극정성으로 연모했는지 짐작케 합니다.

캐논 EOS 350D 60mm F2.8 1/800초 노출보정 -2.0EV ISO 100

학명은 *Ranunculus kazusensis* Makino. 미나리아재비과의 여러해살이 수초. 멸종위기종 2급

캐논 EOS 350D　55mm　F5.6　1/200초　노출보정 −1.7 EV　ISO 100

캐논 EOS 350D　23mm　F5.6　1/160초　노출보정 −2.0 EV　ISO 100

캐논 EOS 350D | 60mm | F2.8 | 1/4000초 | 노출보정 −2.0 EV | ISO 100

어디 가면 만날 수 있나

강화도로 건너가는 다리는 두 개. 하나는 강화대교요, 다른 하나는 초지대교다. 초지대교를 건너 오른편으로 꺾어 3~4분 달리면 강화군 길상면 초지리. 바로 큰길가에 한국내셔널트러스트 '시민자연유산' 1호 매화마름 군락지가 있다. 강화군 송해면 당산리 화문석체험관 주변 논에도 모내기 전 매화마름이 밤하늘 별처럼 무수히 핀다.

49 5월 25일
보름달 같은 우윳빛 꽃송이

큰꽃으아리

이름에서 알 수 있듯, 우리 산꽃·들꽃 가운데 크기로 치면 아마 다섯 손가락 안에 들지 않을까 싶습니다.

봄이 한창 무르익을 즈음, 숲이 연두에서 진초록으로 바뀌어갈 즈음, 무성한 풀잎과 나뭇잎 사이로 둥근 꽃들이 보름달처럼 피어납니다.

꽃잎처럼 보이는 여섯 장에서 여덟 장의 꽃받침이 처음에는 연한 녹색으로 피기 시작해 만개할수록 우윳빛으로 변해갑니다. 쟁반같이 큰 꽃받침이 우윳빛으로 활짝 젖혀지면, '와! 예쁘다' 하는 탄성이 절로 터져 나옵니다.

꽃받침이 크고 보기도 좋지만, 눈에 잘 띄어서인지 꽃이 피자마자 벌·나비가 몰려들어 온전한 모습이 한나절을 가지 못합니다.

뿌리는 한방에서 위령선이라는 약재로 쓰입니다.

어디 가면 만날 수 있나

경기 지역에선 5월 20일을 전후해서 가평 호명산과 유명산, 연천 지장산과 고대산, 강화도 등지의 큰 나무 위를 살피면 달덩이처럼 커다란 큰꽃으아리를 만날 수 있다. 사진의 꽃은 경기도 양평 사나사 뒷산에서 담았다.

캐논 EOS 350D | 60mm | F2.8 | 1/320초 | 노출보정 −1.3EV | ISO 200

학명은 *Clematis patens* C.Morren & Decne. 미나리아재비과의 낙엽성 활엽 덩굴식물

50 **5월 25일**
낙하산처럼 피어나는 꽃

으름덩굴

하늘에서 낙하산이 떨어집니다. 총을 든 군인이 아니라, 꽃을 든 선남선녀들이 자줏빛 비단옷을 입고 사뿐히 내려앉습니다.

농익은 '코리안 바나나'를 보고 질펀한 단맛을 기대하며 한입 가득 물었다가 엄청난 양의 씨를 뱉느라 고생했던 기억이 생생합니다. 그런데 그 으름덩굴의 꽃이 이렇게 예쁜 줄 미처 몰랐습니다.

한 가닥 줄기에 암수 꽃이 함께 매달려 있다니, 신기하기까지 합니다. 꽃잎처럼 보이는 석 장의 큼지막한 꽃받침을 우산처럼 쓰고, 가운데 예닐곱 개의 굵직한 암술이 있는 큰 꽃이 암꽃입니다.

역시 꽃잎처럼 보이는 석 장의 작은 꽃받침에 원형을 이룬 여섯 개의 수술이 달린 작은 꽃이 수꽃이랍니다. 참, 세상은 넓고 꽃은 다양하지요?

👣 **어디 가면 만날 수 있나**

경기도 양평군 옥천면 용천리 사나사 뒤편 계곡은 금낭화 등 많은 야생화가 자생하는 때 묻지 않은 청정 지역이다. 으름덩굴은 사찰 바로 뒤 등산로 입구에서부터 길게 덩굴을 늘어뜨리고 낙하산 같은 꽃을 피운다. 같은 시기, 눈을 들어 큰 나무 위를 살피면 큰꽃으아리도 만날 수 있다.

학명은 *Akebia quinata* (Houtt.) Decne. 으름덩굴과의 낙엽 활엽 덩굴식물

51 **5월 25일**
북방계 장미과 식물의 화사함을 대변하는

인가목 -흰인가목

인가목의 아름다움에 푹 빠졌습니다. 서늘한 바람 부는 곳에서 만났습니다. 밀양 얼음골이니 하는 곳에 한여름에도 얼음이 언다는 등의 말을 믿지 않았습니다. 눈으로 보지 않았으니, 과장된 말이겠지 했습니다.

그러다 우연히, 5월 말에도 얼음이 남아 있고 찬바람 부는 곳이 있다는 말에 속는 셈치고 찾아봤습니다. 한낮 기온이 30도까지 오르던 어느 주말, 고드름이 남아 있는 현장을 확인했습니다. 헌데 묘하게도 찬바람 부는 그곳에서 인가목 꽃의 만개를 보았습니다. 장미과의 낙엽 활엽 관목인 인가목이 북방계 식물임을 보여주는 생생한 증거가 아닐까 싶습니다.

절정의 인가목, 꽃잎이 온전한 인가목을 만나기는 쉽지 않습니다. 그저 스치기만 해도 꽃잎이 떨어지고 흩어지기 때문입니다. 붉지만도 않고 희지만도 않은 꽃, 붉은색과 흰색이 숱한 조화를 만들어내는 인가목 꽃의 아름다움을 새삼 알게 된 5월의 마지막 주말이었습니다.

학명은 *Rosa suavis* Willd. 장미과의 낙엽 활엽 관목

흰인가목

학명은 *Rosa koreana* Kom. 장미과의 낙엽 활엽 관목

키 큰 인가목 꽃을 담으려 한참 동안 곧추세웠던 고개를 떨어뜨리니, 허리춤도 안 되는 높이에 유난히 흰 꽃들이 보입니다. 작고 가지런한 잎들이 해당화 잎을 닮은 듯한데, 꽃이 작고 꽃잎 다섯 장이 하나씩 단정하게 분리돼 있어 같은 인가목류일 것이라고는 상상도 못했습니다. 오히려 전체적인 이미지는 해당화를 닮았습니다. 해당화가 아닌 산당화가 아닐까 멋대로 생각했더니, 실제 명자나무의 별칭으로 산당화란 이름이 쓰인다고 합니다. 해서 산해당화라고 할까 했더니, 인가목을 통칭 산해당화라 부른다더군요.

높이가 1m 이내로 작고, 잎도 다르고 꽃도 작은 흰인가목은 몇 해 전까지만 해도 강원도 설악산이나 발왕산에서만 자생이 확인된 전형적인 북방계 식물로 알려져 있습니다. 최근에야 경기 북부 지역에서도 일부 서식지가 발견됐습니다. 꽃은 흰색인데, 몇몇은 처음 필 때 꽃잎 가장자리에 연분홍 물이 들기도 합니다.

👣 어디 가면 만날 수 있나

전국의 풍혈이 거개 그러하듯, 경기도 연천군 연천읍 동막리 풍혈도 온난화로 인해 갈수록 생존이 위협받고 있는 북방계 식물들의 마지막 피신처가 되고 있다. 인가목과 흰인가목도 연천 풍혈 지대에 뿌리내리고 있는 북방계 식물의 하나다.

52 5월 28일
주근깨투성이 도도한 애기나리

금강애기나리
-큰애기나리

 같은 과 같은 속 꽃이라도 '금강'이란 접두어가 붙으면 각별한 형태와 색을 자랑하는 특별한 꽃이 됩니다. 잘 알려진 금강초롱꽃이 그렇고, 금강제비꽃과 금강봄맞이가 그러합니다. 금강산의 여름 이름인 '봉래'가 붙은 봉래꼬리풀도 마찬가지입니다. 천하제일 명산인 금강산에서 처음 채집되었거나 그곳이 주요 자생지이기에 금강이란 이름이 붙은 식물들입니다.

 금강애기나리도 그중 하나입니다.

 봄철 우리나라 산에서 가장 많이 피고, 흔히 만날 수 있는 꽃은 애기나리입니다. 그런데 금강애기나리는 같은 백합과 꽃이지만 더 깊고 높은 산에 가야 만날 수 있습니다.

 애기나리 흰 꽃은 고개를 숙이고 땅을 보고 피기에 그 많은 수에도 주목받지 못합니다. 하지만 금강애기나리는 그보다 더 작은 꽃을 치켜들고 꽃잎을 뒤로 젖힌 채 나 보란듯이 서서 봄날 숲속의 주인공을 자처하기에, 보는 이도 덩달아 도도해지는 기분을 느끼게 됩니다.

 주근깨투성이 말괄량이 삐삐처럼 자주색 점이 촘촘히 박혀 있는 금강애기나리는 진부애기나리로도 불립니다.

캐논 EOS 350D　60mm　F2.8　1/60초　노출보정 -1.0EV　ISO 100

학명은 *Streptopus ovalis* (Ohwi) F.T.Wang & Y.C.Tang. 백합과의 여러해살이풀. 특산식물

캐논 EOS 350D　60mm　F2.8　1/1250초　노출보정 −2.0EV　ISO 100

캐논 EOS 350D　60mm　F2.8　1/1000초　노출보정 −1.0EV　ISO 100

👣 **어디 가면 만날 수 있나**

설악산은 물론 태백산·오대산·팔공산·덕유산·소백산·민주지산·지리산·백운산·한라산 등 전국의 웬만큼 큰 산에 가면 볼 수 있다. 사진은 강원도 인제 대암산에서 담았다. 서울에서 가까운 경기도 양평 용문산에도 많은 개체가 자생하고 있다.

큰애기나리

학명은 *Disporum viridescens* (Maxim.) Nakai. 백합과의 여러해살이풀

📷 캐논 EOS 350D 60mm F3.2 1/800초 노출보정 0EV ISO 100

53 **5월 28일**
연둣빛 숲속 금빛 유채화

동의나물

투명한 노란색 피나물이 지고 난 자리가 허허롭게 느껴질 즈음, 숲이 온통 단조로운 연둣빛으로 물들어갈 무렵, 동의나물이 진노랑 꽃잎을 활짝 열어젖힙니다.

피나물이 수채화라면, 동의나물은 유채화입니다. 노란색 꽃잎뿐 아니라 잎 또한 그러합니다. 동의나물의 기름진 잎은 동그라면서도 표면이 반질반질 깔끔해 그 자체로도 훌륭한 관상용이 됩니다. 잎이 곰취를 꼭 닮았지만 절대로 먹어서는 안 된다고, 봄철이면 산림청 등에서 누누이 경고하는 독초입니다.

또 다른 이름은 입금화(立金花), 말 그대로 '서 있는 금빛 꽃'이란 별칭으로도 불립니다.

👣 어디 가면 만날 수 있나

제주도를 제외한 전국에서 만날 수 있다는 게 도감의 설명이다. 실제로 웬만한 산, 깡마른 산등성이보다는 계곡 등 물가 주변에서 어렵지 않게 볼 수 있다. 파란 하늘을 배경으로 담은 동의나물은 강원도 인제 대암산 용늪에서 만났다. 인제군 기린면 진동리 곰배령에서도 초입부터 동의나물 군락을 만날 수 있다.

학명은 *Caltha palustris* L. var. *palustris*. 미나리아재비과의 여러해살이풀

54 5월 28일
지장보살 혹은 이밥나물

풀솜대 −자주솜대

'밥이 곧 하늘'이라는 말이 있지요. 그래서 이 꽃은 지장보살이라는 멋진 이름으로도 불리는가 싶습니다.

이른봄 새순은 산나물로 인기가 좋아, 숱한 사람들이 배낭 가득 채취해 가곤 합니다. 다른 이름은 이밥나물. 달큼한 게 이른봄 잃었던 입맛을 돌게 합니다. 그렇게 뜯기고도 모진 생명력 덕분에 5월 중순을 전후해 산기슭에 하얀 꽃으로 피어나, 흰 쌀밥을 뿌린 듯 사방을 훤히 밝힙니다.

어린 순은 요깃거리가 돼 허기진 이들의 배를 달래주고, 희디흰 꽃은 풍성한 눈요깃거리가 돼주니, 지장보살이란 별칭이 제격인 듯싶습니다.

👣 **어디 가면 만날 수 있나**

풀솜대 꽃이 필 무렵 경기도 양평 용문산 7~8부 능선쯤 되는 산기슭에 가면 심심찮게 아낙네들을 볼 수 있다. 바로 지장보살, 아니 이밥나물이란 봄나물을 캐러 온 이들이다. 전국 각처의 산지에서 만날 수 있지만 마을 가까운 뒷동산에는 별로 없다. 진달래 피는 초입에서 한참 더 올라가야 한다. 사진의 풀솜대는 용문산과 함백산·대암산 등 경기·강원의 내로라하는 고산 지대에서 만났다.

학명은 *Smilacina japonica* A.Gray. 백합과의 여러해살이풀

자주솜대

학명은 *Smilacina bicolor* Nakai. 백합과의 여러해살이풀. 특산식물

2012년 '개체수 많음'을 이유로 멸종위기종 2급에서 해제되었으나, 여전히 몇몇 고산 지대에서나 만날 수 있는 우리 고유종입니다.

학명이 많은 것을 말해줍니다. 자주솜대의 결정적 특징인 '두 가지 색(bicolor)'이란 단어가 쓰였습니다. 단어 뜻대로, 처음에는 녹색 꽃이 피지만 점점 자주색으로 변하는 게 풀솜대와 구별되는 가장 큰 특징입니다. 게다가 일제강점기 우리 식물들을 세계 식물학계에 보고하면서 대대적으로 자기 이름을 갖다 붙인 일본인 나카이(Nakai)가 명명자로 들어갔다는 것은 자주솜대가 우리의 특산식물임을 보여주는 생생한 증거라 할 수 있습니다.

지리산 반야봉에서 처음 발견된 이후 설악산·덕유산·소백산 등 고산 지대에 다수 자생하는 것으로 확인되면서 멸종위기종에서 풀려났습니다.

니콘 D800　105mm　F3　1/640초
노출보정 −0.5EV　ISO 200

👣 어디 가면 만날 수 있나

설악산 장수대 지구에서 대승령까지 올라 능선 숲에서 만났다.

55 | 5월 28일
꽃도 예쁜 귀한 한약재

백작약

백 마디 말이 필요 없는 꽃, 백작약입니다.
산에 피는 산작약 가운데 꽃잎이 흰 작약이라는 뜻이지요.
꽃이 예쁜 데다 귀한 약초이기에, 눈에 띄는 족족 사라지기 일쑤인 꽃 가운데 하나입니다.

 **어디 가면 만날 수 있나**

강원도 인제 대암산 용늪에서 만났다. 대암산은 정상에 군부대가 자리해 민간인 출입이 통제되고 있는 만큼 자연 생태가 잘 보존돼 있다. 전국의 산지에서 자란다고 하지만 꽃이 예뻐서, 또 귀한 약재여서 손을 타 만나기가 쉽지 않다. 대암산에서는 오다가다 심심치 않게 만날 수 있었다.

학명은 *Paeonia japonica* (Makino) Miyabe & Takeda. 작약과의 여러해살이풀

56 6월 1일
너무 흔하지도, 귀하지도 않아 반가운

감자난초

산은, 숲은 배반하지 않습니다.

찾을 때마다 새로운 꽃들이 피거나, 아니면 같은 꽃이라도 먼저보다 더 많은 꽃망울을 활짝 터뜨릴 것이란 믿음을 저버리지 않습니다.

언젠가 저 숲 어딘가에 저 홀로 꽃을 피우고 있을 것이라는 기대감에 부풀어 이 골 저 골 복주머니란을 찾아 헤매었건만, 끝내 모습을 드러내지 않습니다. 오늘은 헛방인가 하며 허허로이 내려오는 길, 금색 감자난초가 반색합니다.

그러면 그렇지!

숲을 환하게 밝히는 감자난초의 고고한 자태를 앉아서, 누워서, 자세를 바꿔가며 카메라에 담습니다.

흐뭇한 마음에 돌아서는데, 빈 골짜기에 뭔가 구르는 소리가 들립니다. 누군가 발을 헛디디며 돌을 건드렸나 했습니다.

하산길을 재촉하며 무심코 윗옷 주머니를 살피니 텅 비었습니다. 앉았다 누웠다 하는 사이 휴대전화가 제멋대로 계곡 아래로 사라진 것이지요. 감자난초를 만난 기쁨에 세상을 얻은 듯 득의만만하던 마음이 금세 세상과 연결된 끈이라도 놓친 듯 아득해지며 불안감에 휩싸입니다.

'아직 멀었구나, 세상사 초연하기에는.' 비로소 깨닫습니다.

구근이 감자처럼 둥글고 커서 이름이 감자난초랍니다. 너무 흔하지도, 너무 귀하지도 않아서 반가운 야생란입니다.

니콘 D800　105mm　F3.2　1/200초　노출보정 -2.0EV　ISO 320

학명은 *Oreorchis patens* (Lindl.) Lindl. 난초과의 여러해살이풀

니콘 D800 105mm F3.2 1/125초 노출보정 -1.5EV ISO 320

니콘 D800 105mm F2.8 1/500초 노출보정 -1.0EV ISO 200

📷 캐논 EOS 350D 60mm F2.8 1/160초 노출보정 −1.0EV ISO 200

👣 어디 가면 만날 수 있나

천마산 · 연인산 · 축령산 · 용문산 · 방태산 · 덕유산 · 설악산 · 태백산 · 금대봉 등 전국의 이름 있는 산에 가면 어렵지 않게 만날 수 있다. 사진 속 감자난초는 강원도 정선 함백산과 홍천 서석면의 한 야산, 경기도 양평 용문산 등지에서 담았다.

57 6월 2일
선비를 닮은 고결한 자태

은대난초

날렵하게 쭉 뻗은 잎은 댓잎을 닮았고, 눈부시게 흰 꽃은 옥쟁반에 구르는 은구슬을 닮았습니다. 그래서 이름도 은대난초입니다. 다른 이름으로 댓잎은 난초라고도 합니다.

5월 말에서 6월 중순 사이 은방울꽃이 고개를 숙이고 자잘한 꽃을 피울 무렵, 제법 키가 큰 은대난초는 하늘을 향해 순백의 고결한 꽃망울을 살짝 열어 보입니다.

봄날 감자난초가 주로 그늘진 곳에서 황금빛을 발하며 숲을 환히 밝히는 데 반해, 은대난초는 양지바른 길섶에 당당히 모습을 드러내고 찬란한 순백의 미를 보란듯이 뽐내곤 합니다.

그리 높지 않은 산에도 자생하고 있어 누구나 조금만 관심을 가지면 어렵지 않게 만날 수 있는 우리 야생란입니다. 멀리 남쪽까지 가지 않고 서울 인

니콘 D800　105mm　F3.2　1/80초　노출보정 -2.0EV　ISO 800

학명은 *Cephalanthera longibracteata* Blume. 난초과의 여러해살이풀

근 산에서도 만날 수 있습니다. 지난 주말 연천의 지장산 중턱까지만 올라가자며 천천히 걸음을 옮기는데, 연초록 숲을 배경으로 은대난초가 몇 송이 피어 발길을 잡습니다.

세상사 참 묘하지요. 한동안 금난초의 황금색에 홀딱 빠져 있었더니, 이제 그만 정신 차리고 돌아오라는 듯 은대난초가 불현듯 나타나 평정심을 찾으라며 말합니다.

"정신 차려, 이 사람아!"

살짝 벌어진 꽃봉오리가 언제 활짝 퍼질까 기다려보지만, 안타깝게도 보이는 게 다 열린 상태입니다.

니콘 D800　105mm　F3.2　1/640초　노출보정 −2.0EV　ISO 320

👣 어디 가면 만날 수 있나

감자난초와 마찬가지로 마을 뒷동산보다는 조금 높은 산에 가면 어렵지 않게 만날 수 있다. 서울에서 가까운 유명산·용문산·천마산·소요산·지장산 등은 물론, 설악산과 지리산 등 높고 깊은 산에서도 두루 만날 수 있다. 경기도 양평군 옥천면 용천리 설매재자연휴양림을 지나면 사륜구동 바이크(ATV) 체험장이 나온다. 거기서부터 용문산 등산로를 타고 오르면 양편 숲에서 감자난초와 은대난초를 함께 만날 수 있다.

58 6월 2일
활짝 펼친 잎, 오뚝한 꽃대, 고고한 학이로다

두루미꽃

몇 번이나 만났지만 활짝 핀 꽃을 보지 못해 아쉬웠던 두루미꽃입니다.

두루미는 우리 선조들이 대대로 귀히 여긴 학의 우리말입니다. 동그란 잎을 학의 날개처럼 활짝 펴고 고개를 치켜들듯 순백의 꽃대를 곧추세운 모습에서 고고한 학의 자태가 느껴지는지요?

잎이 크고 꽃도 오뚝한 것은 큰두루미꽃이라고 불러도 될 만큼 군락을 이룬 다수의 두루미꽃과는 분류학적으로 구별되는 종이 아닐까 추정합니다.

늘 확인하는 사실이지만, 산은 늘 넉넉하게 다양한 꽃을 키우며 찾을 때마다 새로운 꽃들을 준비해서 반겨줍니다. 찾는 사람이 아는 만큼, 찾는 이가 알아보는 만큼 다 내어줍니다.

캐논 EOS 350D　60mm　F2.8　1/320초　노출보정 -1.7EV　ISO 100

학명은 *Maianthemum bifolium* (L.) F.W.Schmidt. 백합과의 여러해살이풀

니콘 D800　105mm　F3.2　1/400초　노출보정 -1.5EV　ISO 800

캐논 EOS 350D　60mm　F2.8　1/1250초　노출보정 -1.3EV　ISO 200

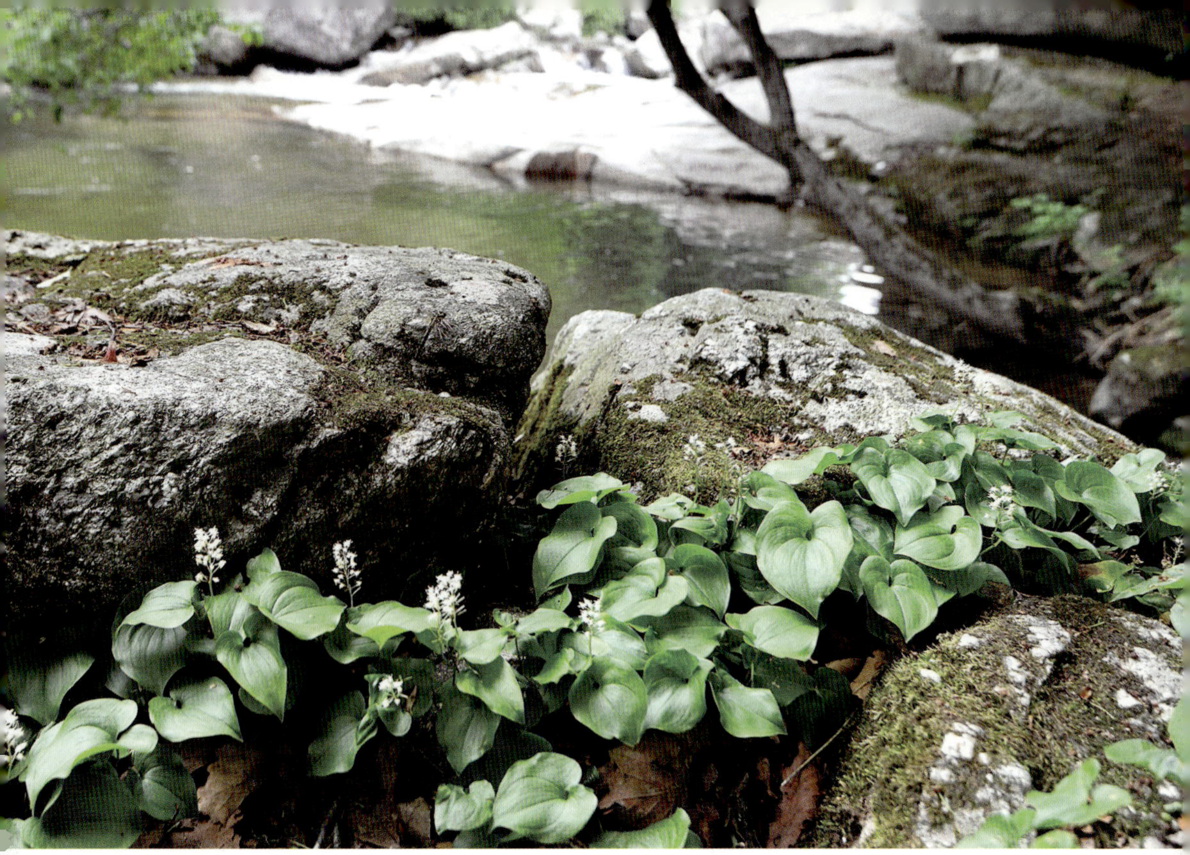

니콘 D800 23mm F6.3 1/200초 노출보정 0EV ISO 1000

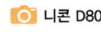

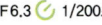

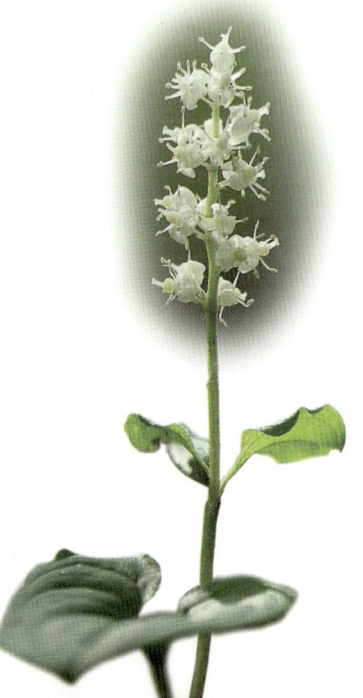

어디 가면 만날 수 있나

처음 만난 곳은 강원도 인제 대암산이었지만 너무 일러 꽃은 보지 못했다. 이후 태백산 · 설악산에서 만나고는 멀리 강원도까지 가야만 볼 수 있는 줄 알았는데, 경기도 가평 화악산에서도 자생하는 두루미꽃을 보았다. 그다음엔 높은 산이 아닌, 강원도 홍천군 내촌면 광암리 냇가에서도 만났다. 또 그다음엔 백두산 금강대협곡 입구에서도 담았다.

59 6월 2일
신록의 숲에서 들리는 색소폰 소리

등칡

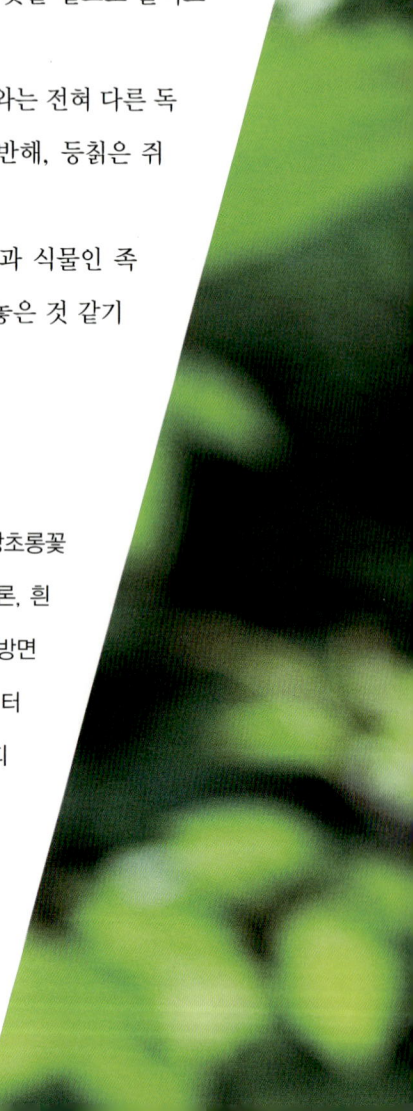

색소폰을 닮은 등칡의 꽃입니다.

줄기가 나뭇가지를 휘감고 올라가는 것이나, 무성하게 자라는 동그란 잎 모양이나, 하늘을 덮을 듯한 덩굴이나 칡을 빼닮았습니다. 무성한 가지에서 꽃을 밑으로 늘어뜨리는 것은 등나무와 흡사합니다.

해서 등칡이란 이름이 붙었다 싶은데, 꽃 모양은 칡이나 등나무와는 전혀 다른 독창적인 모습입니다. 칡이나 등나무나 다 장미목 콩과 식물인 데 반해, 등칡은 쥐방울덩굴과 식물이기 때문인 듯합니다.

오히려 어른 엄지손가락만 한 꽃의 앞모습은 같은 쥐방울덩굴과 식물인 족도리풀을 조금 닮았습니다. U자형 몸통은 누에고치 집을 구부려놓은 것 같기도 합니다.

👣 어디 가면 만날 수 있나

경기도 가평군 북면 화악산은 전국의 야생화 동호인들이 즐겨 찾는 금강초롱꽃 자생지로 유명하다. 게다가 화악산은 특산식물인 구실바위취와 닻꽃은 물론, 흰앵초 등 희귀 야생식물의 보고이기도 하다. 등칡도 그중 하나. 대개 가평 방면에서 화악산으로 접근하게 되는데, 화악터널을 지나자마자 차를 세운 뒤 터널 좌측 임도 겸 등산로를 따라 20여 분 오르다 왼쪽 숲속 나무 위를 살피면 찾을 수 있다. 덩굴식물의 특성상 기대어 사는 다른 나뭇잎들과 구분하기가 쉽지 않다.

학명은 *Aristolochia manshuriensis* Kom. 쥐방울덩굴과의 낙엽 활엽 덩굴식물

캐논 EOS 350D 60mm F5.6 1/60초 노출보정 -1.0EV ISO 200

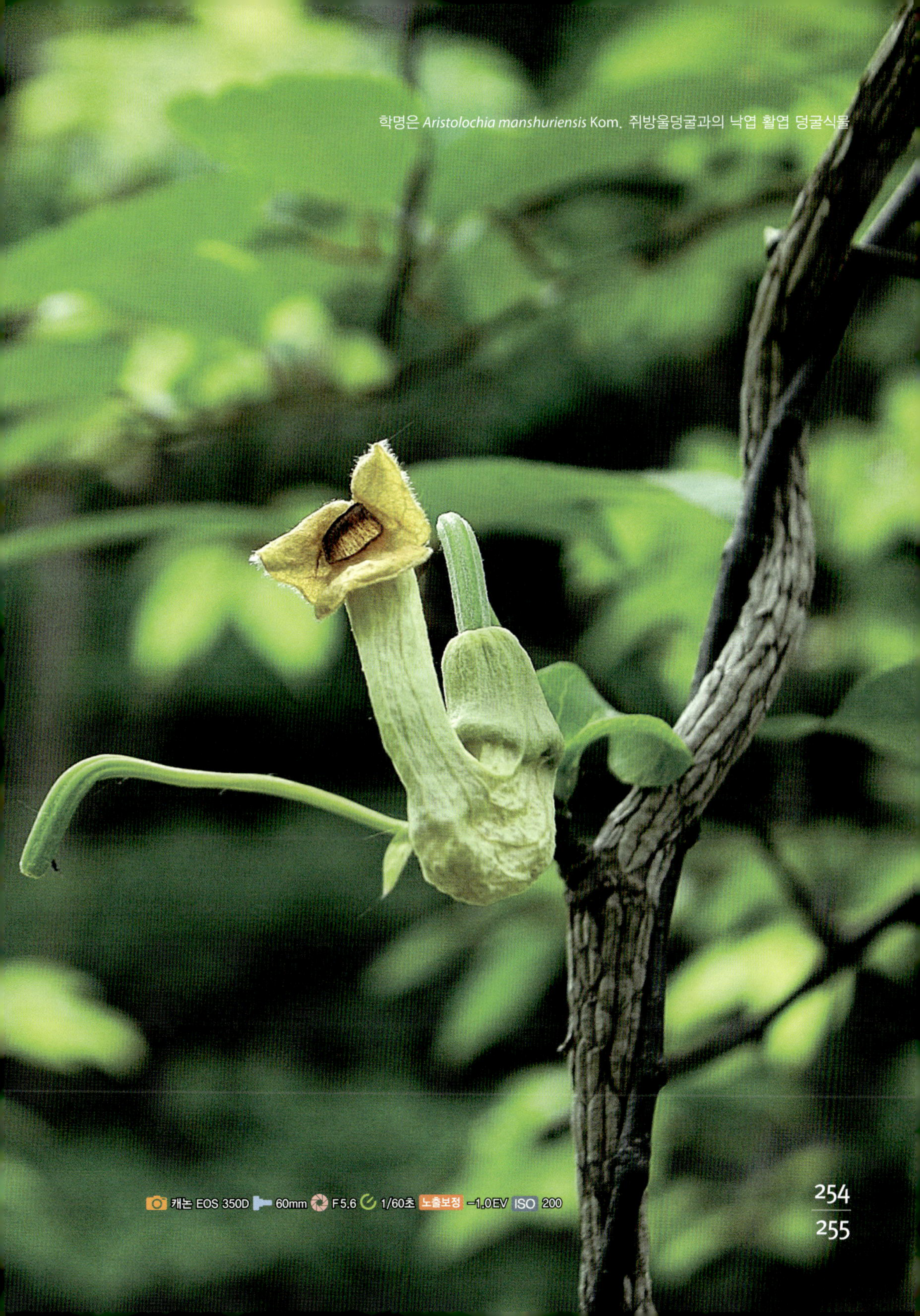

캐논 EOS 350D 60mm F2.8 1/125초 노출보정 -1.7EV ISO 100

캐논 EOS 350D 55mm F5.6 1/125초 노출보정 0EV ISO 400

6월 5일
은은한 향기 뒤 기묘한 별칭

은방울꽃

산중의 시간은 느리게 갑니다. 깊은 산에선 요즈음 유행하는 '느리게 살기'가 절로 됩니다.

대개 5월에 많이 핀다고 해서 오월화라는 별칭을 가진 은방울꽃을 비롯해 은대난초·금강애기나리·풀솜대·키큰앵초 등등 봄꽃으로 분류되는 많은 꽃들이 깊은 산중에서 6월에도 저 홀로 피어나 뒤늦게 봄꽃을 찾는 이를 반깁니다.

그중 향수화라는 또 다른 이름을 가진 은방울꽃은 앙증맞은 생김새뿐 아니라 순백의 꽃으로, 더 나아가 온몸을 파고드는 은은한 향기로 인해 바라볼수록 황홀경에 빠져들게 합니다. 박완서 작가는 《그 많던 싱아는 누가 다 먹었을까》라는 소설에서 "서늘하면서도 달콤한, 진하면서도 고상한, 환각이 아닌가 싶게 비현실적인 향기"라고 실감나게 묘사하고 있습니다.

그러나 장미에 가시가 있듯, 둘째가라면 서러워할 만큼 향기가 일품인 은방울꽃은 독초로 분류됩니다. 전체에 독이 있어 앙증맞은 꽃도 위험하고, 어린 싹도 유독합니다. 잘못 먹으면 심부전증을 일으켜 죽음에까지 이를 수 있는 치명적인 식물입니다.

이런 은방울꽃은 한 번 들으면 결코 잊히지 않는 기묘한 별칭을 가졌습니다. 화냥년속고쟁이가랑이꽃. 꽃보다는 하늘을 향해 벌어진 진녹색 잎 모양에서 따온 이름인 듯싶습니다.

이렇듯 당당하고 큰 잎에 비해 꽃은 크기가 작을뿐더러 부끄러운 듯 한사코 고개를 숙이고 있습니다. 바로 그 모습에 비를 피해 종을 이어가려는 절실한 본능이 숨어 있다고 식물학자들은 설명합니다. 종족 보존과 직결되는 꽃가루

학명은 *Convallaria keiskei* Miq. 백합과의 여러해살이풀

캐논 EOS 350D 　60mm 　F2.8 　1/4000초 　노출보정 −2.0EV 　ISO 100

와 꿀을 보호하기 위해 꽃잎이 땅을 보고 동그란 모양을 그리고 있다는 것이지요. 물론 깽깽이풀처럼 아예 꽃잎을 닫는 식물도 있고, 꽃가루에 방수 기능을 갖추고서 비를 그냥 맞는 꽃도 있다고 합니다.

어디 가면 만날 수 있나

경기도 가평 화악산과 양평 용문산은 산 정상에 군부대가 있다는 것뿐 아니라 식생에서도 유사점이 많다. 특히 두 곳 다 은방울꽃이 폭넓게 자생하고 있다. 화악산의 경우 정상의 군부대 철조망 인근에서 은방울꽃을 쉽게 만날 수 있다. 강원도 평창군 용평면 운두령 고개 숲에서도 어렵지 않게 은방울꽃의 향기를 맡을 수 있다.

61 6월 6일
키는 작지만 호연지기만은 설악산을 품고 산다

난쟁이붓꽃

충남 서산에서 솔붓꽃을 만난 지 거의 한 달이 돼가던 때, 설악산 정상 능선에서 난쟁이붓꽃을 만났습니다. 둘의 생김새가 쌍둥이 같다고 해서 눈으로 확인하고 싶었는데 기회가 왔습니다.

학명은 *Iris uniflora* var. *caricina* Kitag. 붓꽃과의 여러해살이풀. 특산식물

   과연, 많이 비슷했습니다. 그런데 꽃 아래 줄기에서 분명한 차이가 있습니다. 솔붓꽃은 뿌리에서부터 꽃잎까지 사이의 꽃줄기가 파란 포엽으로 둘러싸여 있는 데 반해, 난쟁이붓꽃은 아무런 보호막 없이 외가닥 꽃줄기가 그대로 드러나 있습니다.
   특히 자생지가 달라 솔붓꽃은 충청 등 중부 지역 마을 뒷산에, 난쟁이붓꽃은 설악산· 향로봉· 점봉산 등 강원도 높은 산에 자생합니다.

니콘 D800　105mm　F3.2　1/1600초　노출보정 −1.5EV　ISO 500

니콘 D800　105mm　F3.2　1/1250초　노출보정 −1.0EV　ISO 500

👣 어디 가면 만날 수 있나

설악산 장수대탐방소를 출발해 대승폭포~대승령~안산~장수대탐방소로 다시 돌아오든, 아니면 남교리 십이선녀탕까지 내처 종주하든 최소 일곱 시간 이상 본격적인 산행을 해야만 만날 수 있다. 오르내리는 등산로에서는 만나기 어렵고, 정상 부근까지 올라야 한다.

니콘 D800　16mm　F10　1/320초　노출보정 -1.0EV　ISO 200

62 6월 6일
산솜다리 있어 설악산에 오른다

산솜다리
-왜솜다리

산이 거기 있어 산에 오른다고 했던가요. 산솜다리를 만나기 전 설악산에 오른 것은 설악산이 거기 있기 때문이었습니다. 그런데 이제는 아닙니다. 설악산에 오르는 것은 십중팔구 산솜다리가 거기 있기 때문입니다.

설악산의 상징이요, 산악인의 꽃이라는 산솜다리. 열네 시간에 걸친 긴 산행 끝에 눈처럼 하얗고 맑고 깨끗한 산솜다리 꽃을 보았습니다.

산 정상에나 올라야 볼 수 있지만, 보물찾기 하듯 찾아 헤매야 만날 수 있는 것만은 아니어서 다행이었습니다. 물론 바위 절벽에 주로 서식하기에 가까이 다가가기가 매우 위험했지만, 군데군데 무리지어 목화솜같이 흰 꽃을 소담스럽게 피우고 있어 아직은 천만다행이라는 생각이 들었습니다.

영화 〈사운드 오브 뮤직〉으로 유명해진 알프스의 꽃 에델바이스를 닮았다고 하는데, 우리나라에는 또 다른 유사종으로 한라솜다리와 왜솜다리 등이 있습니다. 1960~70년대 설악산에 단체로 수학여행을 온 중고생들에게 '압화 액자'로 만들어져 불티나게 팔려나가면서 멸종 위기를 맞기도 했지요. 40년 전 설악산으로 수학여행을 갔을 때, 나 또한 철없이 구입한 '산솜다리 압화'를 지금까지 보관하고 있음을 고백합니다.

학명은 *Leontopodium leiolepis* Nakai. 국화과의 여러해살이풀. 특산식물

👣 어디 가면 만날 수 있나

설악산 특정 지역에 자라는 것은 아니고, 해발 1000m 이상 산등성이 바위 절벽 곳곳에 두루 분포한다. 여러 등산로 가운데 공룡능선과 서북능선 등 높고 험준한 암벽에 오르면 더 쉽게 만날 수 있다. 케이블카를 타고 오르는 권금성은 물론, 비교적 쉽게 오를 수 있는 흘림골 코스에서도 사람의 손길이 닿지 않는 바위 절벽에 자생하는 걸 볼 수 있다. 장수대탐방소~대승령~안산 능선 곳곳에서도 만났다.

📷 니콘 D800 🚩 105mm ⚙ F3.2 ⏱ 1/3200초 노출보정 −1.0EV ISO 250

왜솜다리

학명은 *Leontopodium japonicum* Miq. 국화과의 여러해살이풀

👣 **어디 가면 만날 수 있나**

강원도 평창의 유명한 물매화 자생지인 대덕사 계곡에서 '립스틱 물매화'와 함께 담았다.

63 6월 6일
황진이도 울고 갈 고운 꽃

참기생꽃
-기생꽃

　기생꽃과 참기생꽃이 다르다는데, 아무리 자료를 찾아보고 정밀하게 들여다봐도 납득하기 어렵습니다. 남에게 글로 설명하기는 더 어렵습니다.

　크기가 기생꽃은 10cm 안팎, 참기생꽃은 7~25cm이고, 잎 끝이 기생꽃은 둥근 데 반해 참기생꽃은 뾰족하다고 합니다. 하지만 키 10cm 안팎과 7~25cm가 과연 변별력이 있는 차이일지, 둥글다와 뾰족하다는 판단 또한 객관성이 담보되는 설명일지 의문입니다.

　차라리 자생지가 설악산과 태백산인 경우 참기생꽃이라는 자생지 위주의 판별 기준은 수용할 만합니다. 기생꽃은 남쪽에선 강원도 인제군 대암산 용늪 등지에, 북쪽에선 백두산 등지에 자생한다고 합니다.

　황진이가 울고 갈 만큼 예쁜 참기생꽃. 옛날 기생의 이미지와는 달리 흰 꽃이라 의아했는데, 일본에도 같은 꽃이 있으며 얼굴을 하얗게 분칠한 일본 기생을 본떠서 기생꽃이라 명명했다는 설명이 그럴듯해 소개합니다.

　"머언 곳에 여인의 옷 벗는 소리"를 저만치서 그렸던 옛 시인의 정취처럼, 햇살 조명을 받은 참기생꽃을 한 걸음 물러나 카메라에 담았습니다. 그래야 격에 맞을 성싶었습니다.

학명은 *Trientalis europaea* L. 앵초과의 여러해살이풀

니콘 D800 105mm F3.2 1/400초 노출보정 -1.5EV ISO 125

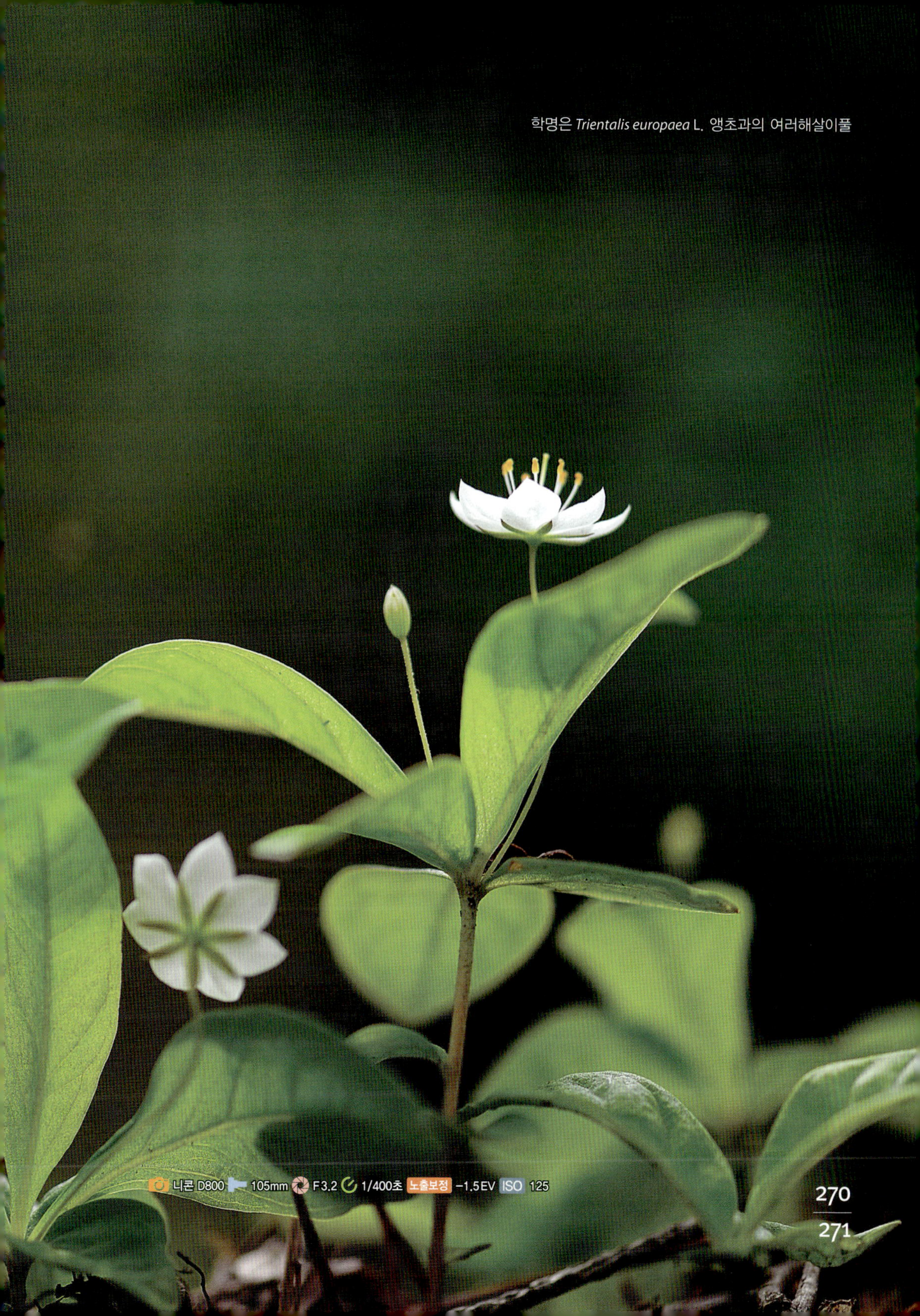

캐논 EOS 350D　60mm　F2.8　1/4000초　노출보정 -2.0 EV　ISO 100

니콘 D800　105mm　F3　1/1250초　노출보정 -2.0 EV　ISO 125

니콘 D800 105mm F3.2 1/800초 노출보정 0EV ISO 250

어디 가면 만날 수 있나

강원도 태백시 혈동 유일사 매표소 주차장에 차를 세운 뒤 태백산 정상으로 향한다. 유일사를 이정표 삼아 한 시간여 비탈길을 박차고 오른 뒤, 유일사 직전에서 정상을 향해 조금만 더 가서 발밑을 살피면 된다. 오고가는 등산객들이 모르고 밟을 만큼, 등산로가 바로 자생지다. 설악산 안산 가는 능선 길에서도 만났다.

기생꽃

학명은 *Trientalis europaea* var. *arctica* (Fisch.) Ledeb. 앵초과의 여러해살이풀. 멸종위기종 2급

니콘 D800　105mm　F3.3　1/6400초
노출보정 -1.0EV　ISO 800

어디 가면 만날 수 있나

백두산 왕지(王池) 가는 길, 장백폭포 가는 길에서도 만났다.

64 6월 7일
닥치고 보호해야 할 관리 대상 1호

털복주머니란

축구 국가대표 최강희 감독 시절, '닥치고 공격'하라는 '닥공'이란 말이 유행했습니다. 그것에 빗대 '닥보' 야생화라 부르고 싶은 꽃이 있습니다. 바로 털복주머니란입니다. 무조건 '닥치고 보호하고, 닥치고 보존', 즉 '닥보'해야 할 귀중하고 소중한 우리의 식물 자원이란 뜻입니다.

현재까지 공식적으로 확인된 개체수가 넉넉잡아도 50촉을 넘지 않을 것으로 생각됩니다. 남한 내 확인된 자생지가 두 곳에 불과하니까요.

전문가들에 따르면, 광릉요강꽃이 멸종위기종 1번이고 털복주머니란이 7번으로 지정됐지만, 자생지 수나 개체수를 감안할 때 최우선으로 보호해야 할 관리 대상 1호는 털복주머니란입니다.

털복주머니란은 자주색 무늬가 첫눈에도 범상치 않은 분위기를 풍깁니다. 키는 한 뼘 정도에 불과합니다. 20~30cm 안팎으로, 그냥 복주머니란보다 절반 정도 작다고 보면 됩니다. 당연히 꽃도 작습니다. 복주머니란의 3분의 1쯤 될까요?

키 작은 꽃들을 위에서 내려다보니 흰 모자를 쓴 듯한데, 일견 보잘것없어 보이기도 합니다. 그러나 눈높이를 낮추고 자세히 들여다봐야 그 진가를 알게 됩니다. 자세히 살펴보면 줄기와 잎은 물론이고 꽃잎에까지 솜털 같은 흰털이 수북하게 나 있습니다. 이름 앞에 왜 '털' 자가 붙었는지 알 수 있습니다. 특히 꽃에 자주색 반점이 있는데, 그 얼룩무늬가 꽃마다 달라 화려하기 이를 데 없습니다.

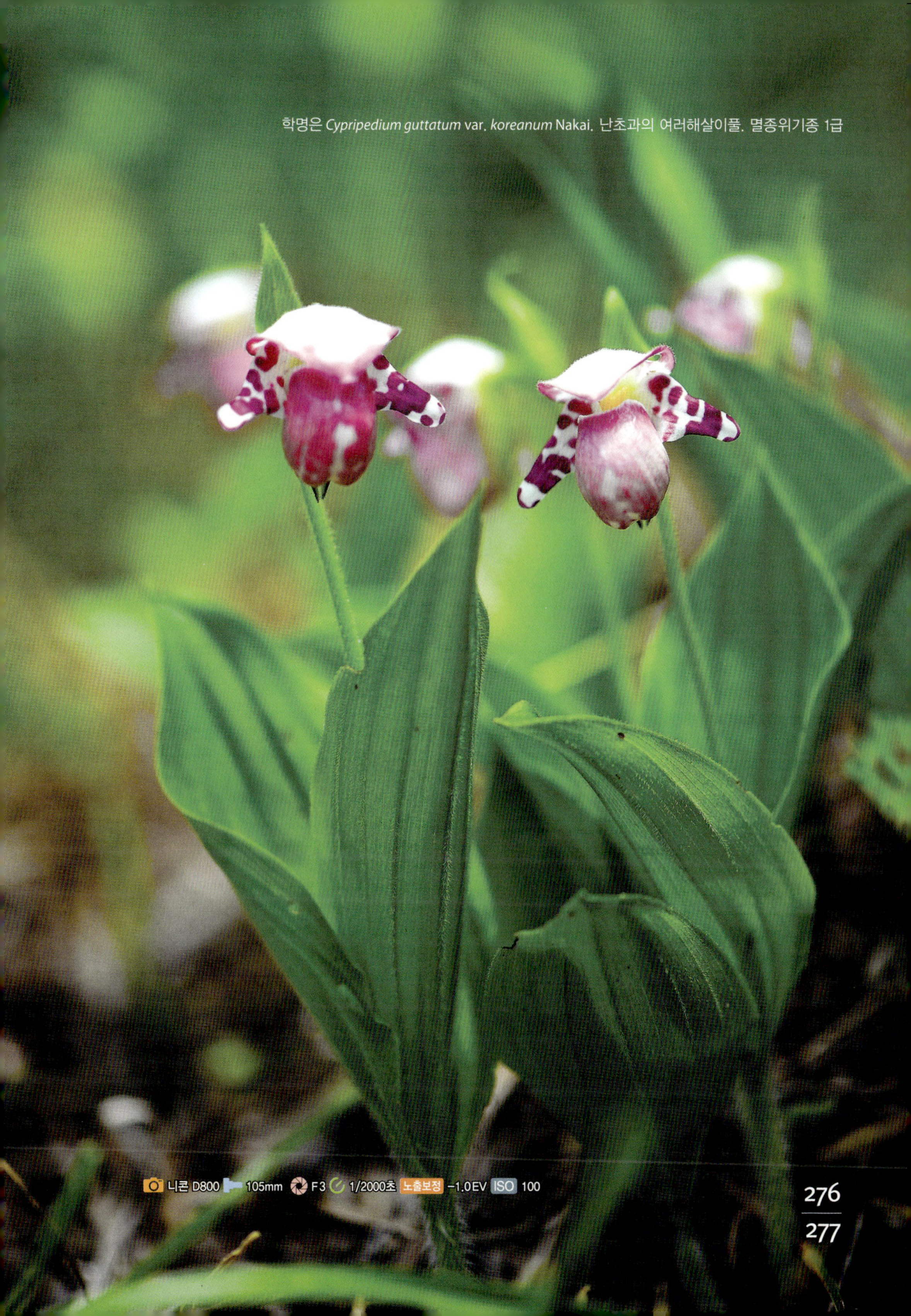

학명은 *Cypripedium guttatum* var. *koreanum* Nakai. 난초과의 여러해살이풀. 멸종위기종 1급

니콘 D800 105mm F3 1/2000초 노출보정 -1.0EV ISO 100

니콘 D800　105mm　F5　1/2500초　노출보정 0EV　ISO 200

니콘 D800　105mm　F3　1/1000초　노출보정 0EV　ISO 200

털개불알꽃·털개불알란·노란작란화·애기작란화·소낭란·표란·노랑자낭화 등 다양한 이름으로 불립니다. 영어로는 'purplespot ladyslipper', 즉 보라색(자주색) 반점이 있는 여자 샌들 모양의 꽃이란 뜻입니다. 보라색 반점을 꽃의 특성으로 본 것이지요.

6월 초 강원도에서 감격적인 첫 만남을 가진 뒤 여운이 채 가시지 않았는데, 한 달여 만에 백두산에서 다시 만나는 '꽃복'을 누렸습니다. 강원도에서 봤던 털복주머니란의 샴쌍둥이를 만난 듯했습니다. 6월에 본 강원도의 자생지가 털복주머니란의 남방한계선, 7월에 본 백두산이 북방한계선이 아닐까 생각합니다.

어디 가면 만날 수 있나

우리나라에서 확인된 자생지는 두 곳뿐이다. 둘 다 강원도 정선군 고한읍 함백산 중턱에 있다. 한 곳은 산림청에서, 또 한 곳은 환경부에서 철망을 두르고 CCTV까지 설치해 관리·감독하고 있다. 백두산에서는 서파 코스 내 왕지 직전 풀밭에서 만났다.

니콘 D800 | 105mm | F3 | 1/1250초 | 노출보정 −1.0EV | ISO 100

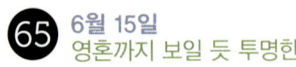
6월 15일
영혼까지 보일 듯 투명한

나도수정초
-수정난풀/구상난풀

가만 들여다보고 있으면 영혼까지 맑아지는 꽃입니다. 가만 들여다보고 있으면 수액이 지나는 것까지 보일 듯한 꽃, 나도수정초입니다.

어찌 이렇게 맑고 투명할 수 있을까? 보면 볼수록 신기하고 신비롭습니다. 그렇지만 엽록소가 없으니 광합성을 못 하고, 광합성을 못 하니 영양분을 만들지 못하는, 그래서 저 홀로는 목숨도 부지하지 못하는 가련한 기생식물입니다.

주로 참나무 우거진 숲 그늘에서 5~6월에 꽃을 피웁니다. 썩어가는 식물체나 배설물에 의지해 양분을 얻는, 이른바 전형적인 부생(腐生)식물입니다.

여름과 가을에 거의 같은 형태로 피는 수정난풀이나, 가을철 줄기 하나에 머리가 여럿 달린 형태로 옅은 황색으로 피는 구상난풀이나, 다 같은 노루발과의 이웃사촌들입니다.

👣 어디 가면 만날 수 있나

경기도 양평 용문산에서 많이 볼 수 있다. 그중 옥천면 용천리 사나사에서 오르는 등산로 주변이 찾기 쉽다. 한 40여 분 오른 뒤 좌우 참나무 숲을 살피면 쉽게 찾을 수 있다. 설매재자연휴양림을 지나 군사도로를 따라가다 산 중턱에서 왼편으로 난 길로 10여 분 들어가도 썩은 낙엽 지대에 숨어 있는 무더기들을 발견할 수 있다.

니콘 D800　105mm　F6.3　1/320초　노출보정 0EV　ISO 640

학명은 *Monotropastrum humile* (D.Don) Hara. 노루발과의 여러해살이 부생식물

📷 니콘 D800　105mm　F5.6　1/30초　노출보정 0EV　ISO 400

📷 캐논 EOS 350D　60mm　F2.8　1/200초　노출보정 -1.7EV　ISO 200

수정난풀

학명은 *Monotropa uniflora* L. 노루발과의 여러해살이 부생식물

　수정난풀과 나도수정초는 형태상 구분이 안 될 정도로 거의 같은 조건의 숲에서, 거의 같은 모습으로 꽃을 피웁니다. 한 가지 다른 점이 있다면, 자라고 꽃피는 시기가 엄연히 다르다는 것이지요. 나도수정초는 봄에, 수정난풀은 여름부터 가을까지 꽃을 피웁니다.

　같은 식물이 봄부터 가을까지 피는 것이 아닌가 싶지만, 그것은 분명 아닙니다. 나도수정초가 봄에 피었다가 흔적도 없이 사라진 뒤 수정난풀이 제3의 숲에서 여름부터 피어납니다.

캐논 EOS 350D　60mm　F2.8　1/100초　노출보정 -1.3EV　ISO 800

구상난풀

학명은 *Monotropa hypopithys* L. 노루발과의 여러해살이 부생식물

　한라산 구상나무 숲에서 처음 발견돼 구상난풀이라 불립니다. 처음에는 구상나무와 기생 관계가 아닌가 추정됐다 합니다. 이후 전국 곳곳에서 발견돼 수정난풀이나 나도수정초와 생태가 거의 비슷한, 또 하나의 부생식물로 분류되고 있습니다.
　도감에는 5~6월에 꽃이 핀다고 돼 있으나, 경기도 지역에서 오히려 8월 중순 이후에 더 많이 볼 수 있습니다.

캐논 EOS 350D　60mm　F2.8　1/60초　노출보정 −1.0EV　ISO 800

👣 어디 가면 만날 수 있나

　　구상난풀과 수정난풀 둘 다 경기도 양평군 단월면 산음리 수청마을 뒷산에서 만났다. 가을 버섯 중 최고라는 능이버섯을 채취하는 시기에 버섯 따는 친구들을 따라 동네 뒷산에 올랐다 만났으니, 아마도 능이버섯 자라는 시기와 비슷한 때 잘 자라는 게 아닌가 싶다.

66 6월 16일
작열하는 여름 태양을 닮은

하늘나리
-날개하늘나리

태양을 닮은 꽃, 하늘나리입니다.

전국 어느 산에서나 볼 수 있지만, 그렇다고 흔히 만날 수 있는 꽃은 아닙니다. 어쩌다 운이 좋아 만난다 해도 한두 송이 정도지, 무더기로 핀 것을 보기는 쉽지 않습니다. 분포지는 넓지만 개체수는 그리 많지 않다는 게 그간의 경험치입니다.

이름 그대로 하늘을 향해 꽃잎을 활짝 벌리고 태양을 온몸으로 받아들이는 꽃입니다. 한여름 태양의 열기를 정면으로 맞이하는 까닭인지, 꽃색이 이글거리는 태양의 색 그대로입니다.

접경 지역인 경기도 연천 고대산 등반 중 고고하게 피어 있는 한 송이를 만났습니다. 여린 줄기 끝에 피어난 선홍빛 꽃은 짙은 녹음, 작열하는 태양과 짝을 이뤄 그 어떤 꽃보다 강렬한 이미지를 선사합니다. 인적 드문 깊은 숲속에서 만나는 하늘나리는 누구에게나 오래도록 기억되는 여름의 전령사라 할 수 있습니다.

니콘 D800　105mm　F3　1/8000초　노출보정 -1.0EV　ISO 160

학명은 *Lilium concolor* Salisb. 백합과의 여러해살이풀

하늘나리를 만나고 돌아오는 길, 연천 읍내 뒷동산에서 꼬부랑 할머니처럼 잔뜩 허리가 굽은 털중나리를 만났습니다. 그리고 며칠 뒤, 겸재 정선이 〈인왕제색도〉를 그렸다는 서울 시내 한복판 수성동 계곡에서 털중나리를 또 만났습니다. 바야흐로 나리의 계절입니다. 하늘나리를 필두로 털중나리·말나리·하늘말나리·참나리·솔나리·땅나리가 앞서거니 뒤서거니 전국을 붉게 물들일 태세입니다.

👣 어디 가면 만날 수 있나

경기도 연천군 신서면 고대산에서 만났다. 경원선 신탄리역에서 출발해 고대산 입구에 다다르면 3개의 등산로가 나온다. 그중 2코스로 오르면서 털중나리를 담고, 3코스로 내려오다 끝지점에서 하늘나리를 담았다.

📷 니콘 D800　👣 105mm　F3　1/3200초　노출보정 −1.5EV　ISO 160

날개하늘나리

학명은 *Lilium dauricum* KerGawl. 백합과의 여러해살이풀. 멸종위기종 2급

멸종위기종이라는 말은 희귀하기는 하지만 국내에도 자생한다는 뜻입니다. 그렇지만 아직 국내에서는 만나지 못하고, 멀리 백두산에서 첫 상견례를 했습니다.

처음 본 날개하늘나리는 참나리만큼 크고 탐스럽고 색도 붉었습니다. 나리꽃들이 그렇듯 키가 크기에 백두산 최정상 키 작은 풀밭에서는 살지 못하고 바로 밑 고산 화원에서 붓꽃이나 금매화, 바이칼꿩의다리 등 엇비슷한 크기의 꽃들과 어깨를 나란히 하고 있었습니다. 해발 2000m 가까운 고산 지대로, 세찬 비바람 탓인지 키가 껑충한 뭇 나리꽃들과 달리 다른 식물들 위로 고개를 내밀지 않더군요.

꽃이 태양을 마주하는 것은 하늘나리와 같으나, 줄기 양편으로 돌려난 잎이 마치 새의 날개처럼 길게 늘어진다고 해서 날개하늘나리란 이름을 얻었습니다.

백두산에서도 워낙 통제가 심한 터라 지정된 통로를 벗어나지 못한 채 멀리, 멀리서만 담을 수밖에 없었습니다.

👣 어디 가면 만날 수 있나

백두산 서파 코스 왕지 고원에서 만났다.

67 6월 17일
한라산·금강산이 고향이라오

흰그늘용담
-구슬붕이/비로용담

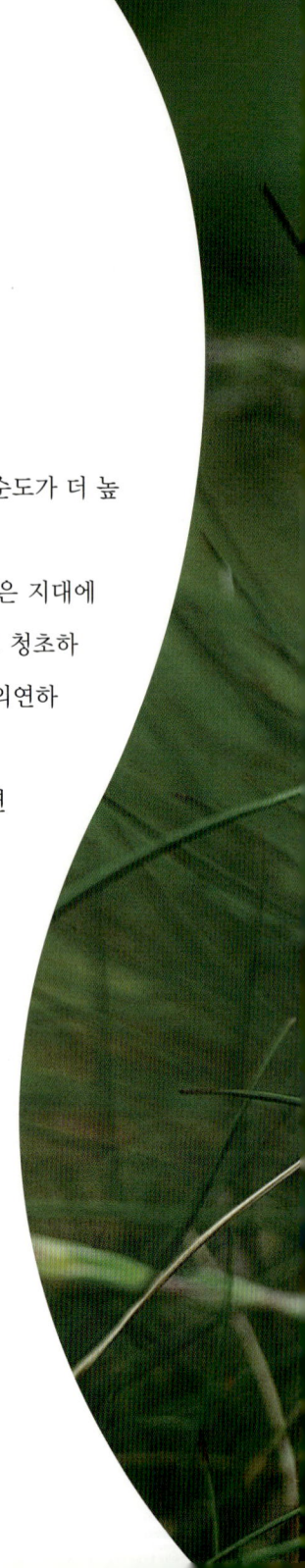

산이 높고 골이 깊으면 흰 꽃은 더 희고, 붉은 꽃은 더 붉어집니다. 색의 순도가 더 높아지고 감도가 더 짙어진다고 할까요?

한라산 윗세오름 가는 길에 만난 흰그늘용담도 그러했습니다. 한라산 높은 지대에서만 핀다는 토종 식물 흰그늘용담. 첫눈에 알아볼 만큼 눈에 띄게 예쁘고 청초하고 단아한 꽃이었습니다. 5~7월에 핀다더니, 6월 폭염에도 아랑곳 않고 의연하게 피어 있었습니다.

같은 쌍떡잎식물 용담목 용담과의 두해살이풀인 구슬붕이도 바로 옆에 연한 하늘색으로 피어 있었습니다. 꽃색이 다르고 줄기와 가지 등에서 작은 차이가 날 뿐 거의 같은 형태였습니다. 참으로 헷갈리는 이웃사촌들입니다.

참, 한라산에 피는 흰그늘용담인 만큼 한라산을 배경으로 담아야 한다는 생각에 많은 노력을 했습니다만 별무소득이었습니다.

👣 어디 가면 만날 수 있나

한라산 중턱까지 오르면 만날 수 있다. 가장 손쉬운 길은 영실 코스. 서귀포시 하원동 영실탐방소를 출발해 한 시간 반쯤 오르면 가파르게 이어지던 계단길이 끝나고 산간 평지가 시작된다. 그곳에서부터 윗세오름 대피소까지 가는 탐방로 주변 풀밭 곳곳에서 담았다.

학명은 *Gentiana chosenica* Okuyama. 용담과의 두해살이풀

캐논 EOS 350D 60mm F2.8 1/4000초 노출보정 -2.0EV ISO 100

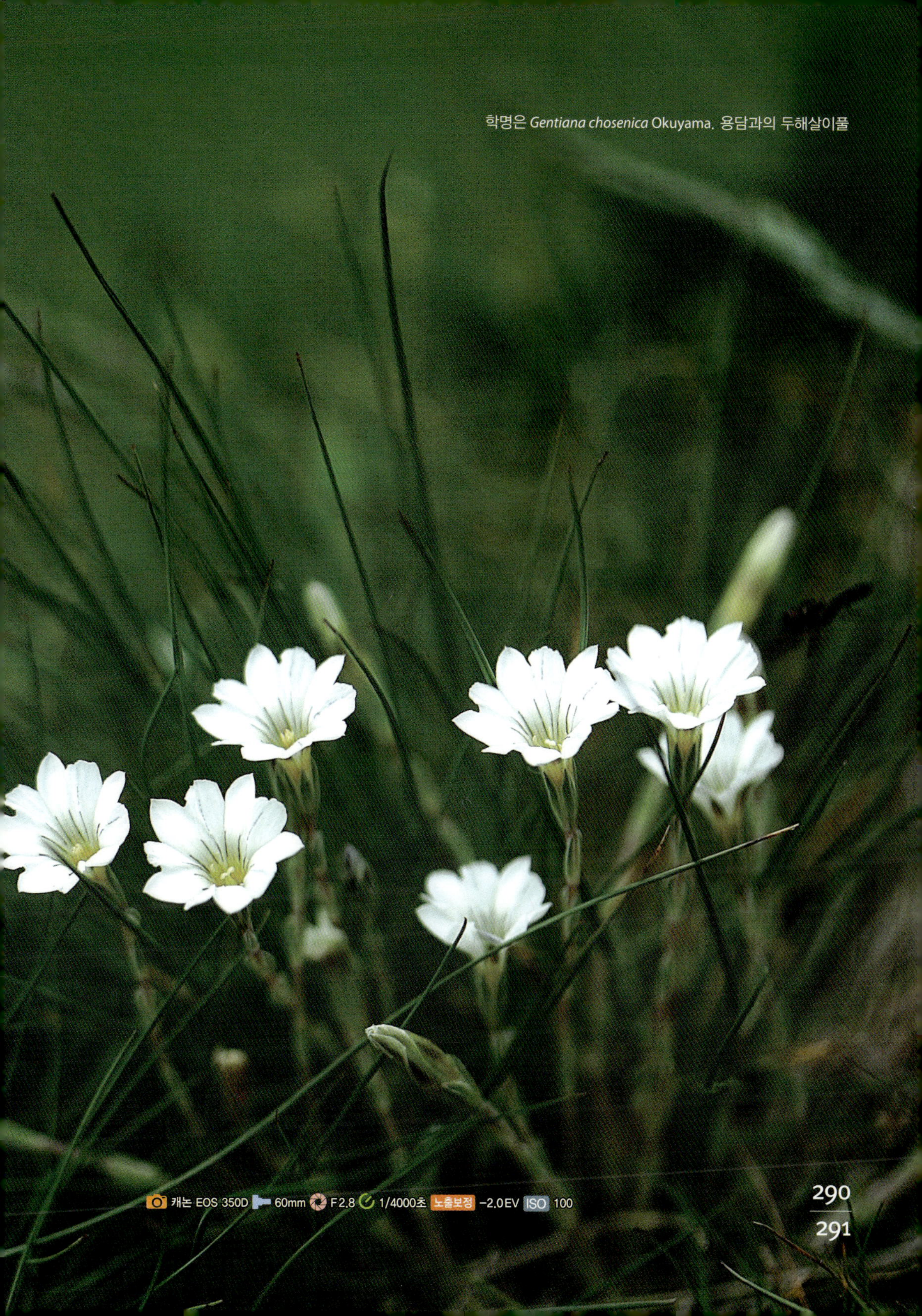

캐논 EOS 350D　60mm　F2.8　1/4000초　노출보정 −2.0EV　ISO 100

구슬붕이

학명은 *Gentiana squarrosa* Ledeb. var. *squarrosa*. 용담과의 두해살이풀

캐논 EOS 350D　60mm　F2.8　1/4000초　노출보정 −2.0EV　ISO 100

비로용담

학명은 *Gentiana jamesii* Hemsl. 용담과의 여러해살이풀

금강산 비로봉에서 처음 발견돼 비로용담이란 이름을 얻었습니다. 남한에서는 강원도 인제군 대암산 용늪에도 자생한다 하니, 아마도 그곳이 비로용담의 남방한계선이 아닐까 합니다. 꽃색이 파란색이랄까, 보라색이랄까. 한 단어로 표현하기 까다로운데, 딱 떠오르는 좋은 말이 있습니다. 잉크색. 수십 년 전 쓰던 만년필 잉크색이 비로용담의 색감을 전하기에 가장 그럴듯합니다. 맑고 투명하면서도 짙은 느낌의 파란색, 그런 색을 가진 아주 작고 깜찍한 꽃이 바로 비로용담입니다.

니콘 D800　105mm　F10　1/125초　노출보정 −1.0EV　ISO 800

어디 가면 만날 수 있나

백두산 서파 코스 왕지 가는 길 풀밭에서 담았다.

68 6월 17일
가냘프지만 굳센 제주 사람을 닮은

세바람꽃

학명은 *Anemone stolonifera* Maxim. 미나리아재비과의 여러해살이풀

2월 말 변산바람꽃으로부터 시작된 바람꽃 시리즈가 6월 하순 한라산의 세바람꽃으로 이어집니다. 그 사이 우리 땅, 우리 산에서는 많은 바람꽃이 피고 졌습니다. 이제 한여름 설악산에서 피는 진짜 바람꽃을 만날 일만 남았습니다.

한라산 고산 지대에서 피는 세바람꽃은 잎과 줄기는 들바람꽃을 닮았는데, 꽃이 작고 야리야리하기가 너도바람꽃과 흡사합니다. 아마도 세바람꽃의 '세'는 가늘다는 뜻의 한자어 '세(細)'가 아닐까 싶습니다.

작고 하늘하늘하지만 강인하고 굳센 제주 사람들을 닮은 듯, 숱한 등산객들이 밟고 지나간 널빤지 사이에서도 순백의 꽃을 피우고선 간간이 고개를 떨구고 자신의 예쁜 얼굴을 알아보는 사람들을 미소 짓게 합니다.

어디 가면 만날 수 있나

흰그늘용담과 마찬가지로 한라산 중턱부터 만날 수 있다. 영실 코스의 윗세족은오름 갈림길에서부터 보이기 시작해 윗세오름을 지나 남벽 분기점까지 가는 사이 심심찮게 발견된다.

69 6월 18일
가장 늘씬하고 우아한 야생화

두루미천남성 – 천남성

학명은 *Arisaema heterophyllum* Blume. 천남성과의 여러해살이풀

색으로만 보면 푸른 게 줄기인가 잎인가 싶어 별 눈길을 못 받지만, 모양새만은 그 어떤 꽃이 이보다 더 근사할까 싶을 정도로 멋지답니다.

한 여성 식물학자는 '첫 남성'으로 잘못 알아듣고 궁금해 했다지요. 이색적인 이름 '천남성(天南星)'에, 물결치듯 길게 뻗은 꽃과 잎 모양이 두루미를 닮았다고 해서 '두루미'라는 근사한 접두어가 붙었습니다.

처음 보는 순간 두루미가 날아갈 듯 날렵하고 고고한 모습이 매혹적이어서 결코 그 이름을 잊지 못할 것이라 생각했습니다. 아마도 야생화 중에서 가장 늘씬하고 우아한 몸매를 가진 꽃이 아닐까 생각합니다.

하지만 장미에 가시가 있듯, 기묘한 형상의 천남성은 먹었다가는 큰일나는 맹독성 식물입니다. 우리나라에 자생하는 10여 종의 천남성속 식물 가운데 강한 햇볕에도 잘 적응해 양지바른 풀밭에서 많이 만날 수 있습니다.

👣 어디 가면 만날 수 있나

경기도 가평군 설악면 천안리 어비계곡에서 담았다. 양평 용문산과 남양주 천마산을 비롯해 인천 무의도 등 서해안 섬과 경기도 내 여러 지역에서 두루 만났다.

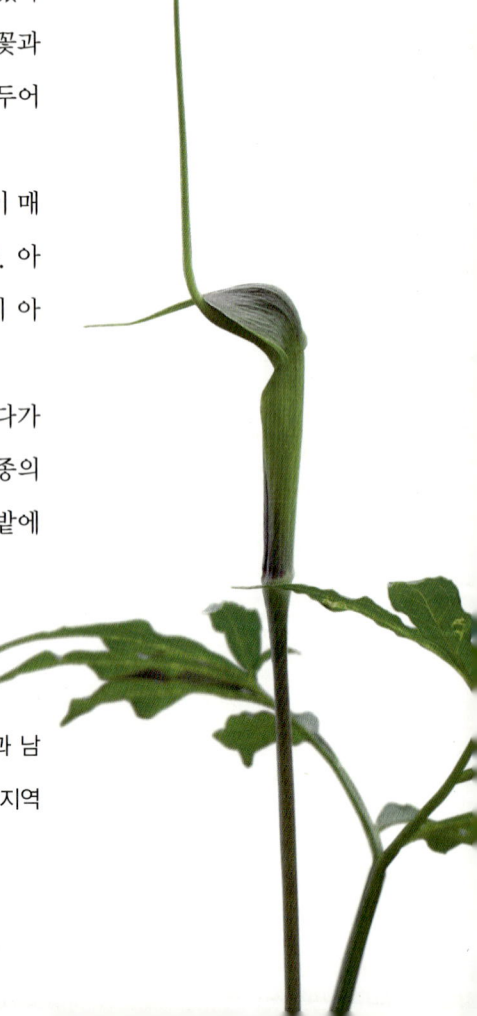

캐논 EOS 350D　60mm　F2.8　1/1000초　노출보정 -1.3EV　ISO 100

캐논 EOS 350D　60mm　F2.8　1/125초　노출보정 0EV　ISO 400

천남성

학명은 *Arisaema amurense f. serratum* (Nakai) Kitag. 천남성과의 여러해살이풀

위풍당당 천남성입니다.

잣나무가 빽빽이 늘어선 숲에 들었습니다. 키 큰 나무들 속에 당당히 서 있는 천남성을 보았습니다. 기죽지 않고 숲을 굽어보는 그 의연한 모습에서 왜 이름에 하늘 '천(天)' 자가 들어갔는지 나름대로 생각해보았습니다.

천남성과에 속하는 115속 2000여 종의 식물이 주로 열대와 아열대 지방이 원산지이기에 남쪽 별[南星]이란 이름이 붙었겠지만, 그 앞에 '천(天)' 자를 올린 것은 모양으로나 크기로나 숲을 지배하는 듯 보무당당한 모습 때문이 아닐까 짐작해봅니다.

어디 가면 만날 수 있나

전국 어느 산에서나 만날 수 있다.

캐논 EOS 350D | 60mm | F2.8 | 1/160초 | 노출보정 -1.3EV | ISO 400

니콘 D800　105mm　F3　1/320초　노출보정 -2.0EV　ISO 100

캐논 EOS 350D　60mm　F5　1/40초　노출보정 -0.3EV　ISO 800

은난초

'도도하다.'

볕이 거의 들지 않는 참나무 숲속에 저만치 홀로 핀 은난초를 카메라에 담으며 내내 떠올린 단어입니다. 단 한 송이지만 볕 없는 숲을 밝히기에 충분히 환한 백색이었습니다.

10여 cm에 불과한 작은 키, 미처 다 벌어지지도 않은 작은 꽃봉오리 몇 개지만, 그 카리스마는 온 숲을 지배하고도 남을 만큼 강렬합니다. 작은 거인의 도도한 풍모를 느끼게 하는 은난초입니다. 풀꽃은 말없이 피고 지는데 사람이 간사해 이런저런 생각을 가져다 붙이곤 '내가 맞다' 우겨댑니다.

6월 중순 양평 용문산을 찾았습니다. 예전 촬영 기록을 보니 6월 18일에 은난초를 만났습니다. 남녘에선 한 달여 전에 이미 피고 진 은난초나 나도수정초가 6월 중순에야 꽃을 피우니, 서울 인근이건만 계절이 늦기는 강원도 고산에 못지않습니다.

한 시간여 숲으로 들어가니 발이 푹푹 빠지는 부엽토 곳곳에서 나도수정초가 눈에 들어옵니다. 일단 은난초부터 찾아보자며 발걸음을 옮기지만, 좀체 보이질 않습니다. 소득 없이 헤매는데, 꽃은 지고 씨방이 익어가는 처녀치마 꽃대가 앞을 막습니다.

'맞다. 처녀치마 근처에 은난초가 있었지.'

학명은 *Cephalanthera erecta* (Thunb.) Blume. 난초과의 여러해살이풀

천천히 주변을 살펴봅니다. 과연, 이제 막 피어나는 것 한 송이, 예쁘게 핀 것 두 송이, 지려는 것 한 송이까지 모두 네 송이가 두 평 남짓한 숲에 숨어 있더군요. 물론 이날 용문산 전체에 핀 은난초가 네 송이뿐이라는 게 말이 될까 싶지만, 내가 본 건 분명 네 송이뿐이니 그게 다라고 해야겠지요. 그렇습니다. 야생화가 자란다고 해도 정작 몇 송이 안 될 수도 있고, 자생지가 수십만 평 규모의 산림 중 겨우 한두 평에 불과하기도 합니다.

캐논 EOS 350D | 60mm | F2.8 | 1/200초 | 노출보정 −1.7EV | ISO 200

📷 니콘 D800　105mm　F 3.2　1/640초　노출보정 -1.5EV　ISO 640

👣 어디 가면 만날 수 있나

　　나도수정초와 마찬가지로 경기도 양평군 옥천면 용천리 설매재자연휴양림을 지나 용문산 정상으로 이어지는 군사도로 왼편 숲에서 담았다.

71 6월 18일
눈처럼 희고 함지박처럼 크고 둥근 꽃

함박꽃나무

　6월, 웬만한 산에 가면 누구나 쉽게 보고 감탄사를 연발하게 되는 하얀 꽃이 있습니다. "와, 예쁘다! 근데 이름이 뭐지?" 바로 함박꽃나무 꽃입니다. 흔히 산목련으로도 불리지만 정식 명칭은 아닙니다.

　김일성 전 북한 주석이 1960년대 중반 황해도의 한 휴양소 인근에서 이 꽃을 보고 '나무에서 피는 난'이라는 뜻의 목란으로 부르는 게 좋겠다고 말한 후 북한의 국화로 지정되었다고 전해지고 있습니다. 북한 최고 국빈 연회장의 하나가 바로 목란관인데, 이런 연유에서 비롯된 이름이라 짐작됩니다. 평양시 중구역의 목란관은 두 차례 남북정상회담 때 공식 만찬장으로 쓰인 바 있습니다.

　1992년 2월 제6차 남북고위급회담 취재단의 일원으로 방북했을 때, 첫날 연형묵 북한 총리 주최로 목란관에서 열린 환영 만찬에 참석했습니다. 당시 목란관 안 네 벽은 물론, 천장과 바닥까지 순백색으로 빛났던 기억이 생생합니다. 이제 생각해보니 함박꽃나무의 흰 꽃을 디자인에 반영한 결과가 아닐까 싶습니다.

　함경북도를 제외하고 남북한 전역에 자생하며, 함백이꽃 · 산목련 · 목란 · 산목란 · 개목련(제주) · 대백화(영남) · 얼룩함박꽃나무 · 흰뛰함박꽃 등 지역에 따라 다양한 이름으로 불립니다.

캐논 EOS 350D　55mm　F5.6　1/160초　노출보정 −1.3EV　ISO 100

학명은 *Magnolia sieboldii* K.Koch. 목련과의 낙엽 활엽 소교목

📷 캐논 EOS 350D　55mm　F5.6　1/200초　노출보정 −1.3EV　ISO 200

📷 캐논 EOS 350D　60mm　F2.8　1/160초　노출보정 −1.7EV　ISO 100

캐논 EOS 350D | 55mm | F5.6 | 1/100초 | 노출보정 -1.3EV | ISO 100

어디 가면 만날 수 있나

서울 시내 도봉산과 북한산은 물론, 전국 어느 산에서나 만날 수 있다.

6월 19일
하늘이 내린 난

천마

학명은 *Gastrodia elata* Blume. 난초과의 여러해살이풀

가히 하늘이 내린 난이라 이를 만합니다.

천마(天麻). 녹색 일변도의 숲에서 갈색 꽃대를 1m 가까이 곧추세우고 기기묘묘한 꽃을 피우는 게 여간 장해 보이지 않습니다. 군계일학의 당당함이 느껴지지요.

잎이 없는 난, 즉 무엽란(無葉蘭)의 정형을 보여주는 난초과의 여러해살이풀입니다. 다만 무엽란을 정식 이름으로 쓰는 다른 야생란이 있기에, 무엽란 대신 천마라고 불러야 합니다.

예부터 신비의 약재로 알려지면서 약초꾼들의 손을 많이 타는 바람에 일찍이 멸종위기종으로 지정돼 보호를 받았으나, 인공 재배에 성공하면서 2005년 보호종에서 해제되었습니다.

몇 해 전 여름 무더위가 절정이던 8월 4일 남덕유산 초입에서 만났습니다.

바로 한 달 보름여 전인 6월 18일 경기도 유명산에서 만난 천마는 줄기는 물론 꽃송이까지 온통 갈색이었는데, 남덕유산 천마는 아침 햇살을 받은 탓인지 다이아몬드처럼 눈부시게 흰 광채를 발하고 있었습니다. 천마는 수자해좆이라는 특이한 별칭으로도 불립니다.

캐논 EOS 350D　20mm　F3.5　1/100초　노출보정 -1.7EV　ISO 100

👣 어디 가면 만날 수 있나

경남 함양군 서상면 영각사 지킴터를 출발해 서봉을 거쳐 정상에 오르는 남덕유산 등산로 중간중간에 만날 수 있다. 운이 좋으면 등산로에 불쑥 솟아난 것도 볼 수 있고, 등산로 좌우 커다란 바위 사이사이에 여러 개체가 다닥다닥 붙어 올라오는 것도 담을 수 있다.

73 **6월 22일**
논둑길을 핑크빛 사랑으로 물들이는

개정향풀

지난 주말 핑크빛 사랑을 했습니다. 상대는 개정향풀입니다. 어렵사리 만난 만큼 짜릿하고 강렬했습니다. 온 벌판이 연분홍빛으로 물드는 듯 환상적이었습니다. 야생화를 만나는 게 운이 좋으면 '소 뒷걸음에 쥐 잡듯' 수월하기도 하지만, 대개는 자생지가 서너 평 남짓하기에 주소 등을 안다고 해도 정확한 위치를 찾기란 모래밭에서 바늘 찾기와 같습니다. 개정향풀 자생지를 찾아갔지만 쉽게 만날 인연이 아니었는지 한 시간 이상을 돌고 또 돌았습니다.

니콘 D800　20mm　F9　1/320초　노출보정 -1.0EV　ISO 250

학명은 *Tranchomitum lancifolium* (Russanov) Pobed. 협죽도과의 여러해살이풀

찾다 찾다가 지쳐서 점심이나 먹자며 식당에 들었는데, 지인이 고맙게도 다시 전화를 걸어와 결정적인 단서를 알려주었습니다. '꼭 찾아서 만나고 오라'는 격려와 함께…. 다시 가보니 귀띔대로 '위아래 갈림길'이 있는데, 앞서는 아랫길은 외면한 채 윗길로만 수없이 왔다 갔다 했더군요. 그렇게 만난 개정향풀입니다.

근 10년 전 개정향풀이 다시 세상에 알려질 때 시끌벅적했더군요. 일제강점기인 1910년 일본인 학자가 표본을 남긴 이후 잊혔다가 80여 년 만에 다시 발견됐다고 대서특필된 것이지요. 그 후 서·남해안 여러 곳에서도 자생하는 것으로 확인되었습니다.

사라진 게 아니라 저 홀로 피고 지고 있었는데 사람들이 식별하지 못했다는 게 정답이겠지요.

아무튼 큰 키에 꽃은 자잘하기에, 잘 살피지 않으면 핑크빛 꽃의 진가를 알아채기가 쉽지 않습니다. 이름 앞에 붙은 '개'는 얕잡아 부르는 개[犬]가 아니라, '갯가'라는 뜻의 '개'인 것으로 보입니다. 같은 협죽도과의 정향풀도 키가 크고 자잘한 꽃이 많이 달립니다. 꽃색은 정향풀은 하늘색, 개정향풀은 연분홍색입니다. 오각형 뿔 모양의 씨방이 농익으면 작약이나 투구꽃처럼 터져 씨가 여기저기로 날려 번식합니다.

연분홍 개정향풀 피어 있는 논둑길 / 핑크빛 사랑 담긴 도랑물 흐르고 / 연분홍 치마 휘날리며 / 새색시 가마 타고 신행 가는 길…. 그런 아름다운 마을입니다.

니콘 D800　105mm　F3.2　1/1250초　노출보정 -0.5EV　ISO 100

니콘 D800　105mm　F3.3　1/1600초　노출보정 −1.0EV　ISO 250

👣 어디 가면 만날 수 있나

도감에 따르면 중부 이북에 자생한다고 하는데, 실제로는 서·남해안 섬에서 만났다는 사람들이 더 많다. 사진은 경기도 화성의 작은 섬, 선감도에서 담았다. 선감어촌체험마을 초입 수만 평의 논 사이에 작은 수로가 지나고, 그 수로변 30여 m 구간에 어른 허리 정도까지 차오르는 개정향풀 군락지가 있다.

74 6월 22일
매화의 격조를 쏙 빼닮은
매화노루발
-노루발

　김종해 시인은 〈꽃은 언제 피는가〉라는 시에서, 봄날 하늘이 조금 열린 새벽 3시에서 4시 사이 하늘이 일을 하는, 그 천기의 순간을, 꽃피는 순간을 이순의 나이에 비로소 목도했다고 노래했습니다.

　그를 흉내 내기라도 하듯, 매화노루발의 개화를 엿보기 위해 세 번이나 같은 곳을 찾았습니다. 막 꽃봉오리가 맺힌 것을 보고 그 다음주에 다시 갔건만, 여전히 꽃잎을 꽉 다물고 있더군요. 그래서 일주일 뒤 또 갔는데, 이번엔 장맛비가 주룩주룩 내리는 탓에 안타깝지만 해맑은 얼굴을 대면하지 못했습니다.

　예쁘고 단아한 꽃은 예부터 시인·묵객들이 그토록 칭송해온 매화를 쏙 빼닮았습니다. 다섯 장의 꽃잎에 더해 한가운데 자리 잡은 비취색 암술은 매화보다 더 그윽한 느낌을 자아냅니다. 게다가 소나무 숲속 양지바른 곳에 잡풀 하나 없이 저 홀로 피어나는 게 여간 고고하지 않습니다. 사이사이 짙은 갈색 줄기는 전년에 피고 진 꽃대입니다.

　그토록 아꼈던 용문산 매화노루발이 흔적 없이 사라졌습니다. 다음해 6월 다시 찾아갔더니 매화노루발 피던 솔밭이 쑥대밭이 돼 있었습니다. 일대에 간벌 작업이 펼쳐져 베어진 나무들이 산처럼 쌓여 있더군요. 그 언저리에서 새싹이 나오지 않았을까 기대하며 몇 번을 찾아갔으나 종내 만날 수 없었습니다.

　그 후로 마음이 상해 아예 잊고 살았는데, 개정향풀 만나러 갔다가 서해안 소나무 숲에서 반갑게 재회를 했습니다. 어디에 피건 매화노루발은 역시 매화노루발입니다.

캐논 EOS 350D | 60mm | F2.8 | 1/160초 | 노출보정 -2.0EV | ISO 200

학명은 *Chimaphila japonica* Miq. 노루발과의 늘푸른 여러해살이풀

캐논 EOS 350D　60mm　F2.8　1/160초　노출보정　−1.3EV　ISO 200

캐논 EOS 350D　60mm　F2.8　1/400초　노출보정　−1.3EV　ISO 100

니콘 D800　105mm　F3　1/1000초　노출보정 −1.5EV　ISO 200

👣 어디 가면 만날 수 있나

경기도 화성시 서신면 제부리 제부도문화복지센터 주변에 차를 세우고 바로 앞 교회 옆길로 들어가 조금 올라가면 오른편에 소나무 숲이 나온다. 바닷가가 보이는 소나무 숲에 매화노루발과 노루발이 자생한다. 매화노루발은 전국에 자생한다고 하나, 주로 소나무 숲에 서식하는 특성상 동해안 해송 숲에서도 많이 발견된다. 지리산 등 내륙 소나무 숲에도 자생한다.

노루발

학명은 *Pyrola japonica* Klenze ex Alef. 노루발과의 늘푸른 여러해살이풀

얼어붙은 산, 눈 덮인 숲속에서도 늘 푸른 노루발입니다. 키가 크지도, 잎이 무성하지도, 꽃이 화려하지도 않지만, 한겨울 그 어느 식물보다도 강인한 생명력을 발휘해 여름날의 푸름을 간직하고 있습니다.

겨울에도 푸르다는 뜻에서 동록(冬綠)으로 불리기도 하고, 한겨울 푸른 잎을 자랑하다가 사슴에 뜯어먹히니 사슴풀이라고도 합니다. 마른 솔잎이 깔린 소나무 숲에 주로 자라며, 6~7월 은방울꽃 모양의 흰 꽃이 주렁주렁 달립니다.

녹색 잎이 노루발의 무늬를 닮았다고 해서 노루발로 불린다는데, 야생 노루가 눈에 익지 않으니 야생화들과 노루의 연관성이 선뜻 이해되지는 않습니다. 겨울산을 오르다 혹시 푸른 잎을 발견하면 노루발풀이 아닌지 눈여겨보세요.

캐논 EOS 350D 60mm F2.8 1/500초
노출보정 -1.3EV ISO 200

어디 가면 만날 수 있나

전국 어느 산에서나 만날 수 있다.

니콘 D800　105mm　F3.5　1/400초　노출보정 −1.0EV　ISO 400

니콘 D800　105mm　F3.5　1/500초　노출보정 −1.0EV　ISO 400

75 6월 26일
완숙미 넘치는 현대 조각품

산제비란

학명은 *Platanthera mandarinorum* var. *brachycentron* (Franch. & Sav.) Koidz. ex Ohwi.
난초과의 여러해살이풀

이름도 생김새도 참으로 그럴듯한 산제비란입니다.

연분홍 치마가 바람에 휘날리는 봄날, 옷고름 입에 물고 성황당 길 넘나들던 바로 그 산제비가 풀꽃이 돼 나타났습니다. 한 줄기 풀꽃이 돼 하늘을 향해 힘차게 비상하고 있습니다.

어느 유명짜한 조각가의 현대 조각품을 보는 듯했습니다. 뷰파인더를 통해 산제비란의 우아하고 날렵한 모습을 마주한 첫인상이 그랬습니다.

완숙미 넘치는 현대 조각품을 닮은 산제비란. 우리의 숲은 참으로 많은 보석을 품에 안고 그 진가를 알아봐줄 이들을 말없이 기다리고 있지 않나 생각합니다.

숲 가장자리나 해가 잘 드는 풀밭에서 만날 수 있습니다.

캐논 EOS 350D 60mm F5 1/125초
노출보정 -2.0EV ISO 400

캐논 EOS 350D 60mm F2.8
1/1600초 노출보정 -1.7EV ISO 800

캐논 EOS 350D 60mm F2.8
1/250초 노출보정 -1.7EV ISO 100

캐논 EOS 350D 60mm F5.6
1/8초 노출보정 -1.7EV ISO 100

👣 어디 가면 만날 수 있나

경기도 가평군 설악면 선촌리 이화여자대학교 수목원을 내비게이션에 입력하고 서울에서 한 시간 정도 가면 목적지에 도착한다. 왼쪽에 수목원 푯말이 나타나면 조금 더 가서 오른편 공터에 차를 세운다. 길 건너 왼편 야트막한 산을 오르면 북한강·청평호 등 멋진 풍광이 한눈에 들어온다. 오르내리는 등산로 주변에서 산제비란과 타래난초, 병아리난초 등을 만날 수 있다.

76 6월 28일
참기생꽃도 두루미꽃도 없는 숲에선 내가 왕

범꼬리

황진이도 없고, 우향이도 초월이도 연홍이도 다 어디론가 숨어버렸습니다.

기생꽃 만나러 멀리 강원도까지 갔건만, 태풍에 장맛비에 하루 이틀 천연한 탓에 참기생꽃도 두루미꽃도 다 지고 말았습니다. 이름도 도도한 참기생꽃을 그리 쉽게 만날 수는 없겠지요.

내년을 기약하고 꿩 대신 닭이라도 잡아보자는 심사에서 만항재로, 두문동재로 발걸음을 옮겼습니다. 그런데 잡자는 호랑이는 없고 여기저기 범꼬리만 가득합니다.

범꼬리는 그리 귀한 꽃은 아니지만 서울 인근에선 보기가 쉽지 않고, 적어도 해발 1000m 정도 높은 산에 가야 만날 수 있습니다.

학명은 *Epipactis thunbergii* A.Gray. 난초과의 여러해살이풀

니콘 D800 105mm F7.1 1/50초 노출보정 -1.5EV ISO 250

니콘 D800 105mm F4.5 1/320초 노출보정 -1.0EV ISO 400

니콘 D800　105mm　F7.1　1/80초　노출보정 -1.0EV　ISO 400

78 6월 29일
바위가 생활 터전, 용감무쌍 야생화

병아리난초
-구름병아리난초

　무위당 장일순 선생은 작고하기 4년 전 뒷동산에서 야생란 한 포기를 만나고 이런 글을 남겼습니다.
　"오늘은 1990년 입추 / 산길을 걸었네 / 소리 없이 아름답게 피었다가 가는 / 너를 보고 나는 부끄러웠네."
　아울러 난 그림을 그렸습니다. 후학들은 10년 뒤 회고집을 펴내며 표지에 선생의 난 그림을 싣고 '너를 보고 나는 부끄러웠네'라는 제목을 달았습니다. 한 언론인이 이런 사연과 함께, 모양새로 보아 새우난초인데 늦여름에 꽃대를 올렸으니 한라산 원산의 여름새우난초인 듯하다고 칼럼에서 소개했습니다.
　글쎄요. 장일순 선생이 나고 평생 활동한 지역이 강원도 원주이니 한라산 원산의 여름새우난초를 뒷산에서 만났다는 건 애당초 틀린 추론이 아닐까 싶습니다. 게다가 선생이 그린 그림을 보아도 잎이 넓은 여름새우난초와는 어긋나 보입니다. 오히려 병아리난초와 더 흡사합니다. 경기도 산에서 6~7월에 꽃이 피니, 강원도 깊은 산에서는 8월 초순 입추 무렵에도 꽃이 만발한 병아리난초를 어렵지 않게 만날 수 있지 않았을까요.
　소리 없이 아름답게 피었다가 소리 없이 가는 병아리난초. 하릴없이 시끄럽기만 한 우리를 부끄럽게 하는 병아리난초를 볕 좋은 날 만났습니다. 덩치도 작고 꽃도 작지만, 주로 거처하는 곳은 용감무쌍하게도 암벽 주변이어서 바위난초라고도 합니다.

니콘 D800　105mm　F5.6　1/200초　노출보정 −1.0EV　ISO 400

학명은 *Amitostigma gracile* (Blume) Schltr. 난초과의 여러해살이풀

🅾 캐논 EOS 350D 60mm F2.8 1/50초 노출보정 -2.0EV ISO 200

👣 **어디 가면 만날 수 있나**

충남 공주의 한 야산에서 풍성한 개체를 만났다. 공주시 반포면 온천리 일월봉식당 옆을 지나는 사봉길을 따라 200여 m 올라가다 차를 세우고 왼편 산으로 조금 올라가면 된다. 경기도 가평군 설악면 선촌리 청평호 인근 야산, 충북 괴산의 이만봉 능선에서도 다수 만났다. 경기도 광주 남한산성 성곽 주변에도 자생한다.

🅾 니콘 D800 105mm F3.2 1/640초 노출보정 -1.0EV ISO 400

구름병아리난초

학명은 *Gymnadenia cucullata* (L.) Rich. 난초과의 여러해살이풀. 멸종위기종 2급

높은 산, 구름이 머무는 곳에서 만났습니다. 만나긴 만났으되 조금 늦게 만나는 바람에 일부 꽃잎이 지는 등 상태가 그리 좋지는 않습니다. 그러나 언제 또다시 만날지 기약할 수 없기에, 그 모습을 있는 그대로 소개합니다. 연분홍색 꽃잎에 점박이 혓바닥까지 자생란의 특성을 고스란히 엿볼 수 있습니다.

어디 가면 만날 수 있나

전북 장수 남덕유산 서봉 부근에서 담았다. 경남 합천 가야산, 강원도 정선 함백산에서도 만날 수 있다.

79 6월 30일
고대산 바위 절벽서 북을 바라보는

자주꿩의다리
-꿩의다리/은꿩의다리/꿩의다리아재비

6월의 마지막 날 또 산에 올랐습니다.

2주 전 막 꽃봉오리가 하나둘 터지는 걸 보고 왔는데, 활짝 피었을 때의 장관을 놓칠 순 없었습니다. 삼복더위 찜쪄먹을 듯 더웠지만, 삼수갑산을 가더라도 바위 절벽에 무더기로 피어 있을 자주꿩의다리를 만나러 가지 않을 수 없었습니다.

깎아지른 바위 절벽 위에 자주꿩의다리와 나란히 사이좋게 앉아서 눈 아래 펼쳐지는 선경을 굽어보았습니다.

"하~ 이 산의 보물이 이렇게 백주대낮에 온몸을 드러내놓고 있구나."

감탄사를 내뱉는데 지나는 산객들이 물어봅니다.

"그 꽃이 귀한 겁니까?"

'귀하다'고 하면 달려들어 캐갈까, "이 산 저 산 전국에 있는 겁니다." 대수롭지 않다는 듯 대답합니다.

실제 전국의 산에서 자란다고는 하지만, 아주 흔한 꽃은 아닙니다. 꿩의다리나 산꿩의다리는 쉽게 만날 수 있지만, 금꿩의다리·은꿩의다리·좀꿩의다리·연잎꿩의다리 등은 일부러 자생지를 찾아가야 볼 수 있습니다.

자주꿩의다리는 가야산 등 높은 산에 가야, 그곳에서도 능선이나 바위 절벽, 돌 틈에서 몇 송이씩 겨우 볼 수 있습니다. 풍광 좋은 곳에서 풍성하게 핀 것을 만나기는 쉽지 않습니다.

학명은 *Thalictrum uchiyamai* Nakai. 미나리아재비과의 여러해살이풀. 특산식물

니콘 D800 16mm F18 1/160초 노출보정 -2.0EV ISO 400

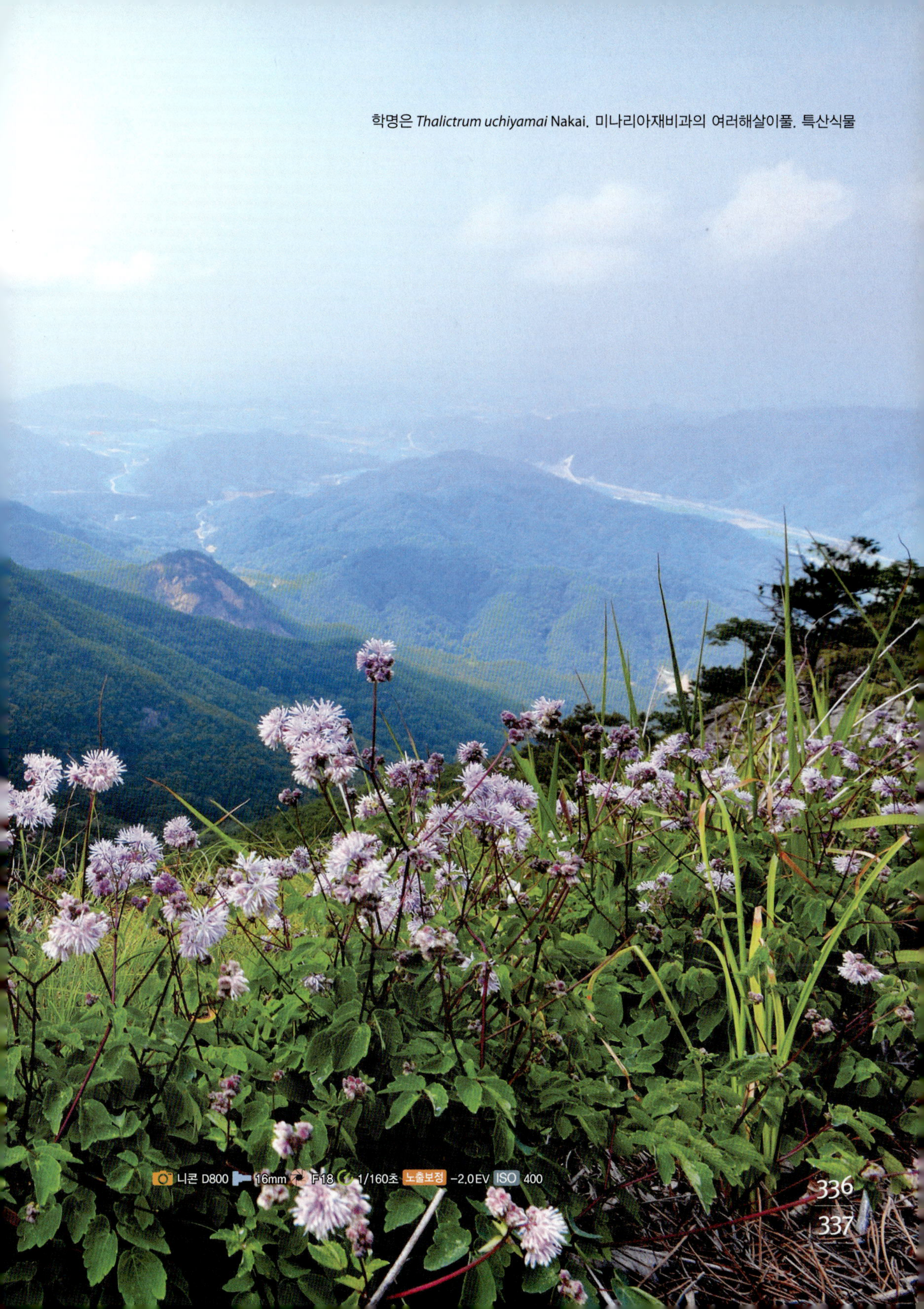

👣 어디 가면 만날 수 있나

  충북 괴산 이만봉, 경남 합천 가야산 등 이름 있는 높은 산에 가면 어렵지 않게 만날 수 있다. 군락지의 규모나 주변 경관 등을 감안한 최고의 모델로는 경기도 연천 고대산 자주꿩의다리가 손꼽힌다. 경원선 신탄리역에서 내려 10여 분 걸으면 고대산 입구. 3개 등산로 중 2코스를 택해 한 시간 정도 오르면 전망이 탁 트인 바위 능선에 멋지게 자리 잡은 자주꿩의다리 군락을 만날 수 있다. 가까이 서울 북한산에도 자생한다.

꿩의다리

학명은 *Thalictrum aquilegifolium* var. *sibiricum* Regel & Tiling.
미나리아재비과의 여러해살이풀

밤하늘에 폭죽이 터진 듯 여름 숲이 환하게 빛납니다. 장끼든 까투리든 꿩보다는 노루나 학의 다리로 표현하는 게 더 적절해 보이는, 긴 줄기 끝에 달린 자잘한 꽃들이 밤하늘의 별처럼 순백의 광채를 발합니다. 한 가닥 미풍에도 이리저리 흔들리는 꽃들을 카메라에 담는 일이 쉽지 않지만, 렌즈를 통해 본 수많은 꽃잎은 저마다 섬세한 조형미를 뽐내고 있습니다.

캐논 EOS 350D 60mm F3.5
1/50초 노출보정 -1.3EV ISO 100

은꿩의다리

학명은 *Thalictrum actaefolium* var. *brevistylum* Nakai.
미나리아재비과의 여러해살이풀

중부 지역 산에서 흔히 만나는 꿩의다리에 비해 은은한 보라색이 돋보입니다. 홍자색 꽃받침과 황금색 수술이 화사한 금꿩의다리에 비해 수수하지만, 긴 줄기와 폭죽 터지듯 활짝 벌어진 꽃송이, S라인 몸매는 꿩보다는 학처럼 고고해 보입니다. 여름날 멀리 남덕유산에서 만났습니다.

니콘 D800 | 105mm | F3.2 | 1/800초
노출보정 -3.0EV | ISO 320

꿩의다리아재비

학명은 *Caulophyllum robustum* Maxim. 매자나무과의 여러해살이풀

이웃사촌 또는 먼 친척 아저씨뻘 되는 이를 부를 때 흔히 '아재'라고 하지요. 그 호칭이 식물에도 붙습니다. 미나리아재비니, 윤판나물아재비니, 별꽃아재비니….

아재비 앞에 붙은 식물과 잎이나 꽃, 뿌리 등의 생김새가 흡사한 식물이라는 뜻입니다. 이러한즉 꿩의다리아재비는 꿩의다리를 닮은 풀이라는 말이지요.

꿩의다리를 닮았으니 당연히 키가 큽니다. 그런데 흰 꽃을 피우는 꿩의다리와 달리 노란 꽃을 피웁니다. 꽃 색은 미나리아재비를 닮았습니다. 해서 꿩의다리의 키와 미나리아재비의 꽃을 합쳐놓은 게 바로 꿩의다리아재비라고 할 수 있습니다.

무성한 잎이 한약재 삼지구엽초를 닮은 탓에 선무당 약초꾼들 손에 남획되는 수난을 겪는다고 합니다.

캐논 EOS 350D 60mm F2.8
1/800초 노출보정 -2.0EV ISO 100

캐논 EOS 350D　60mm　F2.8　1/400초　노출보정 −2.0EV　ISO 100

캐논 EOS 350D　60mm　F2.8　1/1600초　노출보정 −2.0EV　ISO 100

80 7월 4일
목화솜 뿌린 듯, 뭉게구름 피어나듯

터리풀

　목화솜을 타서 늘어놓은 듯, 솜사탕을 한 움큼씩 떼어내 사방에 뿌려놓은 듯, 초여름 깊은 산에 들면 여기저기 하얀 뭉게구름이 두둥실 피어오릅니다.

　특히 강렬한 여름 햇살이 내리꽂히기라도 하면, 하얀 꽃은 차마 정면으로 응시하기가 힘들 만큼 찬란하게 빛을 발합니다.

　낮은 곳에선 흰색 터리풀이 주를 이루지만, 산 정상으로 가면 연분홍빛 화사한 터리풀이 줄지어 늘어서서 벌·나비를 반깁니다. 특히 지리산 해발 700~900m 신양재에서 짙은 자홍색 꽃을 피우는 터리풀은 지리터리풀이란 별도의 종으로 분류되고 있습니다.

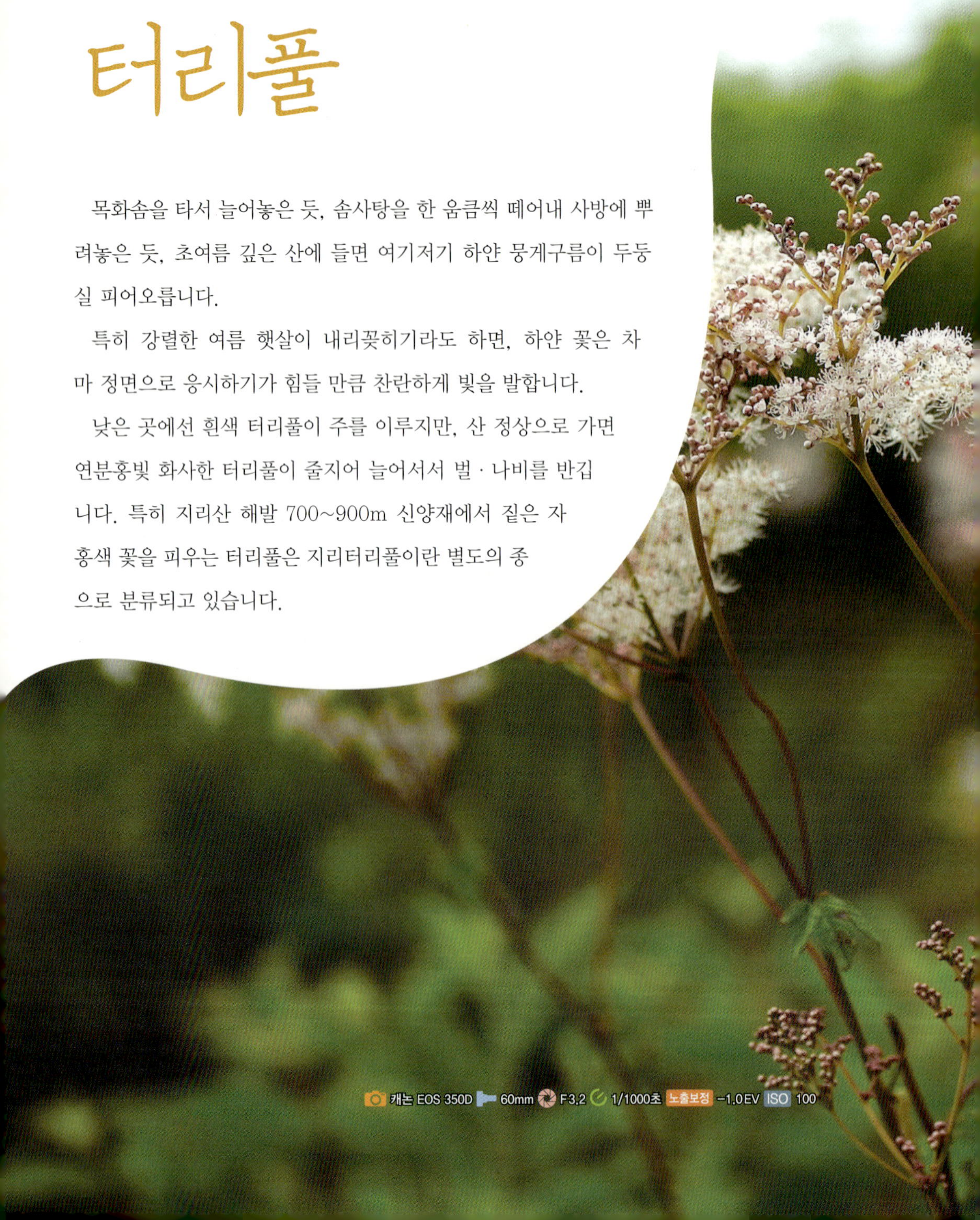

캐논 EOS 350D　60mm　F3.2　1/1000초　노출보정 −1.0EV　ISO 100

학명은 *Filipendula glaberrima* Nakai. 장미과의 여러해살이풀. 특산식물

📷 캐논 EOS 350D 📍 60mm ⚙ F3.2 ⏱ 1/500초 노출보정 −1.0EV ISO 100

📷 캐논 EOS 350D 📍 60mm ⚙ F2.8 ⏱ 1/800초 노출보정 −1.0EV ISO 200

캐논 EOS 350D　60mm　F13　1/200초　M 모드　노출보정 0EV　ISO 400

어디 가면 만날 수 있나

6월 말에서 7월 초 사이 전국의 웬만한 산에 가면 볼 수 있다. 사진은 경기도 양평군 옥천면 용천리 용문산 중턱에서 정상까지 오르는 군사도로 주변에서 담았다.

81 7월 4일
진홍색 속살이 환상적인

린네풀

'작은 것이 아름답다'는 말이 딱 어울리는 꽃, 린네풀입니다.

분명 실물은 처음 보았는데, 마치 잘 알던 사이처럼 친근하게 느껴졌던 꽃입니다. 처음 봤다는 건 휴전선 이남에선 자라지 않기 때문에 당연한 말이지요. 백두산 정도 되는 고산 지대, 그중에서도 습하고 냉한 지대에 자생하는 것으로 소개되고 있습니다.

영어 이름은 'Northern Twinflower'. 꽃대 하나에 작은 종 모양의 꽃 두 개가 쌍둥이처럼 좌우로 매달려 있는 데서 유래한 것으로 추정됩니다.

학명 중 종명 린네(Linnaea)는 스웨덴의 식물학자 린네(Carl von Linné, 1707~1778)를 의미합니다. 생물분류학의 아버지라 불리는 린네가 종명이 된 연유는 전 세계에 1종 1속밖에 없는 이 식물을 처음 발견한 이가 바로 린네이고, 식물학 발전에 지대한 업적을 남긴 그를 기리기 위해서라고 합니다.

한글로는 린네'풀'이라고 불리지만, 실제로는 인동과의 늘푸른 덩굴성 관목, 즉 나무입니다. 솔직히 처음 보았을 때 '아! 국내에선 못 보던 꽃이네. 맞아, 바로 린네풀이네' 정도의 느낌을 받았습니다.

그런데 카메라를 통해 속살을 들여다보면서 환상적인 진홍색에 넋을 잃었습니다. 작은 꽃 속을 카메라에 담겠다고 한참이나 씨름을 했습니다. 그리고 내린 결론은 '역시 작은 것이 아름답다'입니다.

👣 어디 가면 만날 수 있나

백두산 서파 코스 중턱쯤에 있는 금강대협곡 입구 소공원에서 담았다. 폭풍우가 몰아치는 악천후로 천지행이 무산되고 대신 백두산 중턱 여기저기를 기웃대던 와중에 만났다.

학명은 *Linnaea borealis* L. 인동과의 상록포복상 반관목

니콘 D800 105mm F3.5 1/1000초 노출보정 -1.5EV ISO 800

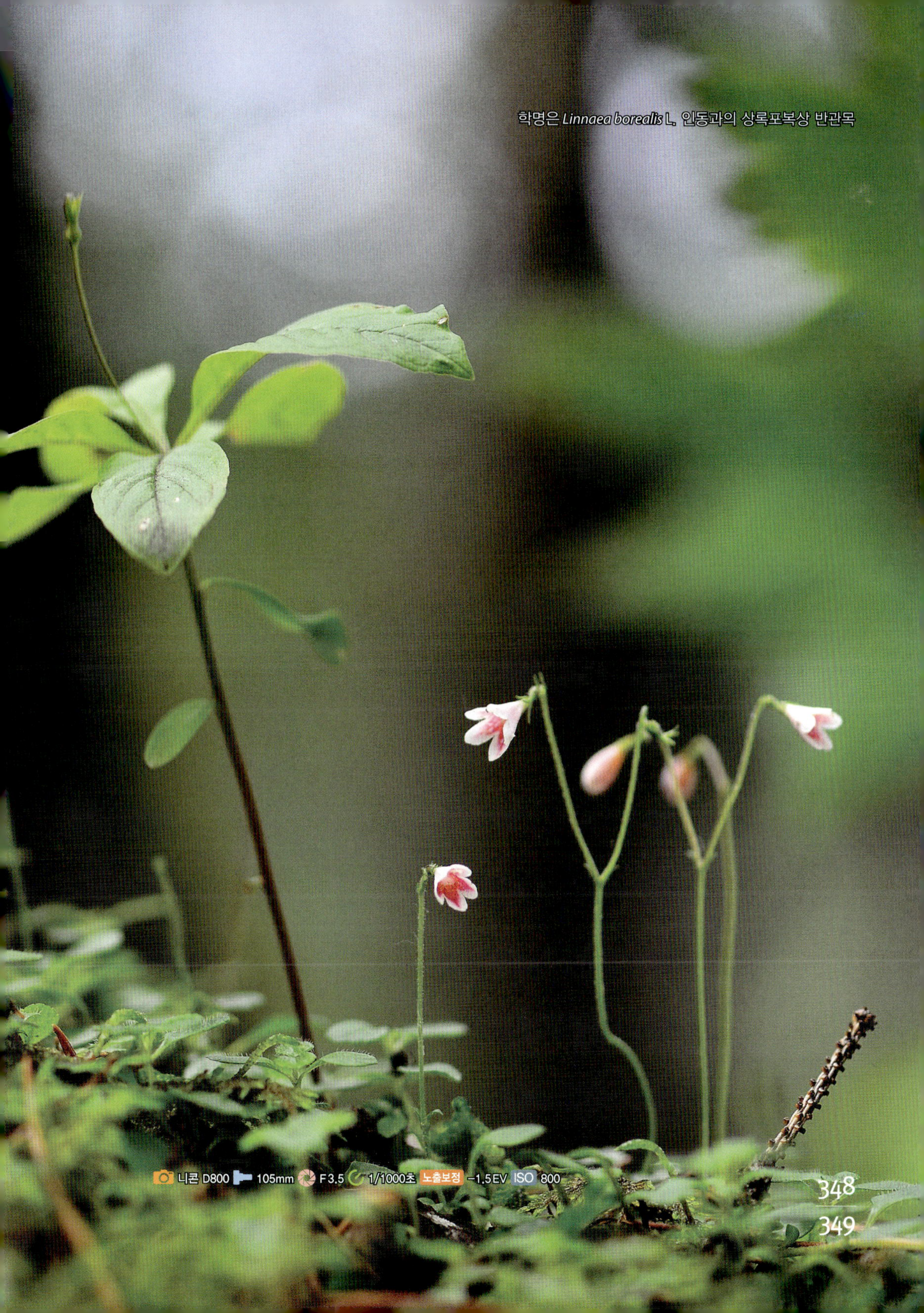

82 7월 6일
잘 구워진 매병을 닮은 꽃

가솔송

 백두산 정상 부근에 피는 대표적인 여름 꽃 중 하나입니다.

 피부 미인의 하얀 살결을 닮은 듯한 자작나무 숲이 시야에서 사라지고 넓은 초원 지대가 펼쳐질 무렵, 백두산 고원에는 양탄자가 깔리듯 고산식물들이 형형색색의 꽃들을 펼쳐놓습니다.

 두메양귀비 · 노랑만병초 · 담자리참꽃 · 좀참꽃 · 돌꽃 · 괭이눈 · 구름범의귀 · 나도개미자리 · 개감채….

 그중에서도 선홍색 항아리 형태의 꽃 모양이 귀엽기 이를 데 없는 가솔송이 무수한 꽃송이를 레드카펫 펼치듯 눈앞에 벌여놓습니다. 저 멀리 능선을 타고 오르는 한여름 태양빛을 받으며 아침 이슬을 머금은 가솔송 꽃들의 진홍색 반짝거림이란….

 잎이 솔잎을 닮아 가솔송이란 이름이 붙은 것으로 추정됩니다. 우리나라에서는 백두산 등 함경북도 고산 지대에 올라가야만 만날 수 있는 전형적인 북방계 식물입니다.

 꽃은 항아리 형태에 뾰족한 입 모양까지, 가만 살펴보면 잘 구워진 매병(梅瓶)의 미니어처 같습니다. 역시 매송(梅松) · 송모취(松毛翠)라고도 불립니다.

학명은 *Phyllodoce caerulea* (L.) Bab. 진달래과의 상록성 활엽 소관목

👣 **어디 가면 만날 수 있나**

백두산 천지 바로 밑 기상대 주위에서 담았다. 천지를 둘러싼 여러 개의 봉우리 중 세 번째로 높은 천문봉 바로 아래다. 북파 코스의 산정 주차장 부근이다.

83 7월 6일
작지만 강렬한 꽃

왜지치
-꽃마리

작지만 강렬한 꽃, 왜지치입니다.

진한 남색 하나만으로도 급한 발걸음을 잡기에 충분하더군요. 7월 초순 백두산 관광지구에서 장백폭포 사이 길섶에서 만났습니다.

처음엔 꽃마리를 닮았다고, 원예종 물망초도 닮았다고 생각했는데, 별칭이 숲꽃마리·임생물망초(林生勿忘草)인 걸 보니 둘 다 맞는 추측이었나 봅니다.

지치과의 대표적인 여러해살이풀인데, 키도 작고 꽃도 작아 작다는 뜻의 '왜(矮)' 자가 붙은 듯합니다.

예부터 뿌리가 위장병이나 변비 등에 유용한 용근(龍根)이라는 이름의 약재로 쓰이거나, 자주색 염료로도 사용됐다고 합니다.

평안북도와 함경북도 등 중북부 지방 높은 산에 주로 분포하는 것으로 알려져 있습니다.

니콘 D800 | 105mm | F5.6 | 1/640초 | 노출보정 -2.5EV | ISO 125

학명은 *Myosotis sylvatica* Ehrh. ex Hoffm. 지치과의 여러해살이풀

니콘 D800　105mm　F5.6　1/250초　노출보정 -2.0EV　ISO 125

어디 가면 만날 수 있나

백두산 온천광장에서 장백폭포 조망대까지 1400m 탐방로 중 3분의 2 지점 오른편 길섶에서 만났다.

꽃마리

학명은 *Trigonotis peduncularis* (Trevir.) Benth. ex Hemsl. 지치과의 두해살이풀

꽃의 지름이 2mm 안팎에 불과하니, 허리를 굽히지 않는 사람은 결코 만날 수 없는 꽃입니다. 꽃송이가 태엽처럼 돌돌 말려 피어난다고 해서 꽃말이라는 이름이 붙었다가 점차 꽃마리로 변했다고 합니다. 봄부터 여름까지 서울 시내 아파트 화단 가장자리에서도 숱한 꽃마리 꽃이 피고 지는 모습을 볼 수 있습니다. 물론 그 작은 꽃들에 눈길을 주는 이는 거의 없지만.

84 7월 6일
'한여름 밤 꿈' 같은 황홀경

두메양귀비

백두산을 대표하는 꽃입니다. 모처럼 활짝 벗겨진 푸른 하늘과 연노랑 꽃잎이 '한여름 밤 꿈' 같은 황홀경을 연출합니다.

2013년 7월 3일부터 7일까지 한반도 북방계 식물의 고향과도 같은 곳, 백두산을 다녀왔습니다. 가서 많은 꽃들을 만나고 왔습니다. 두메양귀비·담자리꽃나무·좀참꽃·금매화·가솔송·구름범의귀·비로용담·호범꼬리·바이칼꿩의다리·두메자운·노랑만병초·기생꽃·털복주머니란·왜지치·구름송이풀·산꼬리풀·자주꽃방망이·화살곰취·석창포·날개하늘나리·개감채·박새·손바닥난초 등등.

두메양귀비의 '두메'는 흔히 말하는 두메산골의 그 두메가 맞습니다. '도시에서 멀리 떨어진 깊은 산골이나 사람이 많이 살지 않는 변두리'라는 사전적 의미를 넘어, 그야말로 심심산천에 피는 꽃, 백두산 정도 되는 오지나 높은 산에 피는 꽃들에 붙은 단어입니다. 두메양지꽃·두메애기풀도 마찬가지입니다.

"아, 우리 동네 공원에서 본 꽃을 닮았네."

누군가 두메양귀비를 보면서 이런 말을 하더군요. 동네 화단에 심어진 꽃양귀비가 두메양귀비를 닮았다는 말이지요.

"그런 섭섭한 말씀 마세요. 원조 양귀비더러 꽃양귀비를 닮았다고 하면 듣는 두메양귀비 섭섭하지요."

니콘 D800　16mm　F8　1/2500초　노출보정 −1.0EV　ISO 160

학명은 *Papaver radicatum* var. *pseudoradicatum* (Kitag.) Kitag. 양귀비과의 두해살이풀

꽃양귀비와 달리 정말 아편의 원료가 되는 유독성 식물이 바로 두메양귀비입니다. 백두산 천지 주변 해발 2000m 이상의 초지 곳곳에 노란색 애기 이불을 깐 듯 무더기로 피어 있었습니다.

👣 **어디 가면 만날 수 있나**

가솔송과 마찬가지로 백두산 천지 바로 밑 기상대 주위에서 담았다. 천지를 둘러싼 여러 개의 봉우리 중 세 번째로 높은 천문봉 바로 아래다. 북파 코스의 산정 주차장 부근이다.

85 7월 7일
장마철 불발에 그치는 폭죽놀이

구실바위취

 참으로 지긋지긋한 장마입니다.

 안타깝게도 그런 장마가 하루 더 연장되더군요. 장마가 끝나간다는 소식에 멀리 강원도까지 찾아갔건만, 가서 우리나라에서만 자란다는 구실바위취를 찾았건만, 끝내 비는 그치지 않았습니다.

 폭죽놀이에 쓰면 안성맞춤일 '유엔 성냥개비' 모양의 수술들은 비에 흠뻑 젖었고, 깊고 높은 산 계곡에 주로 서식하는 환경 탓에 빛은 거의 들지 않고….

 7월 초순, 해마다 비는 오지요, 바람은 불지요, 말 그대로 악조건입니다. 밤하늘을 환히 수놓는 폭죽처럼 화사한 구실바위취를 담는 일이 쉽지 않습니다.

 구실바위취의 개화시기는 주로 7월, 같은 범의귀과에 속하며 잎이 흡사하게 생긴 바위떡풀은 한 달 정도 늦은 8월이 한창 꽃피는 시기입니다.

캐논 EOS 350D | 18mm | F3.5 | 1/125초 | 노출보정 -2.0EV | ISO 400

학명은 *Saxifraga octopetala* Nakai. 범의귀과의 여러해살이풀, 특산식물

캐논 EOS 350D　20mm　F3.5　1/125초　노출보정 −2.0EV　ISO 400

캐논 EOS 350D　60mm　F2.8　1/125초　노출보정 −2.0EV　ISO 100

캐논 EOS 350D　60mm　F2.8　1/400초　노출보정 -2.0EV　ISO 200

👣 어디 가면 만날 수 있나

경기도 가평 화악산에서 만났다. 강원도 화천군 사내면 화악터널을 목표로 출발한다. 터널 직전 왼편으로 군사도로가 연결되는데, 따라 올라가다가 차단막이 내려져 있으면 주변에 차를 세운다. 그곳서부터 도로를 따라 중봉을 목표로 올라가면서 화악산 중턱 계곡 주위를 살피면 볼 수 있다.

86 **7월 7일**
여름 계곡을 환히 밝히는 도깨비방망이

도깨비부채

온 산을 덮을 듯 넓은 잎이 장관인 도깨비부채입니다.

어른 손바닥보다도 큰 잎이 여섯 장 안팎으로 둥글게 돌려나니 그것만으로도 눈에 확 띄는데, 솜사탕처럼 하얀 꽃대가 도깨비방망이처럼 우뚝 솟으니 눈이 다 시원합니다. 게다가 나뭇잎 사이로 언뜻언뜻 햇살이 들어와 흰 꽃대를 비추니, 그늘진 여름 계곡이 환하게 반짝입니다.

풍성한 꽃대를 들어 '돈 나와라 뚝딱! 뚝딱!' 하면서 휘두르면 너른 잎 아래 금은보화가 쏟아질지도 모를 일입니다.

6월 초 꽃대가 막 올라오는 것을 담고, 한 달 만인 7월 초 다시 가봤더니 끝물의 꽃이 솜처럼 부풀어 있었습니다.

캐논 EOS 350D 42mm F5 1/125초 노출보정 −2.0EV ISO 100

학명은 *Rodgersia podophylla* A.Gray. 범의귀과의 여러해살이풀

📷 캐논 EOS 350D 🚩 27mm ✳ F5 ⏱ 1/250초 노출보정 −1.3EV ISO 100

📷 캐논 EOS 350D 🚩 60mm ✳ F2.8 ⏱ 1/800초 노출보정 −2.0EV ISO 100

캐논 EOS 350D　60mm　F2.8　1/250초　노출보정 −2.0EV　ISO 200

어디 가면 만날 수 있나

구실바위취와 마찬가지로 경기도 가평 화악산 골짜기에서 만났다.

87 7월 10일
이름이 뭐든 다 같은 우리 난

한국사철란

한국사철란은 1997년 교학사에서 발행한 《한국의 난초》에서 'Goodyera coreana s. Kim(한국사철란)'으로 신종 발표됐던 것을, 2004년 이영노 박사가 'Goodyera resulacea Y.Lee sp.nov.(로젯사철란)'란 다른 이름으로 다시 발표하면서 혼선이 빚어져 지금까지 교통정리가 안 된 상태입니다.

같은 종을 두고 각기 달리 발표된 것인지 밝혀지지 않은 상태이며, 아직 국가표준식물목록에 둘 다 이름이 올라 있지 않습니다.

꽃대는 쇠젓가락보다도 가늘고, 꽃은 새끼손톱보다도 작은, 그야말로 초미니 난초입니다. 한국사철란이건, 로젯사철란이건 우리나라 특산 야생란임은 틀림없습니다.

귀엽고 깜찍한, 또 하나의 자생란을 만났으니 무더위와 장마 속 산행이 결코 헛수고만은 아니었습니다.

👣 **어디 가면 만날 수 있나**

산제비란이나 병아리난초와 마찬가지로 경기도 가평군 설악면 선촌리 청평호반 인근 야산에서 만났다. 설악면 선촌리 이화여대 수목원 인근에 주차하고 길 건너 작은 산으로 오르면 된다. 40분쯤 오르면 청평호가 내려다보이는 능선이 나오는데, 그 주변에서 찾을 수 있다.

88 7월 12일
풀인가, 곤충인가

나나벌이난초
-나리난초/옥잠난초

숲은 늘 새로운 기쁨을 줍니다. 어떤 때는 기대한 것들로, 또 어떤 때는 예기치 않은 선물로 감동을 줍니다.

나나벌이난초. 처음 보는 순간 마치 잘 알던 친구처럼 선뜻 알아보았습니다. 미세한 차이로 분류가 달라지는 옥잠난초·나리난초·키다리난초 등과 달리 생김새가 눈에 띄게 다르기 때문입니다.

꽃잎이나 꽃받침, 화판 등 전체적인 꽃의 형태가 나나니벌이라는 곤충을 닮아 나나벌이난초라는 다소 생소한 이름으로 불립니다. 꽃받침은 곤충의 다리처럼 길고, 화판은 갸름한 허리를 닮았으며, 황갈색 꽃 역시 거무튀튀한 나나니벌과 유사합니다. 하늘을 자유자재로 날아다니는 나나니벌처럼 장마철 우리 몸과 마음도 가벼워질 수 있기를 기대합니다.

니콘 D800　105mm　F4　1/400초　노출보정 -2.0EV　ISO 500

학명은 *Liparis krameri* Franch. & Sav. 난초과의 여러해살이풀

👣 어디 가면 만날 수 있나

경북 문경과 충북 괴산의 경계에 있는 이만봉에서 만났다. 해발 989m로 높지는 않지만 나나벌이난초와 나리난초, 한국사철란 등 야생란과 솔나리 등 다양한 야생화를 만날 수 있다. 오르내리는 산행이 결코 수월하지 않다. 괴산군 연풍면 주진리 분지제라는 저수지 주변에 차를 세우고 저수지를 건너 한 시간 이상 꼬박 올라가야 야생화들이 나타난다.

📷 니콘 D800　105mm　F4　1/640초　노출보정 −2.0EV　ISO 500

나리난초

학명은 *Liparis makinoana* Schlech. 난초과의 여러해살이풀

꽃색이 화려하지도, 향이 진하지도 않습니다. 희지도 붉지도, 그렇다고 노란 것도 아닙니다. 그저 풀색이거나 옅은 갈색이 감도는 꽃이지만, 그 날렵함만은 하늘을 나는 듯 경쾌합니다.

봄꽃은 지고 여름꽃들이 만개하기 직전인 6월 말에서 7월 초, 깊은 산 그늘진 곳에 서너 포기씩 다소곳이 피어납니다. 같은 난초과의 옥잠난초와 크기, 잎, 개화시기, 꽃의 형태 등이 많이 닮았습니다.

인적 드문 풀밭, 볕도 잘 안 드는 곳에서 평범한 이파리에 한 뼘 정도 되는 줄기가 나와 풀색에 가까운 작은 꽃을 피우기에 그냥 스쳐 지나가기 십상입니다. 천천히 허리를 숙이고 다가서는 이에게만 자신을 내보이는 나리난초입니다.

옥잠난초

학명은 *Liparis kumokiri* sp. F.Maek. 난초과의 여러해살이풀

구름나리란·거미란으로도 불립니다. 제주도를 포함한 전국의 숲속에 자생합니다.

89 7월 14일
주지 스님 기다리던 동자승의 슬픈 사연

동자꽃 -털동자꽃

　그 옛날 높은 산 인적 드문 암자에 주지승과 동자승이 살았답니다. 어느 겨울날, 주지승이 탁발하러 여염에 내려갔다가 그만 폭설이 내리는 바람에 제때 암자로 돌아오지 못했답니다.
　동자승은 천애고아였던 자신을 돌보던 주지 스님이 이제나 오시려나 저제나 오시려나 하며, 한데 나와 기다리다가 그만 얼어죽고 말았답니다. 이듬해 봄, 동자승이 죽은 자리에서 붉은 꽃이 피어났는데, 그것이 바로 동자꽃이라 합니다.
　애잔한 사연을 지닌 동자꽃, 우리나라에는 세 종류가 있습니다. 꽃잎이 동그란 그냥 동자꽃, 꽃잎이 제비꼬리처럼 날렵한 제비동자꽃, 그리고 꽃받침은 물론 줄기와 잎 등 전신에 솜털같이 미세한 털이 난 털동자꽃이 그것입니다. 둥근 꽃잎 사이사이 날렵한 뼈침이 보입니다.
　그냥 동자꽃은 전국 어느 산에서나 볼 수 있지만, 제비동자꽃이나 털동자꽃은 깊고 높은 산에서나 만날 수 있습니다. 백두산 장백폭포 오르는 길가에 털동자꽃이 흔하게 자랍니다.

👣 어디 가면 만날 수 있나

　경기도 가평 유명산에서 담았다. 산이 높고 깊을수록 꽃에 잡티가 없고 색감이 진해지는 만큼, 설악산·지리산·덕유산 등 큰 산에 가면 더 좋은 사진을 담을 수 있다.

학명은 *Lychnis cognata* Maxim. 석죽과의 여러해살이풀

캐논 EOS 350D　60mm　F3.2　1/160초　노출보정 −1.0EV　ISO 100

캐논 EOS 350D　60mm　F2.8　1/640초　노출보정 −2.0EV　ISO 100

털동자꽃

학명은 *Lychnis fulgens* Fisch. ex Spreng. 석죽과의 여러해살이풀

90 7월 18일
양반꽃의 해금이, 대중화가 반갑다

능소화

    동백꽃이 눈물처럼 후두둑 지듯, 한여름 능소화가 싱싱한 통꽃 그대로 뚝 떨어집니다. 황홀하지만 헤프고 천박한 꽃이라는 혹평을 듣기도 합니다.

    능소화는 옛날 상민이 집에 심으면 관가에서 잡아다 곤장을 쳤다고 하는, 이른바 '양반꽃'이었습니다. 그 옛날 양반들이 독차지하겠다고 그 잘난 위세를 부렸다니, 꽃이 얼마나 화려하고 매혹적으로 비쳤을까 자못 궁금한 마음이 들기도 합니다.

    호암 문일평은 1930년대 펴낸 《화하만필》에서 이렇게 소개한 바 있습니다.

    "서울에 이상한 식물이 있는데, 나무는 백송(白松)이요 꽃은 능소화(凌霄花)다. 능소화는 중국이 원산으로, 수백 년 전 연경에 갔던 사신이 들여왔다. 오늘날 선조의 아버지 덕흥군의 사당이 있는 사직동 도장궁에 유일하게 있다."

니콘 D800 30mm F4 1/320초 노출보정 −0.5EV ISO 200

학명은 *Campsis grandifolia* (Thunb.) K.Schum. 능소화과의 낙엽 활엽 덩굴식물

캐논 EOS 350D | 60mm | F8 | 1/400초 | 노출보정 −2.0EV | ISO 100

박경리 선생은 소설 《토지》에서 '미색인가 하면 연분홍 빛깔로도 보이는' 능소화를 최 참판댁의 상징으로 종종 등장시켰습니다.

"환이 눈앞에 별안간 능소화 꽃이 떠오른다. 능소화가 피어 있는 최 참판댁 담장이 떠오른다."

출근길 한남대교 오거리 시내버스 정류장 옆, 담장을 타고 올라 한창 꽃을 피우는 능소화를 봅니다. 능소화의 해금을, 양반꽃의 대중화를 생각합니다.

한자 이름은 하늘을 능가하는 꽃이란 뜻입니다. 나팔 모양의 꽃은 화려하면서도 점잖고 기품이 있다는 평을 듣습니다. 덩굴식물인 만큼 줄기는 고목이나 벽을 감고 하늘로 높이높이 올라갑니다. 꽃가루에 갈고리 같은 것이 있어 눈병을 일으킬 수 있으니 눈에 들어가지 않도록 주의하라고 당부하는 꽃입니다.

👣 어디 가면 만날 수 있나

여름철 서울 가양대교에서 강변북로를 타고 한남대교 쪽으로 달리다 보면 바람에 날리는 능소화를 보며 차를 세우고 싶은 충동을 느끼곤 한다. 연분홍 꽃이 눈에 띄고 개체수도 풍성해 눈길을 사로잡기 때문일 터. 그렇지만 자동차 전용도로라 위험하니 경기도 양평 시골길을 달리다 차를 세우고 조경수를 타고 올라간 능소화를 담았다.

📷 캐논 EOS 350D 🔘 60mm ⚙ F2.8
⏱ 1/200초 노출보정 −1.0EV ISO 200

91 7월 20일
천길 낭떠러지 이슬 먹고 자라는

지네발란

학명은 *Sarcanthus scolopendrifolius* Makino.
난초과의 여러해살이풀. 멸종위기종 2급

집채만 한 바위에 몸을 의탁하고 아침 이슬만 먹고 살아가는 지네발란입니다. 천길 낭떠러지 바위 절벽에 담쟁이덩굴처럼 온몸을 붙인 채 천지를 굽어보고 살아갑니다.

뿌리 내린 바위 절벽을 제아무리 비틀어본들 물 한 방울 나오지 않습니다. 인근 저수지에서 피어오른 새벽안개가 만들어내는 이슬방울이 유일한 생명줄입니다. 줄기와 잎이 통통하니 한번 받아들인 물기를 오래 머금을 수 있습니다.

둥글고 가느다란 줄기를 따라 양편에 어긋나기로 뾰족하게 나온 잎 모양이 지네의 발을 닮았다고 해서 지네발란이란 이름이 붙었습니다. 지네난초라고도 합니다.

처음 보는 순간 누구나 '이름 참 잘 지었다'고 생각할 만큼 생김새가 정말 지네를 닮았습니다. 그런데 흉측한 이름과는 달리 그 꽃은 해맑은 어린아이의 미소만큼이나 환합니다.

흰색과 연분홍, 자주색이 어우러진 꽃 모양은 그 어떤 난꽃보다도 화사합니다. 생김새도 갓난아이가 엄마 품에 안겨 있는 듯 귀엽기 짝이 없습니다.

일본과 우리나라에만 자생하는 것으로 알려져 있는데, 우리나라에는 제주도와 전남 진도 등 몇몇 군데밖에 없어, 2012년 멸종위기종 2급으로 지정됐습니다. 6~7월이면 꽃대 하나에 한 송이 꽃을 피웁니다.

니콘 D800　105mm　F 3.5　1/640초　노출보정 −2.5 EV　ISO 125

니콘 D800　105mm　F5　1/640초　노출보정 −1.0EV　ISO 200

니콘 D800　105mm　F7.1　1/320초　노출보정 0EV　ISO 200

어디 가면 만날 수 있나

전남 나주의 나주호반에 접한 야트막한 야산 바위에서 만났다. 일단 나주시 다도면 방산리 중흥골 드스파리조트까지 간 뒤 나주호로를 따라 5분 정도 가다 대한기독교청소년수련원을 지나 고갯마루에 차를 세우고 오른편 산을 10여 분 오르면 나주호를 한눈에 내려다볼 수 있는 커다란 바위가 나온다. 그 바위가 바로 지네발란 자생지다.

92 **7월 21일**
백합보다 붉고 강렬한 천연 나리꽃

말나리
-하늘말나리/누른하늘말나리/털중나리

하늘을 마주 보던 하늘말나리가 정상에 가까워지자 고개를 내리면서 사람의 얼굴과 같은 각도를 유지합니다. 하늘 보는 하늘나리도, 땅 보는 땅나리도, 고개 숙인 털중나리도 아닌, 말나리 특유의 자세를 취하는 것이지요.

말나리는 참나무나 단풍나무 등 키 큰 나무숲 중간중간에 하나둘 자리 잡고선 주황색 꽃잎과 큼지막한 꽃밥을 단 수술, 어퍼컷 자세 또렷한 암술 등으로 이뤄진 매혹적인 꽃을 활짝 피웁니다. 꽃 자체도 예쁘지만, 때로는 묵직한 나무줄기와 연둣빛 단풍잎을 배경으로 인상적인 사진을 찍을 수 있답니다.

어느 여인의 입술이 이보다 더 선정적일까요? 어느 명품 립스틱이 이보다 더 강렬할까요? 하늘나리·털중나리·하늘말나리·말나리·참나리·솔나리·땅나리…. 어느 것 하나 예쁘지 않은 것이 없는 나리들의 세상이 산에 들에 펼쳐지는데, 사람들은 바쁘다는 핑계로 못 본 척 살아갑니다.

👣 어디 가면 만날 수 있나

경기도 양평 용문산에서 담았다. 내비게이션에 양평군 옥천면 용천리 '엑스라이프ATV'를 치고 가면 유명산과 용문산 사이 고개에 도달한다. 왼쪽은 유명산 정상, 오른쪽은 용문산 정상으로 가는 등산로다. 오른쪽 길을 택해 오르면 처음에는 하늘말나리, 정상에선 말나리가 반긴다. 경남 함양 남덕유산 정상 가까이에서도 만날 수 있다. 가평 화악산에도 흔하다.

학명은 *Lilium distichum* Nakai ex Kamib. 백합과의 여러해살이풀

캐논 EOS 350D　60mm　F2.8　1/400초　노출보정 −2.0EV　ISO 100

캐논 EOS 350D　60mm　F2.8　1/20초　노출보정 −1.0EV　ISO 1600

하늘말나리

학명은 *Lilium tsingtauense* Gilg. 백합과의 여러해살이풀

누른하늘말나리

학명은 *Lilium tsingtauense* f. *flavum* (Wilson) T.B.Lee. 백합과의 여러해살이풀

강남에 있는 귤을 강북에 심으면 탱자가 된다던가요? 서양에서 들여온 원예식물은 백합이라고 하지만, 우리 땅에서 자라난 백합과의 야생화는 나리라고 합니다. 그런데 척박한 땅에서 자란 탱자는 아무 쓸데가 없지만, 천연의 나리꽃은 백합보다 더 붉고 더 강렬하답니다.

높은 산 정상부에서 피고 지는 키 작은 말나리에 비해, 하늘말나리는 산의 초입, 들녘의 개울가 등지에서도 흔히 만날 수 있습니다. 하늘을 향해 고개를 곧추든 꽃은 하늘나리와 똑같고, 줄기를 따라 빙 돌려나는 잎은 말나리를 쏙 빼닮았습니다. 하늘말나리와 생김새는 똑같되 이름대로 꽃빛이 황색인 누른하늘말나리도 있습니다.

캐논 EOS 350D   60mm   F2.8   1/500초   노출보정 -2.0EV   ISO 100

털중나리

학명은 *Lilium amabile* Palib. 백합과의 여러해살이풀

하늘을 향해 고개를 쳐든 하늘말나리는 가냘프면서도 당당합니다. 세상 그 무엇과도 맞서겠다는 듯 자신감이 느껴집니다. 이에 반해 털중나리는 다소곳합니다. 고개를 숙이고 낮은 곳을 응시하는 모습이 순종적인 여인을 떠올리게 합니다.

하지만 먹구름 속에서도 진한 빛을 발하는 순홍빛 색감만큼은 그 어떤 나리꽃에 결코 뒤지지 않습니다. 애잔하면서도 육감적인 인상을 주는 그런 꽃입니다.

잎과 줄기 등 전신에 털이 많아 털중나리라고 합니다. 제주도와 울릉도를 포함한 전국의 산, 높지 않은 중턱 이하에서 주로 자랍니다.

캐논 EOS 350D　60mm　F2.8　1/320초　노출보정 -1.0EV　ISO 100

93 7월 22일
물질하는 해녀를 닮은 토종 허브

순비기나무

　3면이 바다인 우리나라 해안가에서 흔히 볼 수 있는 꽃 가운데 하나입니다. 그러나 이름을 아는 이는 많지 않습니다. '해녀가 물속에 들어간다'는 뜻의 제주 방언 '숨비기'에서 유래한 이름이기에, 보통 사람들이 기억하고 연상해내기란 결코 쉽지 않습니다.

　나무줄기가 모래땅에 뿌리를 내려 옆으로 옆으로 뻗어나가는 게 마치 해녀가 물속에 들어가는 모습과 비슷해 순비기나무란 이름이 붙었다고 합니다. 물질하는 해녀들이 수면 위로 고개를 들어 '후~' 하고 꾹 참았던 숨을 내뱉는 소리, 그 소리가 바로 숨비소리입니다.

　바닷물에 휩쓸려도 죽지 않는 내염성 식물이며 추위에도 강합니다. 토종 허브로도 유명한데, 예부터 물질에 지친 해녀들의 두통을 달래주는 약재로도 쓰였다고 합니다.

　잎과 가지를 목욕물에 넣어 독특한 향을 즐기기도 하고, 열매를 베개에 넣어 두통과 불면증 치료에 활용하기도 한답니다. 향이 좋은 잎으로 회를 싸 먹기도 하고요.

　여름에서 비교적 늦은 가을까지도 꽃을 피웁니다.

캐논 EOS 350D　18mm　F11　1/800초　노출보정 -2.0EV　ISO 100

학명은 *Vitex rotundifolia* L.f. 마편초과의 낙엽 활엽 관목

캐논 EOS 350D　60mm　F2.8　1/4000초
노출보정 −2.0EV　ISO 100

캐논 EOS 350D　60mm　F2.8　1/1600초
노출보정 −2.0EV　ISO 100

캐논 EOS 350D　60mm　F2.8　1/3200초　노출보정 -2.0EV　ISO 100

👣 어디 가면 만날 수 있나

가깝게는 인천 영종도 바닷가에서 만날 수 있다. 인천 중구 을왕동 선녀바위 인근 모래밭을 살피면 어렵지 않게 볼 수 있다.

94 **7월 24일**
서너 시간 보이고 스러지는 버섯의 여왕

노란망태버섯

"저게 뭐야? 에이, 나쁜 사람들! 과일을 먹고선 포장을 그냥 버리고 갔네."

몇 해 전 비가 오락가락하기에 멀리 못 가고 가까운 청계산에 올랐다가 등산로변에 누군가에게 걷어차인 듯 원형을 잃고 쓰러진 노란망태버섯을 만났습니다. 버려진 과일 포장재인 줄 알고 아내가 혀를 찰 만큼, 사과·복숭아 등을 낱개로 감싸는 망사형 포장재와 정말 근사하게 닮았습니다.

'설마 하나뿐이랴?' 싶어 어두침침한 숲으로 들어가니, 가히 '버섯의 여왕'이라 불리는 노란망태버섯이 여기저기서 막 피어난 듯 고운 자태를 뽐내고 있습니다.

장마철 노란망태버섯은 우리 주변 평범한 숲에서, 흰색 망태버섯은 왕대나무 숲에서 멋진 모습으로 피었다가 나팔꽃처럼 서너 시간 만에 스러집니다.

묵은지가 아닌 겉절이 같은 노란망태버섯. 사진을 찍는 동안 적지 않게 헌혈을 해야 합니다. 물먹은 숲인 데다 퀴퀴한 노란망태버섯 냄새가 엄청나게 많은 모기를 불러들이기 때문이지요.

처음 보는 사람들이 이구동성으로 하는 질문, "먹어도 돼요?"

각종 도감은 '식용'이라 답하고 있습니다. 특히 중국요리에서 고급 식재료로 쓰인다고 하지만, 요리된 망태버섯을 먹어봤다는 이는 아직 만나지 못했습니다.

캐논 EOS 350D | 60mm | F2.8 | 1/160초 | 노출보정 −1.0EV | ISO 200

학명은 *Dictyophora indusiata* f. *lutea* (Liou & L. Hwang) Kobayasi. 말뚝버섯과

캐논 EOS 350D 60mm F3.2 1/60초 노출보정 −1.0EV ISO 100

니콘 D800 105mm F4 1/125초 노출보정 −1.0EV ISO 320

캐논 EOS 350D　60mm　F4　1/20초　노출보정 −0.7EV　ISO 800

👣 어디 가면 만날 수 있나

　서울 한복판에서도 만날 수 있다. 서초구 청계산이다. 여러 갈래 등산로 중 원지동 바랑골 약수터를 기점으로 10여 분 오르다 오른편 숲속으로 들어가면 된다.

95 7월 25일
남덕유산 첩첩 연봉 굽어보는
솔나리
-흰솔나리

　산이 산을 껴안고 봉우리가 봉우리를 감싸 안는, 그 아스라한 파노라마를 단 한 번 본 것만으로도 이렇게 가슴 벅찬데, 끝없이 이어지는 남덕유산 연봉을 굽어보며 한여름을 보내는 솔나리의 심정은 어떠할까요? 바로 신선의 마음이 아닐는지요. 그래서 그토록 투명한 연분홍 꽃잎이 만들어지는 걸까요? 단지 맑은 데서 그치지 않고 속살마저 드러날 듯 투명한 꽃잎을 갖게 되는 걸까요?

　잎이 솔잎을 닮아 솔나리라 하지만, 잎만 닮은 게 아니라 온몸이 소나무의 기상을 빼닮은 듯 고고하면서도 우아합니다.

　북에 백두산이 있다면, 남엔 남덕유산이 있습니다. 백두산에 날개하늘나리가 있다면, 남덕유산엔 솔나리가 있습니다. 여름철 백두산 날개하늘나리와 두만강변 큰솔나리, 남덕유산 솔나리. 서로 맞겨룰 만큼 빼어난 나리꽃들입니다.

　아니, 한여름 남덕유산의 솔나리만큼은 전 세계 어느 산, 어떤 나리꽃과 비교해도 결코 뒤지지 않는다고 장담합니다. 남덕유산의 장관이 든든하게 뒷배를 봐주고 있기 때문입니다. 잎이 솔잎처럼 가늘고 길다 하여 솔나리인데, 아예 솔잎나리라고도 불립니다.

니콘 D800　16mm　F22　1/200초　노출보정 -0.5EV　ISO 200

학명은 *Lilium cernuum* Kom. 백합과의 여러해살이풀

니콘 D800　105mm　F4　1/1000초　노출보정 −2.5EV　ISO 500

니콘 D800　105mm　F4　1/320초　노출보정 −2.5EV　ISO 200

👣 어디 가면 만날 수 있나

참바위취와 마찬가지로 남덕유산 정상에서 만났다. 솔나리는 남덕유산을 비롯해 가야산·이만봉 등 높은 산에 오르면 어렵지 않게 만날 수 있다. 그중 남덕유산 정상 능선에서 만나는 솔나리가 장쾌한 주변 경관과 어우러져 단연 최고라고 손꼽을 만하다.

캐논 EOS 350D 60mm F2.8 1/4000초 노출보정 -2.0EV ISO 100

흰솔나리

학명은 *Lilium cernuum* f. *candidum* (Nakai) T.B.Lee. 백합과의 여러해살이풀

부자 망해도 3년 간다고 하던가요? 솔나리가 아무리 멸종위기종 2급에서 해제되었다고 하지만, 흔하게 볼 수 있는 꽃은 아닙니다. 여름철 가야산이든 남덕유산이든 높고 깊은 산 정상까지 올라야만 합니다. 여러 시간 응분의 땀을 흘리지 않고서는 결코 만날 수 없는 꽃입니다.

참나리 · 하늘나리 · 말나리 · 하늘말나리 · 땅나리 · 중나리 · 털중나리…. 나리꽃 가운데 관상미가 가장 빼어난 꽃이 바로 솔나리일 것입니다. 두만강변에 붉게 피어나는 큰솔나리가 있다지만, 아직 상면하진 못했습니다.

이렇듯 솔나리만도 귀한데, 흰솔나리라니…. 눈이 번쩍 뜨이고 귀가 활짝 열리는 소리에 장맛비를 무릅쓰고 다녀왔습니다. 보시다시피 고고하기 짝이 없습니다. 단 한 송이 흰솔나리가 전국의 야생화 애호가들을 구름처럼 불러모으고 있습니다. 부디 무지한 장맛비를 잘 견뎌내고 오래오래 번식하길 빌어봅니다.

👣 어디 가면 만날 수 있나

충북 괴산의 이만봉 정상에서 단 한 송이 피어 있는 걸 담았다.

니콘 D800 105mm F3.2 1/250초
노출보정 −1.5EV ISO 200

96 7월 27일
강물과 더불어 한 폭의 수채화를 그리는

꽃장포

　우연치고는 참 기분 좋은 우연입니다. 백두산에서 숙은꽃장포를 만나고 온 지 20여 일 만에 접경 지역 강가에서 같은 백합과의 꽃장포를 만났습니다.
　백두산 고원의 숙은꽃장포, 그리고 한라산 고원의 한라꽃장포에서 짐작할 수 있듯, 꽃장포 역시 높고 냉한 지역에 서식하는 북방계 고산식물로 추정됩니다. 그런 측면에서 경기 북부 접경 지역에서 만난 꽃장포는 아마도 가장 남쪽에 서식하는 야생 꽃장포일 듯싶습니다.
　언젠가부터 꽃과 함께 가능한 한 주변 경관을 사진에 담으려 노력합니다. 꽃이 피는 주변 환경이 전하는 이야기까지 사진에 담아 전하고 싶어서입니다. 지리한 장마 속 꽃장포를 만나러 오는 바람, 그 꽃을 만나고 가는 바람이 전하는 이야기를 듣고 전하고 싶습니다.
　그런데 이번에는 꽃장포 흰 꽃을 안고 유유히 흐르는 강 물결이 유난히 눈에 들어옵니다. 이제까지 그랬듯, 앞으로도 아주 오랜 세월 한여름 장마 속 강물과 꽃장포가 한 폭의 수채화를 그릴 수 있으면 좋겠습니다.
　처음엔 너무 보고파서, 너무너무 보고 싶어서 물어물어 찾아갔습니다. 강가 바위 절벽에 가서, 이끼 틈에 뿌리를 내리고 밤하늘 별보다 더 총총히 빛나는 순백의 꽃을 만났습니다. 난초과 식물은 아니로되, 그 잎은 난초 잎보다 더 날렵하고, 흰 꽃은 소심이니 석란이니 하는 난꽃 못지않게 단아하고 청초합니다.
　야생의 꽃장포는 만나기 어려우나, 화원에서 판매되는 분재는 쉽게 볼 수 있다니 사진 속 꽃장포도 머지않아 사라질까 두렵습니다. 어렵게 찾아간 날, 꽃등에도 나처럼 애타게 그리웠던지 부지런히 드나들기에 함께 놀았습니다. 돌창포 또는 꽃바위창포라고도 합니다.

학명은 *Tofieldia nuda* Maxim. 백합과의 여러해살이풀

캐논 EOS 350D 28mm F 4.5 1/250초 노출보정 −2.0EV ISO 200

어디 가면 만날 수 있나

강원도 양구·화천 등 내륙 북부 골짜기나 냇가에 핀다고 하는데, 현재까지 알려진 바로는 철원 한탄강변이 유일하지 않나 싶다. 개화시기가 장맛비 내리는 7월 중·하순으로, 강물이 불어 위험하기 십상이다. 실제 폭우로 물이 불면 접근이 차단되기도 한다. 2012년과 2013년 7월 27일 같은 날 철원 옛 승일교 인근 한탄강변에서 담았다.

97 7월 27일
'작은 것이 아름답다'

말털이슬
－쥐털이슬

가끔은 까다로운 일에 일부러 도전합니다. '밥이 나오냐, 돈이 나오냐'는 핀잔을 듣기 일쑤지만, 왠지 그래보고 싶어서 작은 것을 붙잡고 씨름을 합니다.

정말 무더웠던 날, 자잘한 말털이슬의 꽃송이를 선명하게 잡아보겠다고 땀깨나 흘렸습니다. 말털이슬을 대신해 '이렇게 예쁜 꽃을 왜 알아주지 않느냐?' 항변이라도 하겠다는 듯 애를 썼습니다. 덕분에 꽃줄기를 비롯해 온몸에 이슬 같은 잔털이 나 있는 말털이슬의 특징을 그런대로 잡았습니다.

털이슬류 꽃 가운데 꽃받침의 붉은색이 돋보이는, 그래서 가장 예쁘다는 소리를 듣는 꽃이 바로 말털이슬입니다. 키도 10cm 안팎에 불과한 쥐털이슬에 비해 사람 무릎까지 올라올 정도입니다. 좌우·상하 각각 두 장씩인 붉은색 꽃받침과 흰 꽃잎이 선뜻 눈에 들어옵니다. 물론 꽃은 성냥개비에 불과할 만큼 작습니다.

털이슬 형제들처럼 말털이슬도 숲 가장자리 그늘진 곳에 주로 서식합니다.

👣 **어디 가면 만날 수 있나**
경기도 연천군 연천읍 동막리 풍혈 초입에서 만났다.

학명은 *Circaea quadrisulcata* (Maxim.) Franch. & Sav. 바늘꽃과의 여러해살이풀

쥐털이슬

학명은 *Circaea alpina* L. 바늘꽃과의 여러해살이풀

좀비비추 · 애기앉은부채 · 새끼노루귀 · 쥐털이슬…. 공통점은 무엇일까요? 얼핏 짐작하셨겠지만, '좀'이니 '애기', '새끼', '쥐' 등 접두어가 붙은 작은 꽃 식물들입니다. 흔히 봉급이 적다고 말할 때 '쥐꼬리만 하다'는 표현을 씁니다만, 쥐꼬리보다 훨씬 작을 '쥐털'은 과연 얼마만한 크기일지 짐작이 가시는지요?

쥐털이슬은 높은 산 응달진 습지에서 꽃을 피우기 때문에 보통 등산객들은 꽃인지도 모르고 스쳐 지나갑니다. 접사렌즈가 아니면 들이댈 생각도 할 수 없지요. 그래도 '작은 것이 아름답다'고 했듯, 자세히 들여다보면 앙증맞은 꽃잎 두 장이 미키 마우스처럼 귀엽습니다.

이번엔 제대로 한번 담아보자 해도, 모니터로 확인해보면 늘 아쉬움이 남습니다. 내년에 만나면 그땐 더 멋지게 담아보자 다짐합니다. 끝없이 도전 의지를 부추깁니다.

캐논 EOS 350D | 60mm | F2.8 | 1/500초 | 노출보정 -2.0EV | ISO 800

캐논 EOS 350D   100mm   F2.8   1/400초   노출보정 -2.0EV   ISO 100

👣 어디 가면 만날 수 있나

경기도 가평 화악산 중봉 바로 아래 등산로에서 담았다.

98 7월 30일
온몸 비틀어 존재를 증명하는
타래난초

학명은 *Spiranthes sinensis* (Pers.) Ames. 난초과의 여러해살이풀

긴 가뭄 이겨내고, 모진 불볕더위 이겨내고, 이토록 진한 선홍빛 꽃을 피워낸 건 무슨 조화란 말인가? 몸을 배배 꼰 뜻은 혹여 줄기 안에 있는 붉은 색소를 마른걸레 짜듯 짜내서 진하디진한 꽃빛을 만들어내기 위함인가?

"흔들리지 않고 피는 꽃이 어디 있으랴"는 어느 시구처럼, 죽을힘을 다해 안간힘을 쓰지 않고 저절로 피는 꽃이란 없습니다. 타래난초도 손톱만 한 꽃 한 송이를 피우기 위해, 한 뼘 더 자라기 위해 온몸을 비틀며 안간힘을 씁니다.

그렇습니다. '타래'란 우리말을 온몸으로 설명하는 꽃, 타래난초입니다. 그래서 척 보는 순간 누구든 "예쁘다. 근데 이름이 뭐지?" 하고 묻고서 타래난초라는 대답을 들으면 "아! 그럴듯하네"라며 고개를 끄덕이는 그런 꽃입니다.

폭염이 기승을 부리던 초여름, 북한강변 작은 산 초입에서 한창 물오른 타래난초를 만났습니다. 거의 한 달여 만에 찾은 산은 언제나 그랬듯, 예기치 않은 꽃으로 예상치 못한 행복을 선사합니다.

전국 어디서나 봄부터 여름 사이 잔디밭 등지에서 타래난초를 만날 수 있습니다. 꽃 피는 기간도 이르면 6월부터 늦게는 8월까지로, 다른 꽃에 비해 충분히 깁니다. 크고 작은 나무들이 없는, 볕이 잘 드는 풀밭에서 주로 자랍니다. 그러다 보니 묘지 잔디밭에서 흔히 만날 수 있습니다.

분홍 꽃, 흰 꽃, 흰색과 연분홍이 반반씩 어우러진 꽃 등 다양한 빛깔의 꽃을 피웁니다. 설탕 같은 혓바닥을 빼곤 온몸이 붉게 물들기도 합니다.

👣 어디 가면 만날 수 있나

한번 보면 전국 여기저기서 쉽게 만나지만, 초보자에겐 굉장히 귀하게 여겨지는 야생화다. 잔디밭에 흔하다기에 처음엔 일부러 경기도 남양주시 조안면 능내리 천주교 소화묘원을 찾아가 만났다. 다음엔 경기도 청평호 인근 야산에서 산제비란·병아리난초 등과 함께 만났다. 흰 타래난초는 충북 괴산 이만봉 아래 분지제라는 저수지 제방에서 담았다. 인천 무의도 등산로에서도 만났다.

니콘 D800 | 105mm | F4 | 1/1000초
노출보정 −1.5EV | ISO 200

99 7월 31일
이보다 더 앙증맞을 수 있을까

병아리풀

"나리 나리 개나리 입에 따다 물고요~ 병아리떼 종종종 봄나들이 갑니다~"

 이 꽃을 처음 대하면 누구나 자연스레 동요를 입에 올리게 됩니다. 작아서 처음엔 눈에 잘 띄지 않지만, 자세히 들여다보면 이름 한번 그럴듯하게 붙였구나 하고 고개를 끄덕이게 됩니다.

 작고 귀여운 병아리란 단어가 주는 이미지대로, 우리 야생화 가운데 병아리난초니 병아리다리 등 이름에 '병아리'가 들어가는 식물들은 대체로 키도 작고 꽃도 작습니다.

 병아리풀은 비록 작고 보잘것없어 보이지만, 정부가 '국외 반출 승인 대상 생물자원'으로 지정·관리하고 있는 소중한 우리의 식물자원입니다. 개체수가 적어 종 보존을 위해 적극적인 보호와 관리가 필요하고, 학술적 가치도 높은 식물이라는 뜻이지요.

 '앙증맞다'는 단어가 정말 잘 어울리는 꽃. 갸름한 꽃대에 다닥다닥 꽃이 피는데, 계절이 깊어가면서 하나하나 파란 씨주머니로 변해갑니다.

 쥐털이슬·달래·파리풀 등과 마찬가지로 '작은 것이 아름답다' 계열의 야생화로 분류할 수 있습니다.

니콘 D800　105mm　F4.5　1/1250초　노출보정 −2.5EV　ISO 200

학명은 *Polygala tatarinowii* Regel. 원지과의 한해살이풀

니콘 D800　105mm　F7.1　1/800초　노출보정 -2.5EV　ISO 400

어디 가면 만날 수 있나

강원도 평창 대덕사 계곡에서 한두 송이 핀 것을 보다가 충북 옥천에서 그야말로 대규모 자생지를 만나고는 더 이상 멋진 모델은 없을 것이라고 선언했다. 수십 포기 병아리풀이 푸른 이끼 융단 위에 도열한 모습은 정말 장관이었다. 옥천군 군북면 지방도로변에 있다.

100 7월 31일
오후 2시 정확하게 꽃잎 여는 귀화식물

노랑개아마

그 옛날 어머니들은 "늙은 어미 잘 지낼 테니 여기는 걱정 마라. 타향도 정들면 고향이다"라며 길 떠나는 자식들을 다독였습니다. 이왕 가는 몸 그곳에 잘 정착해 살라는 당부였습니다.

식물들도 그렇습니다. 토종이니 외래종이니 구별한들 무슨 소용이 있겠습니까? 이왕 이 땅에 들어왔으면 잘 뿌리내려 유용한 자연자원이 돼야겠지요. 물론 가시박이나 단풍잎돼지풀처럼 토종식물을 위협하고 생태계를 교란하는 등 유해 식물이 되고 있는 외래종은 퇴치해야겠는데, 그 또한 여의치 않아 걱정이긴 합니다.

그런 측면에서 북아메리카 원산의 노랑개아마는 귀화식물이 되 골칫거리가 되기보다는 한여름 그늘 한 점 없는 풀밭에서 불볕더위가 기승을 부리거나 비가 오거나 아랑곳 않고 앙증맞은 노란색 꽃을 피워 우리를 미소 짓게 합니다. 몸에 시한폭탄을 달고 태어난 듯 정확하게 오후 2시면 꽃잎을 활짝 열고 오후 4시가 되면 여지없이 닫아버립니다. 비가 오나 날이 맑으나 꽃잎이 열리고 닫히는 것은 같습니다.

👣 어디 가면 만날 수 있나

대전시 대덕구 비래동 시내버스 종점 인근 야산에서 만났다. 비래초등학교 바로 앞산 초입에 제법 큰 문중 묘소가 있는데, 그곳 잔디밭에 노랑개아마가 자생한다. 바로 옆에 경부고속도로가 지나간다.

학명은 *Linum virginianum* L. 아마과의 한해살이풀

101 7월 31일
지고지순한 여인을 닮은

땅나리

한승원의 소설 《초의》에 나오는 니지현순이란 여인이 생각납니다. 초의선사를 흠모하다 끝내 비구니가 돼 초의선사가 머무는 일지암이 바라다보이는 곳에 암자를 짓고, 바람결에 실려 오는 초의선사의 향기를 맡으며 한평생 정진했다는 여인 말입니다.

바라본다는 것은 그냥 바라보는 것이 아닙니다. 바라본다는 것은 사랑한다는 것이고, 닮아간다는 것입니다. 한여름 땅나리를 보는 순간 직감했습니다. 하늘을 보면 하늘나리, 땅을 보면 땅나리… 쉽게 말하곤 했는데, 바라본다는 것이 그냥 바라보는 것이 아님을 알았습니다.

한사코 땅만을 굽어보는 땅나리에게서 진한 황토색을 보았습니다. 진홍색이나 푸른색에서 찾아볼 수 있는 투명함을 보았습니다. 황토색 색감이 그렇게도 진하고 투명할 줄 정말 몰랐습니다. 태양을 바라보며 짙은 붉은색으로 물드는 하늘나리처럼, 땅나리 또한 고개 숙여 마주하는 이 땅의 짙은 황토색을 온몸으로 받아들인 듯합니다.

역시 여름은 나리의 계절입니다. 하늘나리로 시작된 나리꽃 행진이 털중나리·말나리·하늘말나리·날개하늘나리·솔나리·참나리를 거쳐 땅나리에 이르며 대미를 장식합니다.

니콘 D800　105mm　F5　1/320초　노출보정 -2.0EV　ISO 200

학명은 *Lilium callosum* Siebold & Zucc. 백합과의 여러해살이풀

니콘 D800 32mm F4.5 1/640초 노출보정 −1.5EV ISO 160

니콘 D800 31mm F18 1/125초 노출보정 −2.5EV ISO 320

니콘 D800　105mm　F3.5　1/320초　노출보정 -1.5EV　ISO 200

👣 어디 가면 만날 수 있나

주로 중부 이남의 산과 들에 자생하기에 서울 인근에서는 만나기 쉽지 않다. 몇 년 전만 해도 가까운 자생지로 안산 대부도 근처 무인도를 꼽았는데, 최근 들어 사유지라며 출입이 통제되고 있다. 사진의 땅나리는 충북 괴산군 연풍면 적석리의 야산에서 담았다. 하루 종일 천둥번개가 치는 장맛비 속에 "땅나리 꽃이 지려 하니 더 늦으면 안 된다"는 말에 새벽같이 달려가 만났다. 적석리 청수휴게소에 차를 세우고 뒷산으로 조금 올라가면 된다.

102 | 7월 31일
기품 있고 단아한 '작은 호박꽃'

왕과

   흥부네 박 열리듯 모든 이에게 복이 주렁주렁 열리기를 기원하는 마음에서 왕과(王瓜) 꽃 한 다발 올립니다. 세상살이 비록 팍팍하고 가슴은 먹먹하더라도 꿈마저 잃고 살지는 말아야겠기에.

   뜨거웠던 한여름 뙤약볕을 상상해보자고, 번개 치고 폭우가 쏟아지던 삼복더위 속에 만났던 샛노란 왕과 꽃다발을 끄집어냅니다. 왕과는 호박·오이·참외·수박·수세미·하늘타리 등과 마찬가지로 박과 식물입니다. 우리나라 각처에 흔히 자란다고 하는데, 실제 만나기가 그렇게 쉽지는 않습니다.

   7월의 마지막 날, 귀한 꽃이 있다는 지인의 초대에 두말 않고 충청도까지 서너 시간 달려가 빗속에 만났습니다.

   '작은 호박꽃'이라는 별명처럼 호박꽃을 닮았으되 볼품없이 크진 않습니다. 주먹참외·쥐참외라는 또 다른 이름에서 짐작하듯, 참외 꽃을 닮았으되 펑퍼짐하지 않습니다. 기품 있는 노란색에 단아한 꽃의 이미지가 왜 왕과라고 불리는지 단번에 알 수 있습니다.

   꽃도 귀하지만 열매는 더 귀해서 실물을 보기가 어렵다고 합니다. 길이 4~5cm, 폭 3cm 정도로 영그는 애기 참외 같은 열매 색깔이 붉어 적박(赤瓟)이라는 별칭으로도 불립니다. 큰새박(북한명)·주먹외·쥐참외라고도 하고요. 열을 내리고, 진액을 생성하고, 어혈을 제거하고, 젖의 분비를 촉진하는 효능이 있어 한약재로 쓰입니다.

니콘 D800 | 105mm | F6.3 | 1/500초 | 노출보정 −2.0EV | ISO 200

학명은 *Thladiantha dubia* Bunge. 박과의 덩굴성 여러해살이풀

니콘 D800　105mm　F4.5　1/800초　노출보정 −2.0EV　ISO 200

니콘 D800　105mm　F6.3　1/250초　노출보정 −2.0EV　ISO 200

👣 어디 가면 만날 수 있나

충북 청주시 상당구 미원면 읍내에서 만났다. 미원면사무소 사거리에 차를 세우고 사방을 둘러보면 양철 지붕 위에 주렁주렁 매달린 왕과 꽃을 한눈에 알아볼 수 있다.

니콘 D800　105mm　F4.5　1/2500초　노출보정 -2.0EV　ISO 200

103 8월 3일
여름 산과 들, 바닷가를 지키는 수문장

참나리
—뻐꾹나리

여름 들판의 주인은 역시 나리 중의 나리인 참나리입니다.

꽃이 클 뿐 아니라 호피 무늬 색상은 화려하면서도 위엄이 느껴집니다. 키도 웬만한 성인 남성을 능가할 만큼 훤칠합니다.

한여름 뜨거운 뙤약볕을 온몸으로 맞으며 농촌 들녘 한복판에, 바닷가 마을 어귀에 카리스마 넘치는 모습으로 서 있는 참나리는 바로 그 마을의 수문장이라 부르기에 충분합니다.

저 멀리 보이는 높은 산을, 넓은 모래사장을, 푸른 바다를 압도합니다. 서해 바닷가 바위 절벽 위 하늘에서 '빨간' 낙하산이 떨어집니다. 작열하는 태양과 푸른 하늘과 흰 구름, 짙푸른 바다 그리고 타는 듯 붉은 참나리가 참으로 인상적인 인천 영종도 선녀바위 주변의 여름 풍경입니다.

높은 산에선 솔나리가 주인으로 군림하고, 한여름 드넓은 바닷가에선 참나리가 여봐라 호령을 합니다.

나물 중 최고의 나물은 참나물이듯, 나무 중 최고는 참나무, 나리꽃 중 최고는 참나리인 걸 다시금 깨닫습니다.

캐논 EOS 350D 55mm F5.6 1/2500초 노출보정 -2.0EV ISO 100

학명은 *Lilium lancifolium* Thunb. 백합과의 여러해살이풀

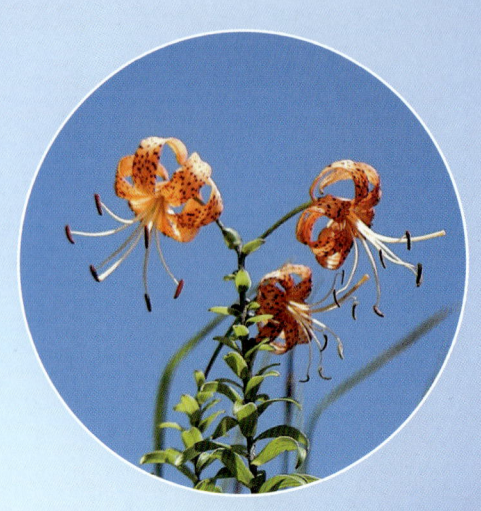

어디 가면 만날 수 있나

전국 어디에서나 만날 수 있다. 뭍이든 섬이든, 산골이든 바다든, 어디서든 마을의 수문장 같은 참나리를 볼 수 있다. 사진은 인천 영종도 선녀해수욕장, 경기도 연천 동막계곡, 전북 군산 선유도 등지에서 담았다.

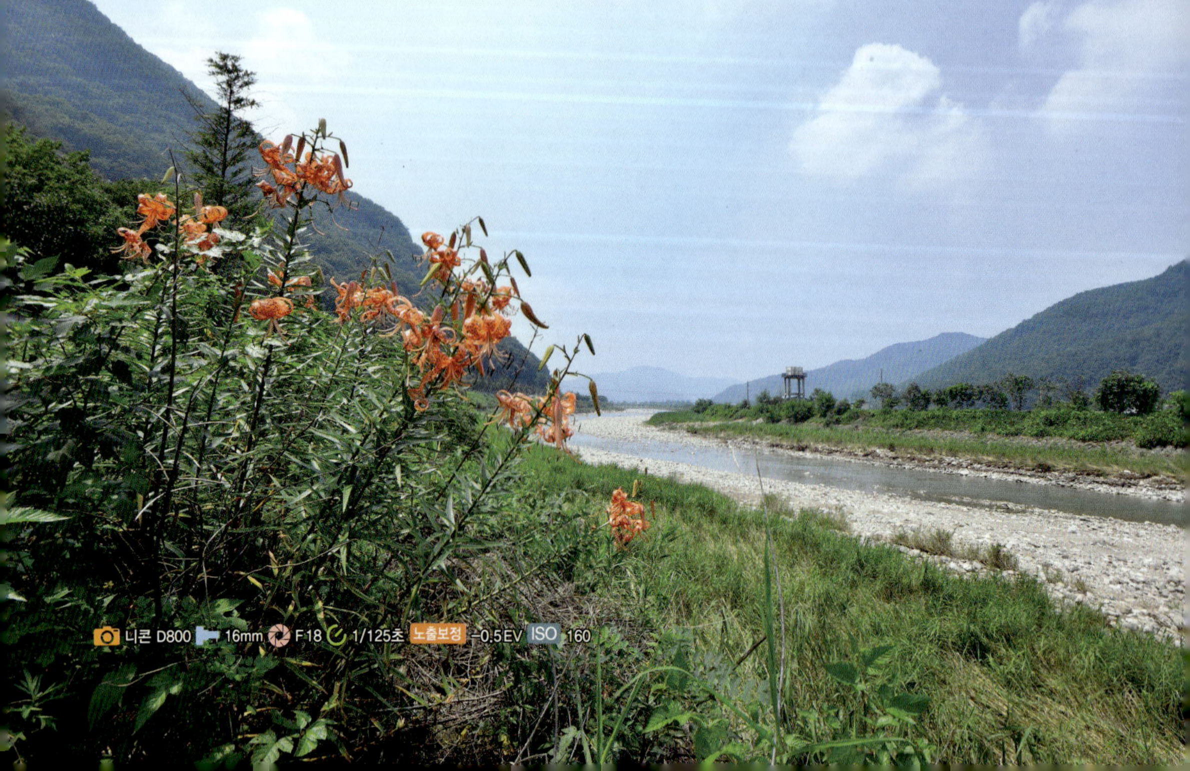

니콘 D800 16mm F18 1/125초 노출보정 -0.5EV ISO 160

뻐꾹나리

학명은 *Tricyrtis macropoda* Miq. 백합과의 여러해살이풀. 특산식물

나리꽃들이 크기만, 색만 다를까요? 아니지요. 모양도 아주 색다른 나리꽃이 있답니다. 한여름 장마가 그칠 즈음, 숲에서는 꼴뚜기를 빼닮은, 한편으론 우리나라 근해에 무성한 말미잘을 닮은 것도 같은, 또 한편으론 영화 〈아바타〉에 나오는 혼령들을 닮은 듯한 뻐꾹나리가 기지개를 펴고 하늘을 유영할 듯 독특한 모양의 꽃을 피웁니다. 주로 중부 이남에서 자랍니다.

어디 가면 만날 수 있나
충남 태안군 안면도자연휴양림 뒷산에서 만났다.

캐논 EOS 350D 60mm F4.5 1/400초 노출보정 -2.0EV ISO 100

8월 5일
겉모습만 보고 판단하지 말아요

하늘타리

겉모습만 보고 사람을 판단하지 말라고 했듯, 식물도 외양만 보고 예쁘다, 좋다 선입견을 가지지 말아야 하겠습니다.

솔직히 처음 보았을 때 흔히 말하듯 '미친년 머리 풀어 헤친' 것 같았습니다. 그런데 '천연의 암 치료제'로서 중국에서는 산삼 못지않은 대접을 받는다니, 함부로 생각할 일이 아닙니다. 특히 유방암과 폐암 등에 부작용 없는 천연의 치료제로서 그 효능이 알려지면서 연구가 활발히 진행 중이라니, 하늘타리 운수가 어떻게 펼쳐질지 누구도 장담하지 못할 일입니다.

하늘타리는 호박 덩굴 퍼지듯 나무나 담장 등을 타고 오르며, 호박잎처럼 넓고 무성한 잎이 달립니다. 뿌리는 고구마처럼 자라는데, 최근 전남 해남에서 무려 16kg에 달하는 것이 채취됐다고 해서 화제가 되기도 했습니다.

👣 어디 가면 만날 수 있나

경기도 양평군 용문면 연수리 야산에서 담았다. 용문산 상원사 가는 길가에서 만났다.

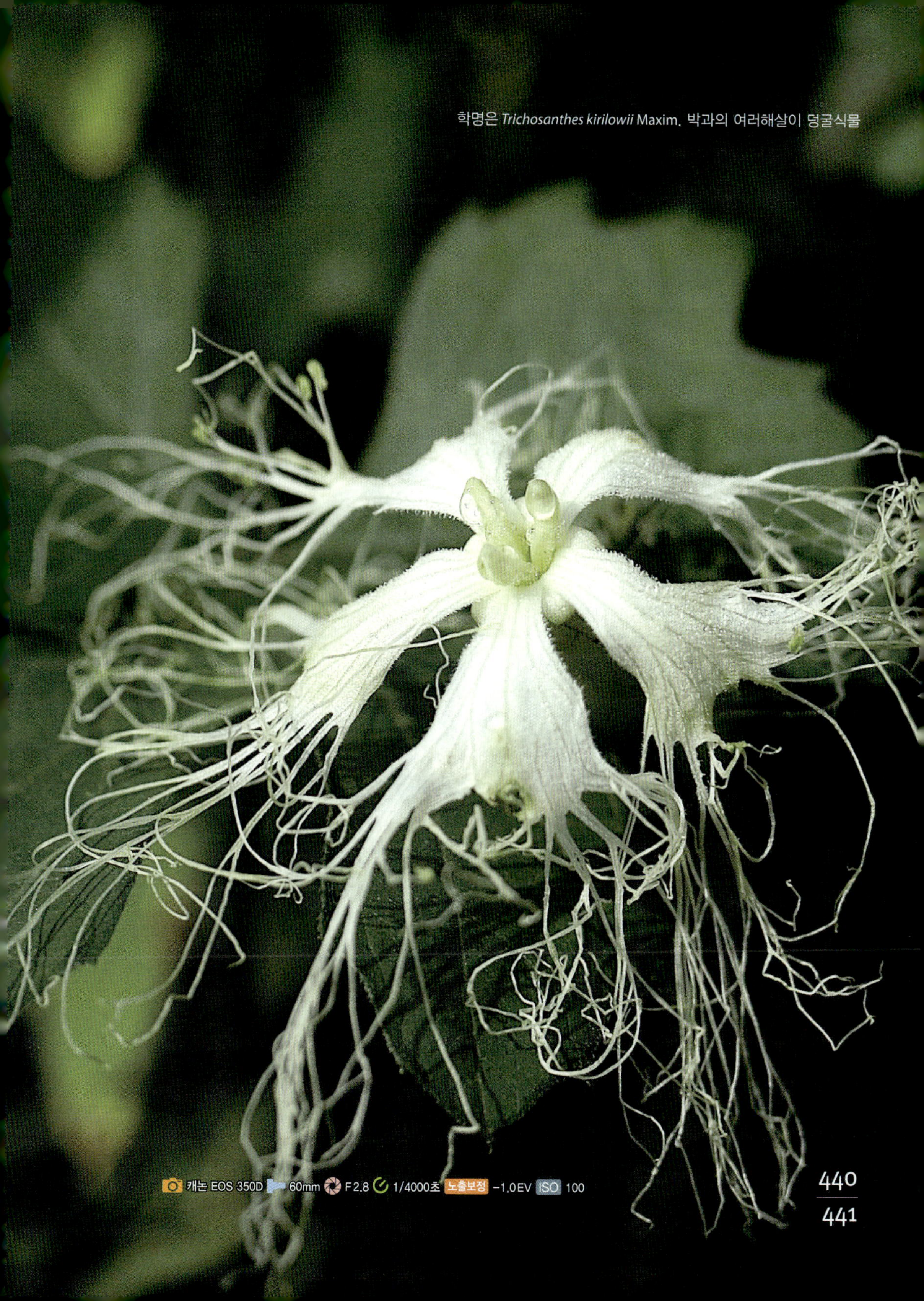

학명은 *Trichosanthes kirilowii* Maxim. 박과의 여러해살이 덩굴식물

캐논 EOS 350D 60mm F2.8 1/4000초 노출보정 -1.0EV ISO 100

8월 5일
장모의 극진한 사위 사랑이 담긴

사위질빵

　사위질빵은 줄기가 나무를 타고 번지는 전형적인 덩굴식물입니다. 헌데, 축축 늘어진 그 덩굴은 칡넝쿨처럼 질기지 않습니다.

　그 옛날 가을걷이철, 사위 사랑이 극진했던 장모가 사위 지게의 멜빵을 약하디약한 사위질빵 덩굴로 만들어줬답니다. 사위가 지는 짐을 가볍게 해주기 위해서랍니다. 잎은 부실한데 줄기에 가시가 촘촘히 박혀 있는 며느리밑씻개와는 정반대의 사연입니다. 무조건적인 '사위 사랑'과 '며느리 학대'라는 야만적 사고가 이름에 그대로 반영된 셈이지요.

학명은 *Clematis apiifolia* DC. 미나리아재비과의 낙엽 활엽 덩굴식물

장모들의 지극한 사위 사랑은 뭍이나 섬이나 다를 바 없겠지요. 아니, 생과 사를 넘나들며 고기잡이 나서는 섬에서는 장모들의 사위 사랑이 더욱 각별하지 않을까 생각합니다. 거칠고 험한 바다로 나간 사위의 무사 귀가를 비는 섬 여인네들의 지극정성, 그 무엇에 비할까 싶습니다.

제주 바닷가에서 만난 흐드러진 사위질빵 꽃무더기에서 물질 나서는 제주 어머니들의 사위 사랑이 진하게 느껴집니다. 시집보낸 딸아이와 함께 망부석이 돼 노심초사 사위를 기다리는 심정이 엿보입니다.

캐논 EOS 350D　35mm　F13　1/200초　노출보정 -1.3EV　ISO 100

니콘 D800　105mm　F5　1/320초　노출보정 +0.5EV　ISO 200

캐논 EOS 350D　60mm　F2.8　1/1000초　노출보정 -1.3EV　ISO 100

캐논 EOS 350D　60mm　F8　1/500초　P 모드　노출보정 0EV　ISO 400

니콘 D800　105mm　F4　1/8000초　노출보정 -1.0EV　ISO 320

어디 가면 만날 수 있나

여름철 전국의 산과 들에서 볼 수 있다. 사진은 경기도 양평 용문산 자락, 연천 지장산 등산로, 제주도 일주도로 등지에서 담았다.

106 8월 10일
우리 눈엔 제비, 서양사람 눈엔 돌고래

큰제비고깔

비 오는 날 무턱대고 찾은 남한산성. 둘레길을 걸으니 큰제비고깔이 보랏빛 꽃을 잔뜩 피우고 무리 지어 장승처럼 여기저기 서 있습니다. 물안개가 산성 주위를 가득 채운 게, 그야말로 '비 오는 날의 수채화'가 눈앞에 펼쳐지고 있더군요.

분명 꽃의 외관이 날렵한 제비를 닮아서 붙은 이름일 텐데….

학명은 *Delphinium maackianum* Regel. 미나리아재비과의 여러해살이풀

연유를 알아봤습니다. 학명 중 속명인 델피니움(Delphinium)이 돌고래(delphin)라는 그리스어에서 유래했다고 하니, 서양인들의 눈에는 큰제비고깔 꽃의 꼬리 부분이 돌고래의 꼬리를 닮아 보였나 봅니다. 우리들 눈에는 날렵한 제비처럼 보이는데 말입니다. 그래도 연유를 듣고 유심히 살피니 그럴싸해 보이기는 합니다.

중부 이북에 자생하며, 고산성 희귀 식물로 분류됩니다.

니콘 D800　26mm　F18　1/40초　노출보정 0EV　ISO 3200

니콘 D800　30mm　F14　1/125초　노출보정 −1.0EV　ISO 2500

니콘 D800　105mm　F3.5　1/160초　노출보정 −1.0EV　ISO 320

어디 가면 만날 수 있나

경기도 광주 남한산성에서 담았다. 광주시 중부면 산성리 남한산성도립공원 남문 주차장에 차를 세운 뒤 남문으로 간다. 남문을 통과해 성문 밖 왼편 둘레길을 따라 5분쯤 가면 넓은 풀밭에 큰제비고깔이 여기저기 활짝 꽃을 피운다.

니콘 D800 22mm F13 1/500초 노출보정 −0.5EV ISO 3200

107 **8월 14일**
꿈속에서라도 보고 싶다

해오라비난초

하, 알 수 없는 일입니다. 분명 꽃을 담아 왔는데, 컴퓨터 화면에 옮기니 새가 돼 날아다닙니다. 그것도 하얀 백로가 돼 날개를 활짝 펼치고 우아하게 춤을 춥니다.

'꿈속에서라도 보고 싶었던' 해오라비난초를 드디어 만났습니다.

호박꽃이든 그 어떤 꽃이든 순위를 매길 수 없는 저만의 고유한 아름다움이 있다고 남들에게 말하고 나도 그렇게 믿으려 애써왔건만, 순간적으로 혼이 빠질 만큼 황홀한 해오라비난초의 만개한 꽃을 보는 순간, '이 세상에 이보다 더 예쁜 꽃은 없다. 최고!'라고 단언했습니다.

학명은 *Habenaria radiata* (Thunb.) Spreng. 난초과의 여러해살이풀. 멸종위기종 2급

한여름 그늘 한 점 없는 습지에서 순백의 꽃이 수직으로 쏟아지는 태양열을 온몸으로 되받아칩니다. 지독하게도 여름을 좋아하고, 당당하게 여름을 이겨내는 멋진 꽃입니다. 그러나 그 지독한 폭염도 맞서 이겨내건만, 사람의 손길과 발길만은 당하지 못합니다.

몇 해 전 그토록 큰 기쁨을 선사했던 자생지를 가보았습니다. 꽃을 단 한 송이도 보지 못했습니다. 자칫 잘못하다가는 '꿈속에서도 만나고 싶소'라는 꽃말처럼 꿈속에서나 만나게 되지 않을까 두렵습니다.

백로과의 새인 해오라기(해오라비는 경상도 사투리)를 닮았다고 해서 해오라비난초라 불렸을 텐데, 머리와 등이 검고 통통한 해오라기보다는 온몸이 희고 날렵한 백로가 더 어울리지 않을까 생각합니다. 국제적으로도 세계자연보전연맹(IUCN)이 국가 단위 멸종위기종 A급으로 분류하고 있습니다.

니콘 D800　105mm　F5　1/2000초　노출보정 −0.5EV　ISO 100

니콘 D800　105mm　F5　1/800초　노출보정 −1.0EV　ISO 250

니콘 D800　105mm　F 4　1/1000초　노출보정 −0.5EV　ISO 250

👣 어디 가면 만날 수 있나

눈으로 본 자생지는 경기도 수원·안산·화성 등 3개 시에 걸쳐 있는 칠보산이다. 해발 238m로 낮고 작은 산이지만, 이 골 저 골에 멸종위기종 해오라비난초 자생지가 집중돼 있는 생태계의 보고다. 수원 호매실동, 화성 천천리, 안산 사사동 쪽 습지대를 살피면 만날 수 있다. 2012년 많은 개체가 발견되었던 사사동 쪽 자생지는 무분별한 발길과 후속 이주 보전 대책으로 거의 절멸되었다. 2013년엔 화성 일광사 부근에서 몇몇 개체가 꽃을 피워 겨우 명맥을 유지했다. 과도한 관심과 발길이 해오라비난초뿐 아니라 끈끈이주걱 등 다른 습지식물의 생태도 위협한다는 점에서 각별한 주의가 요구된다.

108 | 8월 16일
바위에 떠억 붙어 피는 성냥개비꽃

바위떡풀

'바위에 떠억 붙어 있다'고 해서 바위떡풀이라는 이름이 붙었다는 우스갯소리를 듣는 꽃입니다. 수술이 '유엔 성냥'을 꼭 닮아서 성냥개비꽃이라고도 부릅니다.

깊은 산 응달진 곳 습한 바위 여기저기에 제멋대로 붙어서 아주 작은 꽃을 피우기 때문에 우선 포즈 취하기가 쉽지 않습니다. 한 줄기 실바람에도 이리저리 살랑거리는 꽃을 향해 수없이 '동작 그만!'을 외쳐보지만 별무소용입니다. 게다가 응달이어서 빛이 부족한 데다 발 디디기도 마땅치 않아 위험천만한 곡예를 한답니다.

어렵게 얻은 만큼 더없이 앙증맞고 깜찍하게 기억되는 꽃입니다. 촌스런 이름과 달리 그 꽃은 초일류 조각가의 작품에 견줘 조금도 뒤지지 않을 만큼 정교하고 화려합니다.

최근 환경친화적으로 짓는 일부 아파트 단지 화단에 비슷한 꽃을 심는데, 봄철 피는 원예종 바위취로 자연산 바위떡풀과는 다른 꽃입니다.

캐논 EOS 350D | 60mm | F2.8 | 1/800초 | 노출보정 −1.0EV | ISO 800

학명은 *Saxifraga fortunei* var. *incisolobata* (Engl. & Irmsch.) Nakai. 범의귀과의 여러해살이풀

📷 캐논 EOS 350D 🚩 60mm 🔘 F 2.8 ⏱ 1/2000초 노출보정 -2.0 EV ISO 100

📷 캐논 EOS 350D 🚩 60mm 🔘 F 2.8 ⏱ 1/800초 노출보정 -1.7 EV ISO 100

📷 캐논 EOS 350D 60mm F 2.8 1/1000초 노출보정 -1.0EV ISO 200

👣 어디 가면 만날 수 있나

참바위취 · 바위솔 등 바위틈에서 피는 여느 꽃들보다 비교적 쉽게 만날 수 있다. 설악산 흘림골과 경기도 가평 화악산, 경북 청송 주왕산 등지에서 담았다.

109 8월 17일
땡땡이 무늬 아로새겨진 청화백자

네귀쓴풀
-자주쓴풀/쓴풀

여름 가야산 정상 능선을 따라 명품 청화백자가 헤아릴 수도 없을 만큼 지천으로 널렸습니다. 누구든 정상에 오르기만 하면 입맛대로 코발트블루의 땡땡이 무늬가 아로새겨진 도자기를 담을 수 있습니다. 청아한 청화백자가 무더기로 우뚝 서서 가야산 일대 산야를 굽어보는 절경을 만날 수 있습니다.

제 아무리 삼복더위가 기승을 부린다 해도 코발트블루에 담겨온 푸른 바람을 이길 순 없을 것입니다.

쓴풀·대성쓴풀·개쓴풀·자주쓴풀·흰자주쓴풀·큰잎쓴풀·점박이 큰잎쓴풀 등 국내에 자생하는 용담과 쓴풀 가운데 가장 돋보이는 미모를 자랑합니다.

줄기 하나마다 백여 송이에 가까운 자잘한 꽃송이를 달고 있는 네귀쓴풀. 꽃송이마다 사람의 귀를 닮은 꽃잎이 넉 장씩 달렸다고 해서 네귀쓴풀이란 이름을 얻었습니다.

일견 보잘것없어 보이는 작은 꽃이지만, 자세히 들여다보면 천하 명품 청화백자를 닮은 꽃잎이 눈에 들어오는 그런 꽃입니다.

니콘 D800 19mm F16 1/1600초 노출보정 0EV ISO 1250

학명은 *Swertia tetrapetala* (Pall.) Grossh. 용담과의 한해살이 또는 두해살이풀

니콘 D800　105mm　F7.1　1/2500초　노출보정 −1.0EV　ISO 200

👣 어디 가면 만날 수 있나

경남 합천 가야산에서 만났다. 해인사에서 가야산 정상에 오르는 코스와 경북 성주군 수륜면 백운리에서 오르는 코스가 있다. 야생화 탐사에는 백운리 코스가 더 많이 이용된다. 백운동 탐방지원센터를 출발해 서성재를 거쳐 칠불봉~상왕봉 전망대~우두봉까지 왕복하면 된다. 서성재까지 오르는 길도 오른쪽 용기골 코스와 왼쪽 만물상 코스로 나뉜다. 왼쪽 만물상 코스는 운이 좋으면 중간에 구름병아리난초를 볼 수도 있다는데 다소 험하다. 네귀쓴풀을 만나려면 서성재를 지나 칠불봉 가까이 올라가야 한다.

자주쓴풀

학명은 *Swertia pseudochinensis* H.Hara. 용담과의 두해살이풀

곰의 쓸개는 웅담, 상상 속 동물인 용의 쓸개는 용담. 둘의 공통점은 아마도 '쓰다'일 것입니다. 왜냐하면, 쓸개는 쓰니까요. 용담과인 데다 이름에 '쓰다'는 말까지 들었으니 당연히 뿌리는 물론 식물 전체가 강한 쓴맛을 띱니다.

석양빛을 받아 투명한 붉은색을 발하는 자주쓴풀이 비로소 '자주'란 이름값을 합니다. 평상시 평범한 연보라색이어서 왜 '자주'라 했는지 궁금했는데 답을 얻은 기분입니다.

니콘 D800　105mm　F11　1/250초　노출보정 -2.0EV　ISO 200

캐논 EOS 350D　60mm　F3.5　1/100초　P 모드　노출보정 -0.7EV　ISO 200

👣 어디 가면 만날 수 있나

강원도 평창군 대화면 대덕사 계곡에서 만났다.

쓴풀

학명은 *Swertia japonica* (Schult.) Griseb. 용담과의 한해살이 또는 두해살이풀

가끔은 예기치 않은 만남으로 큰 기쁨을 누립니다. 쓴풀도 그렇게 만났습니다.

깊어가는 가을, 구절초를 만나러 간 높은 산 정상 풀밭에 손톱 크기만 한 자잘한 흰 꽃송이들이 보입니다. 영락없이 쓴풀인데, 그간 봐온 자주쓴풀이나 네귀쓴풀과 달리 꽃이 하얗습니다. 게다가 늦가을까지 핍니다. 알고 보니 접두사 없는 그냥 쓴풀입니다. 전국 각처에 자란다고 하는데, 아무래도 남쪽 지방이 주 자생지인 듯 싶습니다.

어디 가면 만날 수 있나

경남 합천 황매산에서 만났다.

니콘 D800 | 105mm | F5 | 1/640초 | 노출보정 −1.0EV | ISO 125

110 8월 17일
멀리, 높이 가야 만나는 산꽃

산오이풀

　낮 최고 기온이 36~37도까지 오른다는 대구·경북 지역. 살인적인 불볕더위 속에 그 지역의 해발 1400m 넘는 산을 올라야 한다는 말에 고개를 내젓습니다.
　"이 더위에 무슨 부귀영화를 보겠다고…."
　그렇지만 '끝없는 연봉에 파란 하늘, 그리고 붉디붉은 산오이풀… 더없이 멋진 풍광이 기다리고 있다'는 유혹을 떨치지 못합니다.
　"그래, 가자! 한 살이라도 젊을 때 가자. 후회하지 말고…."
　그렇게 해서 만난 가야산 정상의 산오이풀입니다. 기록적인 폭염도 물리친 산오이풀 진홍색 꽃입니다. 백문이 불여일견이라고, 백 마디 말보다 눈으로, 마음으로 감상하시기 바랍니다. 산에 피는 꽃이 다 '산꽃'이련만, 굳이 뫼 '산(山)' 자가 붙은 까닭은 무엇일까? 늘 궁금하던 차에 답을 얻었습니다.

니콘 D800　22mm　f16　1/100초　노출보정 -0.5EV　ISO 200

학명은 *Sanguisorba hakusanensis* Makino. 장미과의 여러해살이풀

캐논 EOS 350D　60mm　F2.8　1/3200초　노출보정 -2.0EV　ISO 100

   같은 산이라도 높낮이가 다르고 풍기는 느낌이 다르듯, 다 같이 산에 피는 꽃이라도 더 빼어난 게 있을 수밖에 없고, 그런 꽃에 '산' 자를 붙인다고… 우문우답이겠지요. 오이풀은 앞산 뒷산 골골에서 흔히 만나지만, 산오이풀은 설악산이든 덕유산이든 멀리, 높이 찾아가야 만날 수 있습니다.

   산이 높으니 잠자리도 많아 산오이풀이 온통 잠자리들의 놀이터가 되고 있더군요. 게다가 같은 하늘이되 시시각각 먹구름이 드리웠다 사라지니 사진마다 배경색도 달라집니다.

👣 어디 가면 만날 수 있나

   네귀쓴풀과 함께 합천 가야산에서 담았다. 산오이풀 역시 서성재를 지나 칠불봉이 시작되는 능선에 올라야 펼쳐진다. 경남 함양 남덕유산에서도 정상과 서봉 사이 능선에서 만났다.

111 8월 21일
바위에 아슬아슬 엉겨 붙어 천년

난쟁이바위솔

난쟁이 : 줄기와 잎 · 꽃대 · 꽃까지 다 더해도 10cm 안팎에 불과하다.
바위 : 깊고 높은 산 바위에 뿌리내리고 산다.
솔 : 잎 모양이 솔잎과 거의 흡사하다.
난쟁이바위솔이란 이름의 유래는 이처럼 단순 명료합니다.
태풍이 상륙한 날 보잘것없어 보이는 난쟁이바위솔이 난데없이 생각납니다.
큰 나무가 뿌리째 뽑히고, 많은 시설물이 쓰러지고 넘어지고 부서지는 천재지변을 보니, 난쟁이바위솔이 얼마나 늠름한지 새삼 알 것 같습니다.
바위에 아슬아슬하게 엉겨 붙어 있던 난쟁이바위솔. 그 어떤 태풍도 이겨내고 가을을 맞이하리라 믿습니다.

캐논 EOS 350D 60mm F2.8 1/125초 노출보정 -1.7EV ISO 100

학명은 *Meterostachys sikokiana* (Makino) Nakai. 돌나물과의 여러해살이풀

캐논 EOS 350D　60mm　F2.8　1/4000초　노출보정　-2.0EV　ISO 100

캐논 EOS 350D　60mm　F2.8　1/320초　노출보정　-2.0EV　ISO 800

어디 가면 만날 수 있나

경기도 가평 화악산 중봉과 경남 함양 남덕유산 정상에서 만났다.

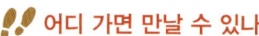

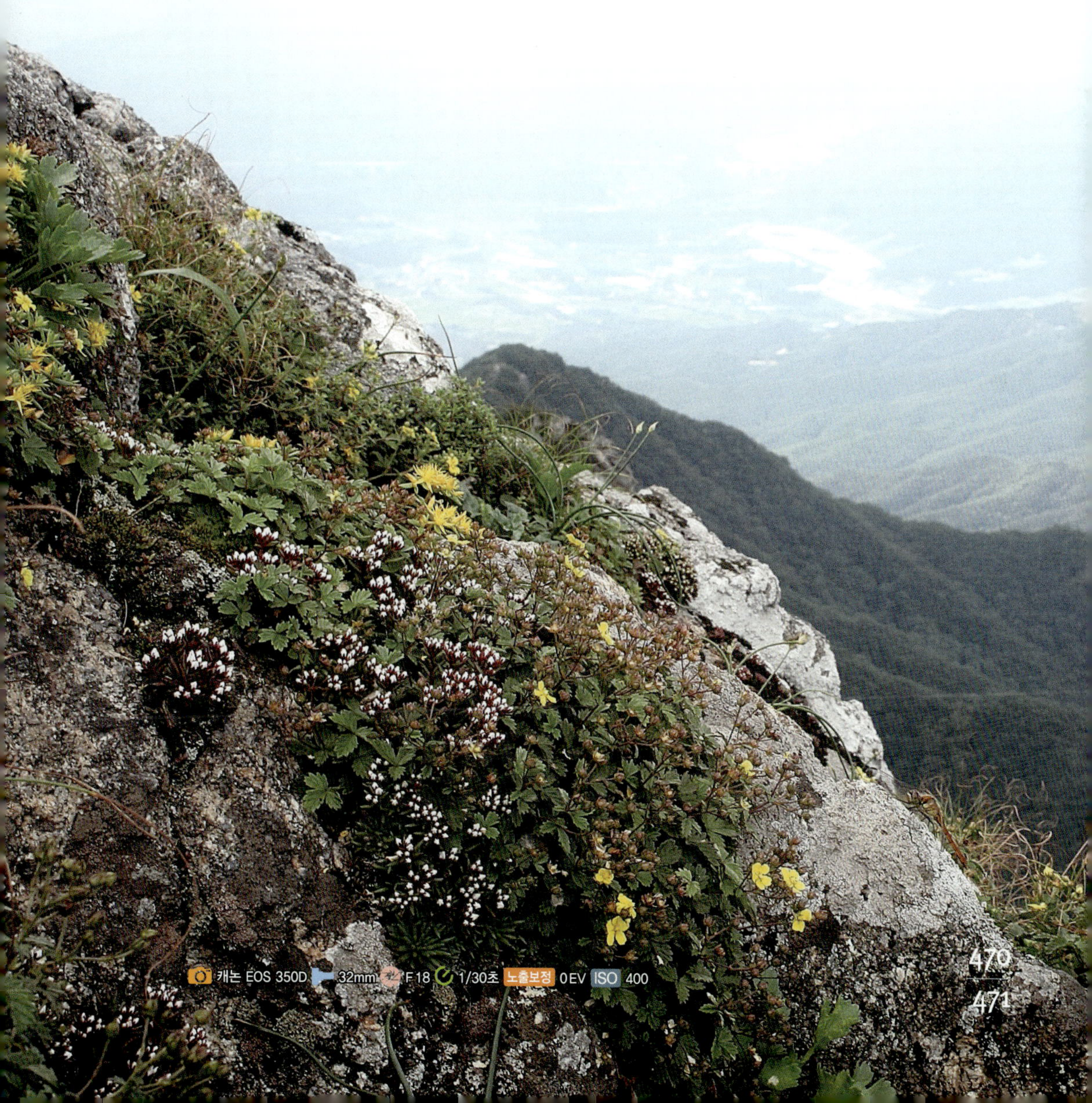

캐논 EOS 350D 32mm F18 1/30초 노출보정 0EV ISO 400

112 8월 24일
뽀송뽀송 솜털 난 어린아이 같은 연꽃

어리연꽃
-노랑어리연꽃

　산으로 들로 산꽃·들꽃을 찾아 나섰더니, 연못에도 꽃이 있다고 소리칩니다. 물속에도 예쁜 어리연꽃이 있다고 소리칩니다.
　어리바리한 꽃이 있다는 소리 없는 아우성에 차를 세우고 찬찬히 들여다보니, 정말 요정같이 생긴 하얗고 노란 꽃이 피어 있습니다.
　연못이나 저수지 등 물속에서 자라기는 하되, 크고 화려한 연꽃에 비해 꽃도 잎도 작고 수수하기에 어리다는 뜻의 '어리'를 이름에 갖다 붙였나 봅니다.
　분류학적으로는 수련과에 속하는 연꽃과는 전혀 다른 조름나물과에 속합니다. 그래도 수련이나 연꽃과 비슷하고, 서식하는 곳도 물속이어서 이름의 절반을 연꽃이라 부릅니다. 전체적으로는 하얗지만 중심부는 노란 꽃잎의 특징을 따서 금은련이라고도 합니다.
　노란 꽃이 피는 노랑어리연꽃과 이웃사촌이지만, 꽃색은 물론 피는 시기도 다소 다릅니다. 흰 어리연꽃이 한여름 무더위 속에 피는 데 반해, 노랑어리연꽃은 봄부터 여름까지 개화시기가 상대적으로 깁니다.
　30도를 훌쩍 넘는 무더위에 칼날처럼 쏟아지는 햇살을 온몸으로 받으며 탐스럽게 피어나는 어리연꽃도 대단하지만, 역시 볕 가리개 하나 없이 활짝 열린 연못가에 엎드려 어리연꽃을 담는 나도 대단하다 생각했던 순간입니다.

니콘 D800　105mm　F5.6　1/1000초　노출보정 +0.5EV　ISO 100

학명은 *Nymphoides indica* (L.) Kuntze. 조름나물과의 여러해살이 수생 관엽 관화식물

어디 가면 만날 수 있나

경기도 수원 칠보산에서 해오라비난초를 보고 오던 길에 화성시 매송면 어천리 어천저수지에서 만났다.

노랑어리연꽃

학명은 *Nymphoides peltata* (J.G.Gmelin) Kuntze. 조름나물과의 여러해살이 수생식물

캐논 EOS 350D ▶ 55mm ▶ F5.6 ▶ 1/800초 ▶ 노출보정 -2.0EV ▶ ISO 100

캐논 EOS 350D ▶ 60mm ▶ F3.2 ▶ 1/2500초 ▶ 노출보정 -2.0EV ▶ ISO 100

113 8월 25일
이 땅 며느리들의 수난사

며느리밑씻개

처음 이름을 들었을 때 설마 했습니다. 다 자란들 겨우 엄지손가락만 한 이파리는 물론, 줄기를 포함한 전신이 온통 가시투성이인 풀을 '밑씻개'로 쓴다니…. 그것도 며느리밑씻개라니….

그 누구보다 힘든 사정을 잘 알고 있을 시어머니가 같은 여자로서 감싸주지는 못할망정, 한 많은 여자의 인생을 살아가야 할 며느리에게 그토록 못된 마음을 먹는다니… 심한 학대를 하다니… 하고 흥분했습니다.

오뉴월 뙤약볕에 뒷산 숲이든 들이든 어디서든 잘 자라는 며느리밑씻개가 오늘의 주인공입니다. 화장지는 물론 종이조차 흔치 않던 시절, 밑씻개로 볏짚이나 여린 풀잎 등을 사용한 건 어쩔 수 없는 선택이었습니다. 그렇다고 해서 어린 호박잎이나 뽕잎처럼 넓적한 것도 아닌, 가시투성이 풀을 '며느리 너나 쓰라'며 며느리밑씻개로 불렀다니, 잊지 말고 두고두고 반성해야 할 부끄러운 과거가 아닌가 싶습니다.

개불알꽃을 복주머니란으로 바꿔 부른 뒤 복에 환장한 이들이 마구잡이로 캐가는 게 아닌가 싶어 못마땅한 게 솔직한 심정입니다. 해서 며느리밑씻개만은 어쭙잖게 개명되지 않고 길이길이 살아남아 이 땅 며느리들의 수난사를, 시어머니들의 학대사를 생생하게 증언하고 고발하기를 기원합니다.

그런데 고약한 이 이름이 사실은 일본인들이 붙인 것이라는 주장이 있습니다. 일본에서는 같은 식물을 '의붓자식밑씻개'라 부르는데, 우리의 며느리 학대 사연처럼 의붓자식을 미워해 이 풀로 밑을 닦으라고 한 데서 유래했다고 합니다. 일제강점기 일본 식물학자들이 우리 정서에 맞춰 의붓자식을 며느리로 바꿔 이름을 지었다는 해석입니다.

캐논 EOS 350D | 60mm | F2.8 | 1/400초 | 노출보정 −1.0EV | ISO 100

학명은 *Persicaria senticosa* (Meisn.) H.Gross ex Nakai.
마디풀과의 덩굴성 한해살이풀

니콘 D800 105mm F4 1/500초 노출보정 -2.0EV ISO 250

캐논 EOS 350D 60mm F2.8 1/640초 노출보정 -2.0EV ISO 100

👣 어디 가면 만날 수 있나

굳이 산을 오르지 않아도 만날 수 있다. 등산로 초입에도 있고, 민가 주변 들길이나 도심 공원에서도 볼 수 있다. 사진은 경북 영덕군 달산면 주응리 팔각산 등산로 초입에서 담았다.

니콘 D800 | 105mm | F4.5 | 1/250초
노출보정 -3.0EV | ISO 250

114 8월 25일
키 작은 나무에 둘둘 감긴 귀부인 목걸이

계요등

늦여름 번갯불에 콩 구워 먹듯 다녀온 1박2일 남해 여행에서 계요등(鷄尿藤)을 만났습니다.

한자 이름대로 풀이하면 '닭 오줌 냄새가 나는 등나무'라고 할까요. 실제 잎과 꽃에서 닭똥 같은 냄새가 나긴 합니다. 그렇지만 꽃 생김새는 가까이서 보나 멀리서 보나 귀부인의 우아한 목걸이를 연상시킵니다.

남해 끝 예쁜 미조항을 둘러싼 야트막한 언덕배기, 크고 작은 바위와 키 작은 나뭇가지를 칡넝쿨처럼 타고 다니며 줄지어 꽃을 피우는 계요등이 오래오래 기억에 남습니다.

속명 'Paederia'는 악취(paidor)라는 라틴어에서 따온 것으로, 전초에서 독특한 냄새가 나는 특징을 잘 반영하고 있습니다.

👣 **어디 가면 만날 수 있나**

경남 남해 미조항 부근에서 담았다. 충청 이남에 자란다고 해서 역시 남해까지 가야 하는구나 생각했는데, 서울 남산 산책로에서도 만났다.

학명은 *Paederia scandens* (Lour.) Merr. var. *scandens*.
꼭두서니과의 덩굴성 여러해살이풀

115 8월 26일
어린 순은 산나물, 꽃피면 야생화

곰취 -참나물

학명은 *Ligularia fischeri* (Ledeb.) Turcz. 국화과의 여러해살이풀

새벽 산을 오르다 아침 햇살에 빛나는 황금색 꽃을 만났을 때, 먼저 우리 야생화 중에도 이렇게 크고 화려한 꽃이 있다니 하고 놀랐습니다. 가까이 가서 그 잎을 보고는, 아주 잘 아는 식물이어서 또 한 번 놀랐습니다. 그러고는 '아! 내가 참 몹쓸 짓을 많이도 했구나' 하고 반성했습니다.

바로 봄철 너나없이 보는 족족 따는 곰취입니다. 가만 내버려두면 그 잎이 보름달만큼 풍성하게 자라 숲을 감싸고, 꽃대는 초등학생 키만큼이나 솟아 황금색 꽃을 피워 숲을 환하게 밝히는 것을….

어디 가면 만날 수 있나

조금 높은 산에 가면 어디서나 볼 수 있다. 나물로 인기가 높아 보는 족족 채취되기 때문에 없는 것처럼 생각될 뿐이다. 경기도 양평 용문산, 강원도 인제 대암산, 경남 함양 남덕유산 등 높은 산에서 만났다.

캐논 EOS 350D | 60mm | F2.8 | 1/2000초 | 노출보정 -1.0EV | ISO 200

참나물

학명은 *Pimpinella brachycarpa* (kom.) Nakai. 산형과의 여러해살이풀

꽃 사진을 찍으면서 반가운 일 중 하나가, 그저 산나물로만 알던 우리의 토종식물들을 만나고, 그것들이 피운 정겨운 꽃들을 하나하나 알아가는 것이었습니다. 그중 하나, 늦여름 밤하늘에 빛나는 별처럼 무수히 많은 꽃을 하얗게 피우는 게 바로 나물 중의 나물, 참나물이라니….

어디 가면 만날 수 있나

전국의 높은 산 그늘진 곳에서 잘 자란다. 사진은 경기도 양평 용문산 중턱에서 담았다.

캐논 EOS 350D　60mm　F2.8　1/400초　노출보정 -2.0EV　ISO 800

116   8월 27일
설탕가루 반짝반짝 빛나는 하얀 눈깔사탕

돌바늘꽃
-분홍바늘꽃

꽃이 핀 뒤 수정이 이뤄지면 그 자리에 가늘고 긴 바늘 모양의 씨방(자방)이 달린다고 해서 바늘꽃이라는 이름을 얻었습니다.

특히 돌바늘꽃은 꽃 정중앙에 자리 잡은 암술머리가 둥근 공 모양을 하고 있습니다. 설탕가루를 덧씌운 듯 반짝반짝 빛나는 암술머리는 돌보다는 순백의 진주, 적어도 먹음직스러운 하얀 눈깔사탕을 닮아 보입니다.

꽃의 전체 크기는 1cm에 불과할 정도로 아주 작습니다.

👣 어디 가면 만날 수 있나

경기도 가평 화악산에서 만났다. 화악터널 주변에 차를 세우고 중봉을 목표로 군사도로를 따라 한 시간 정도 산행을 하면 오른편 길섶에 보이기 시작한다. 이후 중봉 가까운 등산로 주변에 많이 자생한다.

학명은 *Epilobium cephalostigma* Hausskn. 바늘꽃과의 여러해살이풀

분홍바늘꽃

학명은 *Epilobium angustifolium* L. 바늘꽃과의 여러해살이풀

 백두산에서 찍은 분홍바늘꽃입니다. 뾰족한 바늘 모양의 씨방이 없었다면 같은 과, 같은 속 식물이라는 생각을 하지 못할 정도로 화려합니다.

 돌바늘꽃은 전초가 50cm 안팎에 그치지만, 분홍바늘꽃은 1m를 훌쩍 넘는 큰 키를 자랑합니다. 꽃도 두세 배 정도 크고, 색도 훨씬 짙은 분홍색입니다.

 북방계 고산성 식물로 남한에도 오대산 · 설악산 등 강원도 산악 지대에 널리 자랐으나 지금은 거의 사라지고 함백산 등에 일부 자생지가 남아 있습니다.

캐논 EOS 350D | 60mm | F2.8 | 1/320초 | 노출보정 −1.0EV | ISO 800

117 8월 27일
가던 길 멈춰 서서 뒤돌아보게 하는

닻꽃

높은 산 정상에 휘날리는 숱한 닻들을 보며, 그토록 '위대했던' 여름도 이제 얼마 남지 않았음을 실감합니다. 이제 며칠만 지나면 봄부터 여름까지 달려온 긴 여정이 닻을 내리고, 길고 긴 겨울의 정주에 들어갈 것임을 꽃들이 먼저 알아차립니다.

한여름 뙤약볕에서도 겨울이 다가오고 있음을, 또 한 해가 가고 있음을 실감하게 하는 묘한 꽃, 바로 닻꽃입니다.

참으로 많은 것을 생각하고 상상하게 합니다. 사공이 많으면 배가 산으로 간다더니 정말로 배가 산에 정박한 것일까? 달마가 동쪽으로 간 까닭이 있듯, 닻이 산으로 온 까닭은 무엇일까?

캐논 EOS 350D | 20mm | F13 | 1/640초 | 노출보정 −1.0EV | ISO 200

학명은 *Halenia corniculata* (L.) Cornaz.
용담과의 한해살이 또는 두해살이풀. 멸종위기종 2급

"이것은 소리 없는 아우성 / 저 푸른 해원을 향하여 흔드는 / 영원한 노스탤지어의 손수건."

깃발 하나를 보고 이런 시를 남긴 유치환 선생이 온 산에 널린 닻을 보았다면 무슨 생각을 했을까?

꽃의 모양이 배를 정박시킬 때 사용하는 닻을 닮았다고 해서 닻꽃으로 불리는데, 실제로 보면 더 실감이 납니다.

👣 어디 가면 만날 수 있나

8월 말 경기도 가평 화악산은 금강초롱꽃·닻꽃·돌바늘꽃 등 희귀 야생화의 보고다. 화악터널 주변에 차를 세우고 중봉 방향으로 군사도로를 따라 30여 분 정도 오르면 양편 길섶에 나타나기 시작한다. 이후 중봉 바로 밑 지점까지 드문드문 만날 수 있다.

캐논 EOS 350D | 60mm | F2.8 | 1/4000초 | 노출보정 −1.0EV | ISO 100

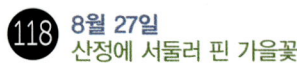

8월 27일
산정에 서둘러 핀 가을꽃

까실쑥부쟁이

　산 타기 좋은 계절이 오고 있습니다. 산길을 오르며 개미취·쑥부쟁이·구절초·참취·산국 등 들국화라는 이름으로 통칭되는 가을꽃들과 반갑게 조우하는 시절이 오고 있습니다.

　그중에서 이파리가 쑥을 닮은 쑥부쟁이는 여름부터 늦가을까지 가장 흔하게 피는데, 그 종류가 개쑥부쟁이·미국쑥부쟁이·가는쑥부쟁이·갯쑥부쟁이 등 여럿 됩니다.

　헌데 잎이 쑥을 닮지도 않았고, 만지면 까실까실한 느낌이 나서 '까실'이란 머리가 붙은 까실쑥부쟁이는 꽃봉오리가 보라색이나 자주색으로 맺혔다가 활짝 벌어지면서 점차 색이 옅어지는데, 그 색감이나 모양이 여간 귀티 나는 게 아니랍니다.

　동이 트는 이른 새벽, 산정에서 만난 까실쑥부쟁이의 고고함을 느껴보시기 바랍니다. 깔끔취 또는 곰의수해라고도 부릅니다.

니콘 D800　16mm　F18　1/125초　노출보정 -1.5EV　ISO 400

학명은 *Aster ageratoides* Turcz. 국화과의 여러해살이풀

캐논 EOS 350D | 60mm | F 2.8 | 1/1000초 | 노출보정 −0.7 EV | ISO 100

캐논 EOS 350D | 60mm | F 7.1 | 1/2000초 | 노출보정 +0.3 EV | ISO 400

어디 가면 만날 수 있나

경기도 가평 화악산에서 만났다. 등산로 초입에도 있지만, 한 시간 이상 올라야 장쾌한 전망을 함께 담을 수 있다.

119 8월 29일
실룩실룩 하늘로 올라가는 오리 떼

흰진범 -진범

    볼 때마다 이름의 유래가 궁금하고, 그 뜻이 무엇일까 갸우뚱하게 만드는 꽃. 바로 진범입니다.

    햇살은 한여름 못지않게 따갑지만, 하늘만은 특유의 파란색을 찾아가는 시절 피어나는 꽃입니다. 가짜 범인도 아닌 진짜 범인이라니…. 무슨 죄를 짓고 산으로 도망쳤나 묻고 싶은 꽃. 한데 그 이름이 본인의 죄가 아니라, 사람의 무지(?)로 그렇게 되었답니다.

    꽃 모양이 중국 진(秦)나라의 작은 짐승 모양(艽, 봉)을 닮았다고 해서 진봉(蓁艽)이라고 했는데, 훗날 사람들이 한자 '봉(艽)'을 초두(艹) 없는 무릇 '범(凡)'으로 잘못 읽었다는 것이지요.

    어찌됐건 오리들이 떼를 지어 실룩실룩 하늘로 올라가는 형상을 한, 귀엽고 앙증맞은 초가을꽃입니다.

    처음엔 한 쌍의 원앙이 그네를 타는 듯 다정한 모습이 참으로 인상적이었습니다. 그 후엔 한 가닥 그넷줄에 옹기종기 매달려 있는 게 보면 볼수록 귀엽고 깜찍하고 신기합니다. 얼핏 작고한 코미디언 이주일 선생이 '오리 궁둥이'를 실룩거리며 걷는 것도 같고, 막 태어난 강아지들이 한데 엉켜 젖 달라고 보채는 것도 같고….

    색이 곱고 예쁜 꽃일수록 가시가 있듯, 유독성 특산식물입니다.

    우리나라 각지에서 흔히 볼 수 있는데, 꽃이 흰 것은 흰진범, 연한 자주색이면 진범으로 분류됩니다. 꽃 색깔 외에는 거의 차이가 없습니다. 다만 지역적으로 경기도 양평·가평, 강원도 오대산에서는 흰진범만 만났습니다. 강원도 평창·양구 등지에서는 진범을 봤습니다.

캐논 EOS 350D　60mm　F2.8　1/800초　노출보정 −1.0EV　ISO 200

학명은 *Aconitum longecassidatum* Nakai. 미나리아재비과의 여러해살이풀, 특산식물

캐논 EOS 350D 　60mm　F3.2　1/2000초　노출보정 −1.0EV　ISO 200

니콘 D800　105mm　F3.2　1/640초　노출보정 −2.0EV　ISO 320

진범

학명은 *Aconitum pseudola eve* Nakai. 미나리아재비과의 여러해살이풀

👣 **어디 가면 만날 수 있나**

경기도 가평 화악산 등산로에서 흔하게 만날 수 있다. 경기도 양평 용문산, 강원도 평창 대덕사 계곡, 양구 도솔산 등지에서도 담았다.

120 9월 1일
한국 특산식물을 대표하는 야생화의 제왕

금강초롱꽃
-흰금강초롱꽃

　세세연년 피는 꽃, 지금 만나는 꽃이 지난해 본 것과 다를 바 있 겠냐만, 볼수록 새롭고 볼수록 더 반가운 건 왜일까요.

　지긋지긋하던 비가 물러나자 늦더위, 파란 하늘과 함께 금강초 롱꽃이 어느덧 곁에 와 있습니다. 군더더기 설명이 필요 없는 꽃, 야생화의 제왕 금강초롱꽃입니다.

　일정한 지역에만 서식하는 그 지역의 고유 식물을 이른바 특산 식물이라 합니다. 당연히 우리나라에만 자라는 특산식물이 있는 데 현재 모두 400종에 이르는 것으로 알려져 있습니다. 그중 가 장 대표적인 특산식물이 바로 금강초롱꽃입니다.

　금강초롱꽃속에는 다시 금강초롱꽃·흰금강초롱꽃·검산초롱 꽃 등 3종이 있는데, 모두 우리나라에만 자생합니다. 설악산·오 대산·태백산 등 중북부 이상의 높은 산에서 만날 수 있고, 색감 이 진하기로는 화악산 금강초롱꽃을 최고로 칩니다.

　흰금강초롱꽃을 만날 수 있는 곳으로는 설악산과 오대산을 꼽 습니다. 특히 설악산 금강초롱꽃은 웅장한 산세를 닮아 장쾌하고 기기묘묘한 맛을 느끼기에 단연 최고라고 꼽을 만합니다.

　일제가 강점한 것은 우리 강토뿐이 아닙니다. 한발 앞서 근대 학문을 받아들인 일본인들이 한반도의 식물을 채집, 연구해 1867

니콘 D800　22mm　F18　1/100초　노출보정 0EV　ISO 250

학명은 *Hanabusaya asiatica* (Nakai) Nakai. 초롱꽃과의 여러해살이풀. 특산식물

년 제정된 국제식물명명규약(ICBN)에 따른 학명을 제멋대로 선점하고 강점했습니다. 그 대표적인 사례 중 하나가 바로 금강초롱꽃입니다.

  일제강점기 한반도의 식물을 본격적으로 조사, 연구했던 나카이 다케노신은 1911년 세계적인 특산종 금강초롱꽃을 발견한 뒤 한반도에서 자신의 활동을 적극적으로 후원했던 초대 일본공사 하나부사 요시타다의 공을 기린다며 학명의 속명으로 그의 이름인 하나부사(Hanabusaya)를 가져다 붙였습니다. 맨 뒤 명명자에는 당연히 자신의 이름 나카이(Nakai)를 썼습니다.

  일제 식민 지배의 슬픈 역사가 식물 이름에 고스란히 남아 있는 셈입니다.

니콘 D800 | 105mm | F3.5 | 1/640초 | 노출보정 −2.0EV | ISO 200

니콘 D800 | 105mm | F4.5 | 1/1000초 | 노출보정 −2.0EV | ISO 400

캐논 EOS 450D | 55mm | F11 | 1/200초 | MODE P 모드 | 노출보정 0EV | ISO 200

👣 어디 가면 만날 수 있나

경기도 가평 화악산, 양평 용문산 그리고 강원도 설악산 등이 금강초롱꽃으로 이름난 산들이다. 그 어느 곳이든 몇 발짝 걸어서 만날 수 있는 꽃이 아니다. 금강초롱꽃을 만나는 날은 아예 본격적으로 등반할 작정으로 나서는 게 좋다.

📷 캐논 EOS 450D　24mm　F8
1/400초　노출보정 +1.7EV　ISO 200

흰금강초롱꽃

학명은 *Hanabusaya asiatica* f. *alba* T.B.Lee. 초롱꽃과의 여러해살이풀

계절의 변화는 어김없습니다. 무더위가 제아무리 기승을 부려도 가을은 옵니다. 가을이 코앞에 왔다고, 성큼 다가오고 있다고 가을의 전령사 금강초롱꽃이 온몸으로 말을 합니다.

신토불이 우리 꽃, 언제 보아도 기품이 넘치는 특산식물입니다. 그런 금강초롱꽃에도 고고한 흰색이 있다기에 찾아갔습니다.

고산 숲에서 보았을 땐 분명 흰색이었는데, 컴퓨터 화면에 띄워 살펴보니 흰 듯하지만 온몸에 금강초롱꽃 고유의 연보랏빛이 감돕니다. 꽃받침 부위에 보다 진하게, 그리고 호롱불 모양의 꽃 속을 들여다보니 꽃잎 혈관에 보다 진하게 금강초롱꽃의 색이 남아 있습니다.

그렇습니다. 백자 같은 흰색이 아닌들 어떻습니까? 금강초롱꽃 본연의 색을 잃어버리지 않은 흰금강초롱꽃이기에 더 사랑스러운 걸 어쩌겠습니까?

👣 어디 가면 만날 수 있나

강원도 평창 오대산에서 만났다. 상원사 주차장에서 북대로 오르는 임도를 따라 올라가다 상왕봉 등산로로 들어서면 좌우 숲에서 만날 수 있다.

니콘 D800　105mm　F4.5　1/500초　노출보정 -1.5EV　ISO 320

니콘 D800　105mm　F5.6　1/100초　노출보정 0EV　ISO 320

121　9월 1일
한여름 설악산 능선을 하얗게 수놓는
바람꽃

　이런 걸 분명 '망외의 소득'이라 하겠지요. 난데없는 작은 행운에 '웬 떡이야?' 하며 반기듯, 아주 우연히, 생각지도 않게 바람꽃을 만났습니다.

　위험천만한 절벽에 달라붙은 설악의 금강초롱꽃에 아침 햇살이 들기를 기다리다. '노느니 장독 깬다'는 기분으로 조금만 더, 조금만 더 하며 산을 오르니 집채만 한 바위 틈새에 미처 지지 않은 바람꽃 몇 송이가 반갑게 인사를 합니다.

　6월 중순부터 피기 시작해 7월 말이면 거개가 진다고 해서 '올해도 만나기는 틀렸구나. 내년엔 기필코 대청봉에 올라 한여름 설악의 산줄기를 하얗게 수놓는 바람꽃을 만나리라' 작정하고 있었는데, 9월 초에 이렇게 대면하다니 반갑기 그지없었습니다.

　너도바람꽃이니 변산바람꽃이니 이런저런 접두어가 붙은 여타 바람꽃과 달리, 그저 바람꽃으로만 불리는 꽃. 전국에서 주로 봄철에 피는 여느 바람꽃과 달리 한여름에 꽃이 피는, 지역적으로는 남한의 경우 설악산에만 서식하는 대표적인 북방계 식물입니다.

학명은 *Anemone narcissiflora* L. 미나리아재비과의 여러해살이풀

니콘 D800 | 105mm | F4 | 1/2000초 | 노출보정 −1.5EV | ISO 250

니콘 D800 | 105mm | F4.5 | 1/1600초 | 노출보정 −1.0EV | ISO 500

니콘 D800　105mm　F 4.5　1/2500초　노출보정 −1.0 EV　ISO 500

👣 어디 가면 만날 수 있나

강원도 양양군 서면 오색리 흘림골로 금강초롱꽃을 만나러 갔다가 함께 보았다. 여심폭포 주위에 절묘하게 자리 잡은 금강초롱꽃을 담고 등선대까지 올랐다가 전망대 바위 사이에 늦게까지 남아 있던 바람꽃을 만났다. 커다란 바위에는 산솜다리도 뿌리내리고 있었다.

122 **9월 7일**
쓰레기 더미 위 하늘공원의 명물

야고

 10여 년 전, 멀리 제주도와 남해안 일대 억새밭에 기생하는 난대성 식물인 야고가 서울 난지도 쓰레기 더미 위에 조성된 하늘공원에서 발견됐다고 해서 야단법석이 났습니다. 사연인즉, 서울시가 2002년 하늘공원을 억새밭으로 조성하면서 제주산 억새를 대량으로 옮겨 심었는데, 그때 제주산 억새 뿌리에 기생하던 야고가 덩달아 따라와 서울 하늘 아래 뿌리를 내렸다는 것입니다.

 '귤이 회수를 건너면 탱자가 된다'는 말이 있지만, 야고는 탱자가 되기는커녕 고향 제주 바다를 향한 진한 그리움 탓인지, 키도 더 크고 꽃도 더 진한 분홍빛이어서 오히려 청출어람이란 말을 생각나게 합니다.

 서울 동쪽 망우리 고개를 넘으면 동구릉이 나옵니다. 거기 태조 이성계의 무덤인 건원릉이 있습니다. 헌데, 지엄한 건원릉의 봉분에 억새풀이 자랍니다. 조선을 세운 이성계가 권력을 둘러싼 골육상쟁에 넌더리가 난 탓일까, 자신이 죽거든 고향 함흥 땅에 묻어달라고 했답니다. 하지만 당시 왕인 태종 이방원으로선 선왕이 멀리 고향으로 돌아간다는 것은 자칫 권력의 정통성을 인정하지 않는다는 것으로 비쳐질 수 있기에 받아들일 수 없었습니다. 그래서 대신 고향의 흙을 가져다 봉분을 꾸몄는데, 이때 함경도의 억새가 덩달아 따라와 뿌리내렸다는 것입니다. 건원릉의 억새 봉분은 1년에 한 번, 한식

학명은 *Aeginetia indica* L. 열당과의 한해살이 기생식물

니콘 D800　105mm　F5　1/125초　노출보정 −1.0EV　ISO 180

때만 깎습니다. 참 사연도 곡절도 많은 풀, 억새입니다.

　가을이 본색을 드러내는 9월, 하늘은 파랗게 파랗게 높아가고, 땅은 더 짙은 갈색으로 갈색으로 변해갑니다.

　9월 초, 드넓은 하늘공원에는 갈색의 억새와 억새에 기생하는 야고가 갈색을 닮은 분홍빛으로 물들며 가을을 알립니다.

어디 가면 만날 수 있나

　가을이면 많은 야생화 사진작가들이 억새밭 사이에 빠끔히 보이는 야고를 만나러 상암동 하늘공원을 찾는다. 야고의 해맑은 얼굴은 이제 '꽃쟁이들'에겐 하늘공원의 대표 선수다. 하늘공원의 야고는 개체수도 많고 개화시기도 길다.

9월 8일
한탄강 절벽 연분홍 꽃잎

분홍장구채

봄에는 강원 정선·영월 등 동강 절벽에 피는 동강할미꽃, 가을에는 경북 청송 주왕산 절벽에 피는 둥근잎꿩의비름. 여름 절벽에 피는 꽃은 없을까 생각했는데, 기막히게도 있었습니다. 바로 경기 북부 한탄강 절벽에 피는 분홍장구채입니다. 이래서 '3대 절벽 꽃'이 완성됩니다.

경기도 포천 한탄강변에서 분홍색 꽃잎이 고운 분홍장구채를 만났습니다. 깎아지른 절벽, 수십 m쯤 되는 벼랑 곳곳에 뿌리를 내린 채 허공에 내뻗은 여러 가닥의 줄기 끝에 제각각 연분홍 꽃다발을 달고 선 모습이란…. 한마디로 대단했습니다. 먼길 달려온 수고가 하나도 아깝지 않았습니다.

우리나라 북부와 중국 동북부 지역에 분포하는 북방계 식물이란 말은 경기도 연천·포천, 강원도 홍천·철원 등이 이 꽃의 남방한계선이란 뜻이겠지요.

석죽과의 꽃들이 거개 그렇듯, 분홍장구채 역시 꽃받침이 장구통을 닮았습니다. 꽃봉오리와 줄기는 장구채를 닮았고요.

꽃은 참 예쁜데 예쁘게 담기 쉽지 않고, 꽃이 피는 경관은 정말 멋진데 보는 대로 표현하기 쉽지 않습니다. 서식하는 곳도 주로 바위 절벽이어서 다가가기도 어렵습니다. 늦여름 그늘 한 점 없는 곳에서 피는 탓에 피는 즉시 시들기 일쑤여서 온전한 꽃을 보기도 쉽지 않습니다.

캐논 EOS 350D 60mm F2.8 1/320초 노출보정 −2.0EV ISO 200

학명은 *Silene capitata* Kom. 석죽과의 여러해살이풀. 멸종위기종 2급

니콘 D800　16mm　F18　1/320초　노출보정 +1.0EV　ISO 250

캐논 EOS 350D　60mm　F2.8　1/320초　노출보정 −0.7EV　ISO 200

🐾 어디 가면 만날 수 있나

철원·포천·연천 등 경기·강원 북부 한탄강변에 가야 만날 수 있다. 사진의 분홍장구채는 경기도 포천시 영북면 대회산리 비둘기낭폭포 바위 절벽에서 담았다. 그러나 현재 비둘기낭폭포가 문화재보호법에 따라 출입이 금지되면서 가까이 갈 수 없어 망원렌즈의 도움을 받아야 한다. 이웃한 강원도 철원군 갈말읍 순담계곡 래프팅 출발지 주변 바위 절벽, 홍천군 북방면 홍천강 주변에서도 볼 수 있다.

9월 8일
나를 내버려두세요

물봉선

  여름에서 가을 사이, 깊은 산이든 동네 뒷산이든 야외로 나가 조금만 주의 깊게 길섶을 살피면 가장 흔하게 만날 수 있는 꽃이 바로 물봉선입니다.

  자주색 물봉선이 가장 흔하지만, 노랑물봉선도 어렵지 않게 만날 수 있지요. 흰 물봉선은 다소 귀해서 깊은 산에 가야 볼 수 있습니다.

  그런데 이름도, 잎도 뭔가 친숙한 느낌이 들지요? 맞습니다. 우리가 잘 아는 '울밑에선' 봉선화와 같은 과입니다. 단, 손톱에 꽃물을 들이는 봉선화는 인도에서 들여온 원예종이고, 물봉선은 우리 땅 우리 산야에서 자라는 토종입니다.

  "손대면 톡 하고 터질 것만 같은 그대~ 봉선화라 부르리"란 노랫말처럼 꽃이 지고 난 자리에 콩깍지처럼 부푼 열매 주머니가 영그는데, 진짜로 손대면 톡 터지면서 씨를 멀리까지 날려보냅니다. 그래서 '나를 건드리지 마세요'라는 꽃말을 가지고 있기도 합니다.

  2000년 '풀꽃세상을 위한 모임'이라는 단체가 지리산 계곡의 물봉선에 제6회 풀꽃상을 시상한 일이 있습니다. 물봉선의 꽃말처럼 '지리산을 개발하지 말고 내버려두라'는 메시지를 던진 것이지요.

  태풍이 지나간 숲에 물봉선이 한창입니다. 크고 작은 산 초입이나 계곡 하류 등 숲 가장자리에 흐드러지게 피어 호시탐탐 개발의 탐욕을 부리는 사람들을 향해 '나를 건드리지 마세요'라는 꽃말을 전하고 있습니다. 노랗고 붉은 물봉선이 숲을 지키는 첨병이 되고 있습니다.

캐논 EOS 350D | 60mm | F2.8 | 1/500초 | 노출보정 −1.0EV | ISO 200

학명은 *Impatiens textori* Miq. 봉선화과의 한해살이풀

캐논 EOS 350D　60mm　F4.5　1/500초　노출보정 -2.0EV　ISO 100

캐논 EOS 350D　24mm　F14　1/80초　노출보정 -2.0EV　ISO 1600

캐논 EOS 350D 60mm F2.8 1/3200초 노출보정 −1.3EV ISO 200

👣 어디 가면 만날 수 있나

전국의 웬만한 산과 계곡에서 볼 수 있다. 7월부터 9월까지 한여름 뙤약볕 아래 대체로 산 초입에 풍성하게 피어나 문명과 자연 간 경계 역할을 맡고 있다. 사진 속 물봉선은 경기도 포천시 영북면 대회산리 비둘기낭폭포를 배경으로 담았다. 비둘기낭폭포는 2012년 천연기념물로 지정되면서 현재는 문화재보호법에 따라 출입이 통제되고 있다.

125 9월 8일
순백에서 진홍까지 색이 다른 앙증맞음

고마리

잡초인가 싶어 그냥 지나치기 십상입니다. 자잘한 꽃들이 한 무더기나 보이지만, 자세히 들여다보기 전까지는 고만고만한 게 유별나게 구별되지 않아 고개를 돌리게 마련입니다. 일견 '아! 예쁘다'는 생각이 들기도 하지만, 너무 작고 흔히 만날 수 있기에 외면하기 일쑤지요. 그렇지만, '작은 것이 아름답다'는 말을 실감나게 하는 고마리입니다.

마디풀과 식물들이 다 그렇듯, 꽃이 없으면 이목을 끌지 못하는 그저 그런 잡초에 불과하지만, 순백색에서 진홍색 사이 농도가 다른 앙증맞은 꽃들이 풍성하게 피어나면, 그 진가를 아는 이들은 눈이 빠져라 카메라를 들이댑니다.

사연 많고 한 많은 며느리밑씻개와 꽃 모양이나 꽃피는 시기, 서식처 등이 비슷합니다. 하지만 며느리밑씻개가 고마리보다는 줄기에 난 가시가 더 억세고 삼각형 잎이 뾰족뾰족한 게, 그야말로 며느리 골탕 먹이고 싶어 하는 시어머니의 고약한 심보에 안성맞춤이지요.

 캐논 EOS 350D  60mm F2.8 1/1250초 노출보정 −1.0EV ISO 200

학명은 *Persicaria thunbergii* (Siebold & Zucc.) H.Gross.
마디풀과의 덩굴성 한해살이풀

캐논 EOS 350D　60mm　F2.8　1/1000초　노출보정 -2.0EV　ISO 200

캐논 EOS 350D　60mm　F4.5　1/1000초
노출보정 -2.0EV　ISO 100

캐논 EOS 350D　60mm　F2.8　1/200초
노출보정 -2.0EV　ISO 200

캐논 EOS 350D 60mm F2.8 1/160초 노출보정 -1.3EV ISO 100

어디 가면 만날 수 있나

전국의 산과 들, 물가나 산속, 어디에서든 만날 수 있어 딱히 어디가 좋다고 특정하기가 어렵다. 사진은 경북 청송 주왕산, 경기도 양평 용문산, 서울 마포구 상암동 하늘공원 등지에서 담았다.

126 · 9월 8일
초록 진주를 품은 별꽃

덩굴별꽃

분홍장구채 만나고 돌아서는 길, 꽃받침이 장구채보다도 더 장구처럼 생긴 꽃이 길섶 풀밭에 여기저기 걸려 있습니다. 덩굴별꽃입니다.

장구채나 별꽃이나 다 같은 석죽(石竹)과에 속하는 식물이기에 꽃받침 역시 같은 장구 모양새를 하고 있지 않나 싶습니다.

별꽃이니 쇠별꽃이니 하는 많은 별꽃류 중에서 꽃이 크고 시원시원한 게 아마 가장 잘난 꽃이 바로 덩굴별꽃이 아닐까 생각합니다.

꽃도 꽃이지만 초록 진주처럼 생긴 열매가 인상적인데, 시간이 지나면서 검은 보석으로 변색을 합니다.

👣 어디 가면 만날 수 있나

경기도 포천시 영북면 대회산리 비둘기낭폭포 주변 길섶에서 담았다.

학명은 *Cucubalus baccifer* var. *japonicus* Miq. 석죽과의 덩굴성 여러해살이풀

127 9월 8일
이역만리 아프리카가 고향

수박풀

처음 본 곳이 중국 동북부 연변의 콩 재배 농장 주변이니, 중부 아프리카 원산이라는 출신 성분이 참으로 무색한 수박풀입니다. 당초 관상용으로 심었던 것이 야생으로 번져 우리나라 전역은 물론 전 세계로 퍼진 듯싶습니다.

길게 갈라지는 잎 모양이 수박 잎을 닮아 수박풀이란 이름을 갖게 됐습니다. 아침나절 작은 나팔꽃 모양의 꽃이 피었다가 지고 난 뒤 연두색과 갈색 줄무늬 씨방이 맺히는데 역시 '작은 수박'이라고 할 만큼 수박을 닮았습니다.

열대의 땅에서 어떤 연유로 이역만리 한반도까지 오게 됐는지 알 수 없으나, 조로초(朝露草)·미호인(美好人)·야서과(野西瓜) 등 한자 이름을 보아 결코 짧은 인연은 아닌 듯싶습니다. 7~8월 길가나 논밭 가장자리에서 뙤약볕을 온몸으로 받으며 흰색에 가까운 연노란색 꽃을 피웁니다.

👣 **어디 가면 만날 수 있나**

덩굴별꽃과 마찬가지로 경기도 포천시 영북면 대회산리 비둘기낭폭포 주변 길섶에서 담았다. 또 다른 장소는 멀리 중국 연변이다. 몇 년 전 한 식품업체에서 중국 지린(吉林) 성 연변자치주의 콩 재배 농장을 소개한다기에 취재차 따라갔다가 만났다.

학명은 *Hibiscus trionum* L. 아욱과의 한해살이풀
캐논 EOS 350D 60mm F2.8 1/640초 노출보정 -2.0EV ISO 100

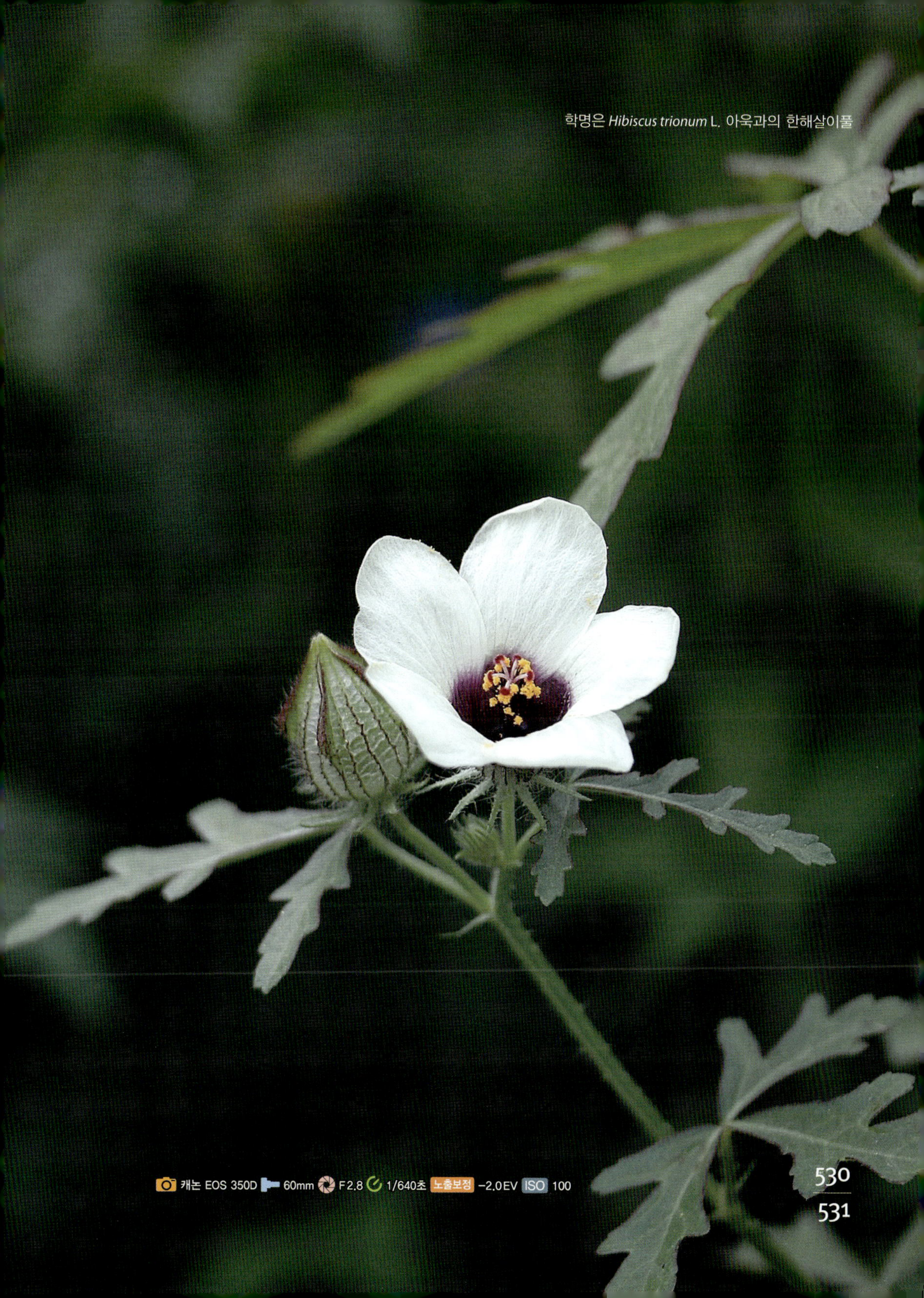

9월 14일
성벽에 뿌리내린 탐스런 꽃

큰꿩의비름
—꿩의비름

아침부터 가을비가 내립니다.
"남한산성에 큰꿩의비름이 한창일 텐데…. 할 수 없지. 집에서 쉬자."
그러던 차에 창밖을 내다보니 웬걸, 비가 그치기 시작합니다.
"에라, 가다가 돌아오더라도 일단 가보자."
다행히도 가는 동안 비는 서서히 그치고, 먹구름도 곧 걷힐 듯합니다.
배낭을 둘러메고 성곽 밖으로 급히 나서자 난데없는 광경이 눈앞에 펼쳐집니다. 구불구불 길게 둘러쳐진 산성 주변이 말끔히 정리된 것이지요. 산성 주변에 웃자란 잡목과 풀들을 쳐내고 둘레길을 내면서 성벽에 붙어 피는 꽃들도 함께 쓸려나간 것입니다. 사진 찍는 사람들에게 '호환·마마보다 더 무서운' 건 비와 어둠입니다. 그런데 이제 보니 비와 어둠보다 더 무서운 게 예초기입니다.
서문으로, 남문으로, 동문으로, 그야말로 동분서주한 끝에 아직 환경정리의 손길이 미치지 않은 일부 구간을 찾았습니다. 다행히 성벽에 뿌리내린 채 예쁘고 탐스럽게 피어난 큰꿩의비름을 담을 수 있었습니다.
꿩의비름류 중에서 이름대로 키도 크고 꽃도 크고 화려한 게 큰꿩의비름입니다.

니콘 D800 | 16mm | F18 | 1/60초 | 노출보정 −1.0EV | ISO 320

학명은 *Hylotelephium spectabile* (Boreau) H. Ohba. 돌나물과의 여러해살이풀

니콘 D800　105mm　F4　1/2000초　노출보정 -2.5EV　ISO 160

👣 어디 가면 만날 수 있나

　　경기도 광주 남한산성에 가면 성벽 돌틈 사이사이에 피어난 큰꿩의비름을 만날 수 있다. 사진은 남한산성 내 4대문 가운데 동문에 해당하는 좌익문 위 장경사 주변 성벽에서 찍었다. 장경사 주차장 앞 쪽문을 통해 산성 밖으로 나가면 된다. 산성 안쪽보다는 바깥쪽 성벽에 자라기에, 산성 밖 둘레길을 따라가면서 성벽을 살피면 쉽게 만날 수 있다.

꿩의비름

학명은 *Hylotelephium erythrostictum* (Miq.) H.Ohba. 돌나물과의 여러해살이풀

장미꽃도 꽃이고, 호박꽃도 꽃입니다. 처음 보는 순간 누구나 반할 만큼 화려한 꽃도 있지만, 오래 두고 지켜볼수록 수수한 아름다움이 돋보이는 꽃도 있습니다.

둥근잎꿩의비름과 꿩의비름은 도톰한 녹색 잎이나 뾰족뾰족한 별 모양의 꽃도 흡사합니다. 하지만 둥근잎꿩의비름은 최고 대접을 받는 반면, 전국의 산과 들에 흔히 피는 꿩의비름은 눈길조차 제대로 받지 못하고 있습니다. 둥근잎꿩의비름은 꽃 전체에 감도는 화사한 붉은색과 바위 절벽에 서식한다는 사실 때문에 유별난 인기를 얻고 있지요.

꿩의비름도 꽃을 가만 들여다보면 유연한 곡선미와 풍성함, 유백색과 분홍색의 묘한 어울림 등으로 부드러운 여성미랄까 모성애랄까, 그만의 독특한 멋을 물씬 풍기고 있습니다.

어디 가면 만날 수 있나

경기도 가평 화악산 등산로에서 만났다.

캐논 EOS 350D　60mm　F3.5　1/400초　노출보정 -1.0EV　ISO 100

129 9월 25일
붉은 립스틱 바르고 물가에 내려앉은 매화

물매화

가을의 문턱. 붉은 립스틱의 유혹에 빠져 먼길 다녀왔습니다.

긴 설명이 필요 없을 듯합니다. 이른봄 매화가 그윽한 향으로 온 천지를 뒤덮는다면, 이른가을 물매화가 빨간 립스틱을 앞세워 온 세상을 유혹합니다. 이름 그대로 단아한 흰 꽃은 고매한 정절을 상징하는 매화꽃을 그대로 닮았습니다.

청명한 가을 하늘을 향해 우윳빛 꽃잎을 활짝 받쳐든 것만으로도 예쁘기 그지없는데, 수술 끝에 붉은색 립스틱까지 발랐으니 어찌 환상적이지 않을까요?

"오늘 밤만은 그댈 위해서 분홍의 립스틱을 바르겠어요~ 그대 가슴에 지워지지 않을 분홍의 입술 자욱 새기겠어요~"

"립스틱 짙게 바르고… 내 정녕 그대를 잊어주리라."

가요 메들리가 물매화 피는 계곡에 울려 퍼지는 듯합니다.

더 깊고 맑은 물이 흐르는 계곡에 갔습니다. 물매화가 계곡 여기저기에 풍성하게 피어났습니다. 계곡물은 맑고 푸르고, 꽃은 희고 단아하고, 물에 비친 하늘은 높고 짙푸르고….

물가에 핀 물매화를 보고는 "영문도 모르고 영문과에 갔다"는 광고 카피가 떠올랐습니다. 그야말로 영문도 모르고 이제껏 물매화라 불러왔던 것 같습니다.

물가에 핀 물매화. "정말 좋은데, 어떻게 표현할 방법이 없네"라는 광고 카피처럼, 정말 예쁜데 달리 표현할 길이 없네요.

학명은 *Parnassia palustris* L. 범의귀과의 여러해살이풀

캐논 EOS 350D　27mm　F8　1/125초　노출보정　+0.7EV　ISO 800

니콘 D800　105mm　F4　1/640초　노출보정　-1.0EV　ISO 200

캐논 EOS 350D　60mm　F2.8　1/500초　노출보정 −1.7EV　ISO 100

👣 어디 가면 만날 수 있나

　　전국의 높고 큰 산에 가면 만날 수 있다. 한라산과 지리산은 물론 가야산·황매산·대암산·도솔산·용문산 등 웬만큼 이름 있는 산에는 다 자란다. 그중 이름이 널리 알려진 양대 탐사지는 강원도에 있다. 평창군 대화면 대덕사 계곡이 그 하나요, 정선군 화암면 덕산기 계곡이 다른 하나다. 둘 다 자동차로 자생지 바로 옆까지 갈 수 있다. 접근이 수월한 만큼 훼손되기 쉽다. 어떻게든 지켜야 한다며 뜻있는 이들이 한사코 숨기고 싶어 하는 생태계의 보고다.

130 9월 25일
가을 계곡 물들이는 반짝이는 보랏빛

좀개미취

오후 햇살이 비스듬히 파고드는 강원도 정선 덕산기 계곡.

깊은 산 물가에 주로 서식하는 보랏빛 좀개미취.

그리고 위에서 들여다보면 바닥이 훤히 보일 정도로 투명하지만, 다소 거리를 두고 바라보면 옥색으로 빛나는 맑은 계곡물.

이 모든 것이 한데 어우러져 가을이 깊어갑니다.

좀개미취는 오대산 이북의 산지에서 자라는데, 멸종위기종으로 지정되지는 않았지만 분포지가 극히 제한돼 있어서 각별한 보호가 요구됩니다.

👣 어디 가면 만날 수 있나

물매화와 마찬가지로 강원도 정선군 화암면 북동리 덕산기 계곡에서 담았다. 정선 읍내에서 화암면 방향으로 424번 도로를 타고 가다 월통휴게소에서 좌회전해 월통교를 건넌 뒤 덕산기 계곡 끝까지 가면 된다. 오른편에 바닥이 다 보일 정도로 투명한 계곡물이 흐르고, 그 주변에 물매화와 좀개미취가 핀다.

니콘 D800 | 105mm | F3.5 | 1/1000초 | 노출보정 −0.7EV | ISO 100

학명은 *Aster maackii* Regel. 국화과의 여러해살이풀

131 9월 26일
이름은 빌렸으나 미모와 색은 오리지널을 능가하다

나도송이풀
-흰송이풀/한라송이풀

학명은 *Phtheirospermum japonicum* (Thunb.) Kanitz. 현삼과의 반기생 한해살이풀

꽃들도 시샘을 합니다. 깊은 산에 피는 흰 꽃이 '바람꽃'이란 멋진 이름을 뽐내자, 다른 흰 꽃이 '나도바람꽃'이라 맞서면서 또 다른 흰 꽃을 보고는 '너도바람꽃'이라 합니다.

'나도'나 '너도'가 붙은 식물은 꽃이든 잎이든 무엇인가 오리지널과 비슷한 특성을 가졌다고 볼 수 있습니다. 이른바 짝퉁이거나 아류라고 할 수 있지요. 그런데 짝퉁이 오리지널보다 훨씬 예쁜 경우가 왕왕 있습니다. 그중 하나가 나도송이풀입니다. 송이풀이란 이름을 빌렸지만 꽃의 모양이나 색은 오리지널 송이풀을 훨씬 앞지릅니다.

송이버섯과 능이버섯이 나는 철, 산속을 헤매다 양지바른 길가로 내려서면 한 무더기 환하게 피어 반겨주는 꽃이 바로 나도송이풀입니다. 버섯류와는 전혀 다른 식물이고 그 이름의 유래도 다르지만, 엉뚱하게도 연상 작용을 하게 만듭니다.

니콘 D800 | 105mm | F3.5 | 1/1000초 | 노출보정 −0.3EV | ISO 250

👣 어디 가면 만날 수 있나

늦여름부터 가을까지 전국의 웬만한 산과 계곡에 가면 초입부터 만날 수 있다. 파란 가을 하늘을 배경으로 담은 나도송이풀은 경기도 양평군 단월면 산음리 산음천이란 작은 냇가에서 만났다.

흰송이풀

학명은 *Pedicularis resupinata* f. *albiflora* (Nakai) W.T.Lee. 현삼과의 여러해살이풀

"산 넘어 넘어 돌고 돌아, 그 뫼에 오르려니~."

처음 보는 순간 1978년 대학가요제에서 노사연이 호방하게 불렀던 노래 〈돌고 돌아가는 길〉을 떠올렸습니다. 첫눈에 팔랑개비 같기도 하고, 물레방아 같기도 한 나선형 구조가 인상적으로 들어왔기 때문이겠지요. 가만히 보면 새의 부리와도 닮은꼴입니다.

캐논 EOS 350D | 60mm | F3.2 | 1/320초 | 노출보정 -1.0EV | ISO 200

어디 가면 만날 수 있나

흰송이풀은 한여름 경기도 양평 용문산 정상 풀밭에서 만났다. 연분홍색 송이풀은 경기도 가평 화악산에서 봤다.

한라송이풀

학명은 *Pedicularis hallaisanensis* Hurus.
현삼과의 여러해살이풀. 특산식물. 멸종위기종 2급

한라산에서 발견돼 한라송이풀이란 이름이 붙었고, 2012년 멸종위기종 2급으로 추가 지정돼 보호받고 있습니다. 반갑게도 설악산 장수대지구 안산과 가야산 정상 주변에서도 자생지가 발견돼 각별한 보호와 관리를 받고 있습니다. 자생지 분포로 보아 고산식물이라 할 수 있습니다. 섬송이풀 또는 제주송이풀이라고도 합니다. 백두산에 피는 구름송이풀과 많이 닮았습니다.

니콘 D800 105mm F13 1/320초 노출보정 −0.5EV ISO 400

어디 가면 만날 수 있나

경남 합천 가야산 정상에서 담았다.

9월 28일
가을 한탄강변에 운치를 더하는

포천구절초

  날은 저물고 비는 나리고….

  "눈은 푹푹 나리고 / 나는 나타샤를 생각하고…."

  그 유명한 백석의 시 〈나와 나타샤와 흰 당나귀〉가 생각나는 한탄강변의 저녁 무렵이었습니다. 물론 눈 대신 비가 '나리고' 있었지요.

  거센 강바람에 시달려 여윈 당나귀처럼 줄기와 잎이 가늘고 성긴 포천구절초가 혹 꽃망울을 활짝 열지 않았을까, 더 늦으면 저 홀로 시들어버리지나 않을까…. 이런저런 생각이 겹치자 내 눈으로 확인해야겠다 싶어 휑하니 달려갔습니다.

  그야말로 날은 저물고 비가 내리는 악조건이었지만, 꽃은 풍성하게 피어 반갑게 맞아주었습니다.

  미라보 다리 아래 센 강이 흐르듯, 강변 언덕에 포천구절초가 흐드러지게 피어나고, 검게 변해가는 하늘빛을 가득 품은 한탄강은 무심히 흐르고, 어둠은 시시각각 내려앉고, 구절초 향 짙게 번지는 강마을 집집마다에선 '나와 나타샤와 흰 당나귀'의 두런두런 속삭임이 새어나오며…. 참으로 운치 있는 한탄강변의 가을이었습니다.

  포천구절초는 강원도 철원과 경기도 포천·연천 일대를 굽이쳐 흐르는 한탄강 가에 피는 구절초를 일컫는 이름입니다. 여느 구절초에 비해 잎이 더 가늘게 갈라지고 털이 거의 없는 게 특징입니다. 그래서 가는잎구절초라고도 부릅니다.

니콘 D800 16mm F20 1/250초 노출보정 −1.0EV ISO 200

학명은 *Dendranthema zawadskii* var. *tenuisectum* Kitag. 국화과의 여러해살이풀

니콘 D800　16mm　F16　1/125초　노출보정 −2.0EV　ISO 500

👣 어디 가면 만날 수 있나

　강원도 철원과 경기도 연천 한탄강변에 가면 어렵지 않게 만날 수 있다. 그중 철원군 동송읍 이길리 직탕폭포 주변과 연천군 청산면 궁평리의 이른바 '자살바위' 부근이 한탄강의 절경을 배경으로 포천구절초를 담을 수 있는 명소다.

133 10월 1일
네가 있어 한탄강이 외롭지 않다

강부추

한반도 내륙의 유일한 '화산하천'이라는 한탄강.

화산활동 후 흘러내린 용암이 굳어져 생성된 현무암 평원을 지납니다. 강 양편 곳곳엔 수십 m 높이의 현무암 협곡과 육각기둥의 주상절리가 형성돼 천하 절경을 자랑합니다.

한탄강 물길에는 검은색 현무암뿐 아니라, 선이 유연하고 부드러운 화강암 바위가 많기로도 유명합니다. 억겁의 세월 동안 물살에 마모된 둥근 화강암 바위들이 물길을 이리저리 휘돌아 흐르게 합니다.

그 바위 틈새마다 강한 생명력을 자랑하는 식물들이 뿌리를 내리고 사계절 또 다른 멋진 풍광을 만들어냅니다. 철쭉과 돌단풍·포천구절초·강부추 등이 그 주인공들입니다.

"산에 살면 산부추, 강에 사니 강부추… 아니겠느냐?" 했더니 정말 그런 이름이 붙었습니다.

그렇습니다. 가을 청정한 한탄강 푸른 물을 배경으로 피어나는 강부추가 있어 내륙 북부 접경 지역이 그리 외롭지 않습니다. 황량하지 않습니다.

어디 가면 만날 수 있나

포천구절초와 마찬가지로 한탄강변에서 두루 만날 수 있다. 철원 직탕폭포와 연천 '자살바위'를 목표로 찾아가면 된다. 특히 철원 직탕폭포와 고석정 사이 한탄강변으로 내려가면 멋진 풍광을 배경으로 강부추를 담을 수 있다.

니콘 D800 19mm F18 1/250초 노출보정 -2.0EV ISO 200

학명은 *Allium longistylum* Baker. 백합과의 여러해살이풀

니콘 D800　105mm　F 5.6　1/5000초　노출보정 −2.0EV　ISO 200

니콘 D800　105mm　F 5　1/5000초　노출보정 −2.5EV　ISO 160

134 10월 1일
투명한 가을날 고혹적인 보랏빛

솔체꽃

투명한 가을 하늘과 가장 잘 어울리는 우리 야생화를 꼽는다면?

구절초와 뚱딴지를 선두주자로, 비록 야생화는 아니지만 많은 이들이 좋아하는 산들산들 코스모스도 포함될 것이고, 그다음엔…. 깊고 높은 산에 주로 피는 꽃이어서 보통 사람들에겐 다소 생소하겠지만, 야생화를 조금 아는 이라면 솔체꽃이란 대답에 고개를 끄덕일 것입니다.

드높은 파란 하늘을 향해 고개를 쳐든 진보랏빛 솔체꽃은 한번 본 이의 혼을 홀딱 빼앗을 만큼 화려하고 고혹적입니다. 투명한 가을 하늘이든, 서서히 바래가는 연두색 숲이든, 배경이 든든해야 그 아름다움이 더 돋보이는 꽃입니다.

연보랏빛 화사함에 쏙 빠져들었다가도, 산토끼꽃과란 분류와 '이루어질 수 없는 사랑' 또는 '모든 것을 잃었다'는 꽃말의 묘한 부조화에 혼자 웃습니다.

꽃이 핀 줄기는 죽고 꽃이 피지 않은 줄기의 뿌리가 겨우내 살아남아 이듬해 꽃을 피우는 두해살이풀입니다.

캐논 EOS 350D　60mm　F3.5　1/500초　노출보정 −1.0EV　ISO 100

학명은 *Scabiosa tschiliensis* Gruning, 산토끼꽃과의 두해살이풀

니콘 D800 | 105mm | F3.2 | 1/1250초 | 노출보정 -0.5EV | ISO 160

니콘 D800 | 105mm | F3.2 | 1/6400초 | 노출보정 -2.0EV | ISO 160

어디 가면 만날 수 있나

강원도 평창 대덕사 계곡에서 물매화와 함께 만났다. 경남 함양 남덕유산 해발 1492m 서봉 주변 고지대에서도 많이 만났다. 평창에서는 산행을 하지 않고도 솔체꽃을 볼 수 있다.

135 10월 2일
뿌리는 뿌리대로, 꽃은 꽃대로

뚱딴지

그저 방안에 처박혀 있기에는 볕이 너무 좋아 무작정 길을 나섭니다. 굳이 높은 산에 오르지 않아도 사방에서 꽃들이 눈에 들어옵니다. 코스모스도 있고 쑥부쟁이도 만개해 자기가 가을을 대표하는 꽃이라고 으스댑니다. 개중에는 마을 어귀에서 '나를 보아달라' 소리치는 노란색 꽃도 있습니다.

해바라기보다는 작고 코스모스보다는 큰 꽃. 파란 가을 하늘을 바탕으로 샛노란 색이 인상적입니다. 바로 북아메리카 원산인 뚱딴지 꽃입니다. 이름이 '뚱딴지' 같아 돼지감자라는 별칭이 본명인가 싶지만, 뚱딴지가 제 이름입니다.

지금은 꽃으로 눈에 들어오지만, 예전에는 꽃이 아닌 뿌리가 공략 대상이었습니다. 먹을 게 귀했던 시절, 감자 맛도 아니고 고구마 맛도 아닌 무미한 돼지감자의 뿌리는 일종의 구황식품이었습니다. 요즘은 훌륭한 다이어트 식품, 건강식품으로 다시 주목받고 있습니다.

👣 **어디 가면 만날 수 있나**

서울에서 가까운 강화도나 양평 등지를 드라이브하면 도로변, 마을 주변에서 흔히 만날 수 있다. 사진은 경기도 양평군 단월면 345번 지방도로 주변, 양평군 강상면 98번 지방도로 주변에서 담았다.

학명은 *Helianthus tuberosus* L. 국화과의 여러해살이풀

136 10월 3일
통곡하고 싶은 가을, 놓치면 통곡할 꽃

둥근잎꿩의비름

학명은 *Hylotelephium ussuriense* (Kom.) H. Ohba. 돌나물과의 여러해살이풀

'통곡하고 싶은 가을'이란 한 방송 진행자의 가을 찬사가 귓전에 맴돌던 즈음 이 꽃을 만났습니다. 그러곤 '통곡하고 싶은 야생화'라 불렀습니다.

깎아지른 절벽 틈새에, 크고 작은 바위틈에 어떻게 뿌리를 내리고 진홍색 꽃을 피워내는지, 참으로 경이롭고 존경스럽고 신비스러울 따름입니다.

한창 꽃필 시기가 열흘 정도 지났기에 경북 청송 주왕산까지 운전하고 달려가는 네 시간여 내내 금자동이 은자동이 같은 늦둥이 꽃 한 송이라도 볼 수 있다면 그것으로 만족하겠다고 다짐했습니다.

아니나 다를까, 가뜩이나 귀한 데다 시기를 놓친 탓에 시들어가는 꽃 몇 송이를 만나는 데 그쳤습니다. 그러나 지는 해가 더 장엄하듯, 마지막 불꽃을 태우는 듯한 작은 꽃 몇 송이만으로도 그 황홀한 아름다움을 만끽하기에 충분했습니다.

말 그대로 잎은 둥글고 도톰한 게 바위틈에 척 달라붙어 긴 가뭄도 충분히 견딜 수 있을 듯 보였습니다.

처음 주왕산에서 발견된 뒤 특산식물인 줄 알았는데, 이후 연해주와 캄차카에도 같은 종이 서식하는 것으로 알려지고, 인근 팔각산 등지에서도 자생지가 확인되면서 2012년 환경부 지정 멸종위기종 2급에서 해제되었습니다. 몇 년 전 한 민간 식물원에서 종자를 따다 번식시키는 데 성공해, 수천 포기를 주왕산에 인공 증식하기도 했습니다.

이런 긍정적인 뉴스에도 불구하고 방심했다간 절멸하기 쉬운 희귀 야생화 동강할미꽃과 더불어 절벽에서 피고 지는 최고의 야생화라는 사실에 한 치의 의심도 있을 수 없는 소중한 식물 자원입니다.

니콘 D800　35mm　F 18　1/400초　노출보정 -2.5EV　ISO 800

니콘 D800　105mm　F 9　1/200초　노출보정 -2.5EV　ISO 200

캐논 EOS 350D　60mm　F2.8　1/800초　노출보정 -2.0EV　ISO 100

👣 어디 가면 만날 수 있나

　　경북 청송 주왕산과 영덕 팔각산은 야생화 애호가들에겐 성지 같은 곳이다. 주왕산의 여러 탐방로 중 청송군 부동면 상의리 상의주차장을 출발해 대전사를 거쳐 제1폭포로 오르는 길 양편 절벽에서도 만날 수 있지만, 거리가 멀고 높아 사진 촬영은 쉽지 않다. 그러니 처음부터 절골 코스를 택하는 게 낫다. 절골탐방지원센터 주차장에 차를 세우고 절골계곡으로 들어가면 된다. 10분쯤 오르면 왼편 절벽에서부터 계곡이 끝나는 지점까지 곳곳에서 볼 수 있다.

　　영덕 팔각산도 꼭 가봐야 할 자생지이다. 영덕군 달산군 옥산리 옥계유원지 관리사무소나 영덕산마루펜션을 내비게이션에 입력하고 찾아가면 된다. 관리사무소 옆길을 따라 숲으로 들어가 철제 다리를 건너 20여 분 팔각산을 오르면 오른쪽 계곡 여기저기에 자생지가 보인다.

137 10월 7일
청계천 물길서도 피는 장한 꽃

구절초

　모처럼 청계천에 나갔더니 물길 양쪽 상단에 구절초가 만발했습니다. 도심 한복판 숱한 차량에서 뿜어져 나오는 매연을 이겨내고 흰 눈 내린 듯 구절초가 피어 있더군요. 참으로 장한 가을꽃입니다.

　가을이면 전국의 산이니 계곡이니 바위틈이니 길섶이니 언덕배기니, 그 어디에서든 만날 수 있습니다. 멀리 주왕산 바위 절벽에서도 만났고, 평창 물매화 피는 계곡에서는 연분홍 꽃을 만났습니다. 경기도 화악산 바위 위에는 한여름 때 이르게 핀 것도 있었습니다.

　'쑥부쟁이와 구절초를 구별하지 못하는 너하고 절교'라고 어느 시인은 선언했지만, 까짓것 쑥부쟁이와 구절초를 구별하지 못한들 무에 그리 대수겠습니까? 그저 들국화란 이름으로 모두 즐기면 되는 것을….

　어떤 이는 5월 단오 무렵 다섯 마디이던 줄기가 9월 9일이면 아홉 마디로 자란다 해서, 또 다른 이는 음력 9월 9일 채취하는 것이 약효(특히 부인병)가 좋다고 해서 구절초라 했다고도 설명합니다.

　몇 해 전 '사진만 찍지 말고 꽃송이 몇 개 따보라'는 촌로 약초꾼 말에, 심산유곡에 핀 구절초를 꽃째로 따서 말린 뒤 따끈한 찻물에 띄우니 간단하게 운치 있는 국화차가 되더군요.

　전국적으로 울릉국화·낙동구절초·포천구절초·서흥구절초·남구절초·한라구절초 등 30여 종이 자생하며, 흔히 가을철 들국화란 이름으로 불립니다.

학명은 *Dendranthema zawadskii* var. *latilobum* (Maxim.) Kitam. 국화과의 여러해살이풀

캐논 EOS 350D | 34mm | F4.5 | 1/250초 | 노출보정 +0.7EV | ISO 800

👣 어디 가면 만날 수 있나

　전국의 높은 산에 두루 피지만, 경남 합천 황매산과 강원도 양구 도솔산이 동호인들이 많이 찾는 명소다. 도솔산의 경우 양구군 동면 비아리 도솔산지구전투위령비를 목적지로 찾아가면 된다. 산 정상 가까운 주차장에 차를 세우고 한 시간쯤 오르면 된다. 산행 도중 길섶은 물론 작은 고개마다에서 구절초를 만날 수 있다. 경기도 가평 화악산에서는 흰 구절초를, 강원도 평창 대덕사 계곡에서는 분홍 구절초를 만날 수 있다.

138 10월 8일
제주 바다와 어울려 더 특별한

갯쑥부쟁이

　바다 건너 제주의 식물은 뭍에 사는 것들과는 사뭇 다릅니다. 같은 꽃이라도 제주에 피는 것은 '한라' 또는 '갯' 같은 접두어가 붙곤 하지요.
　사철 불어대는 바닷바람과 현무암 토양, 한라산의 고산 지형 등이 변수가 돼 뭍의 식물들과는 조금씩 다른 모습이기 때문입니다. 가령 같은 고들빼기라도 제주에는 한라고들빼기가 있는가 하면, 갯고들빼기도 있습니다.

학명은 *Aster hispidus* Thunb. 국화과의 두해살이풀

쑥부쟁이도 마찬가지입니다. 제주 바닷가에 피는 쑥부쟁이는 누군가 말했듯, 키가 '난쟁이 똥자루'만큼 작습니다. 대신 잎은 더 두껍고 차져 보입니다. 게다가 꽃도 보라색 일변도가 아니라, 구절초 못지않을 만큼 고고한 흰색도 있습니다.

푸른 바다와 거무튀튀한 현무암, 흰 파도, 그리고 이 모든 것들과 잘 어우러진 연보라색 갯쑥부쟁이가 제주의 가을 바닷가를 정감 있게 만들고 있습니다.

캐논 EOS 350D 24mm F13 1/500초 노출보정 −2.0EV ISO 100

캐논 EOS 350D　25mm　F18　1/250초　노출보정 −2.0EV　ISO 100

어디 가면 만날 수 있나

제주도 바닷가에서 쉽게 만날 수 있다. 특히 서귀포시 대정읍 마라도에 가면 선착장 주변부터 섬 전체 해안가에 줄지어 피어 있는 걸 볼 수 있다.

139 10월 9일
바위에 붙어 몸을 곧추세운 마애불

정선바위솔

하늘이 3천 평이니, 해가 노루 꼬리만큼 짧게 든다느니 하는 말의 의미를 몸으로 체감케 하는 곳, 강원도 정선 땅입니다. 오후 4시 무렵인데 벌써 해가 건너편 산마루까지 내려옵니다. 조금 뒤 해가 산 밑으로 떨어지고, 정선바위솔이 핀 너덜지대는 곧바로 햇빛 없는 그늘 아래 놓이고 말았습니다.

깊은 산 계곡에서는 한겨울이 아니어도 해가 늘 노루 꼬리만큼 짧습니다. 앞산 뒷산 산그늘이 길게 드리우기 때문이지요. 자연스레 사진 찍는 일도 중단됐습니다.

바위 이끼에 붙어 자생하는 정선바위솔은 널찍한 연분홍 잎이 화사한 게 여느 바위솔과 가장 다른 특징입니다. 게다가 커다란 바위에 붙어 몸을 곧추세우고 있는 모습이, 조금 과장하자면 마애불을 닮았다는 생각도 듭니다.

"줄기는 가지를 치지 않으며 잎은 둥글다. 꽃은 1개가 달리며 꽃자루는 없다. 강원도 정선과 평창 지역의 바위 곁에서 자라며, 겨울눈으로 월동하는 여러해살이풀이다. 높이는 10~20cm 정도 자란다."

정선바위솔 자생지에 내걸린 안내판의 설명입니다.

강원도 정선과 평창 등 극히 일부 지역에 자생하는데, 최근 효소 열풍이 불면서 남획이 우려되고 있습니다. 이대로 가다간 군락지와 개체수가 크게 줄어 멸종위기종으로 분류되지 않을까 걱정됩니다. 다행히 최근 자치단체들이 자생지에서 종자를 채취해 인공 발아 및 파종을 하는 등 인위적인 보존과 증식을 위해 열정을 쏟고 있습니다.

니콘 D800　27mm　F13　1/400초　노출보정 -1.0EV　ISO 250

학명은 *Orostachys chongsunensis* Y.N.Lee. 돌나물과의 여러해살이풀. 특산식물

어디 가면 만날 수 있나

강원도 정선군 화암면 몰운리 소금강 일대가 주 자생지다. 몰운리 산99-6을 찾아가면 424번 도로 변에 너덜지대가 펼쳐지고, 정선바위솔 자생지를 알리는 표지판이 바로 앞에 세워져 있다. 주차 공간도 마련돼 있다. 차를 세우고 바위지대를 살피면 어렵지 않게 만날 수 있다.

10월 9일
연보랏빛 해국 한 다발 꺾어드리오리다

해국

해 뜨는 동해 추암까지 한달음에 달려가 만난 해국입니다. 그 유명한 촛대바위를 배경으로 해국 사진을 담아보자 했던 오랜 꿈을 이뤘습니다. 비록 일출은 보지 못했지만, 다소 때가 늦어 싱싱하고 풍성한 해국은 만나지 못했지만, 첫 대면치곤 '이만하면 됐다' 하고 스스로 위로했습니다.

"자줏빛 바위 가에 / 암소 잡은 손을 놓게 하시고 / 나를 부끄러워하지 않으시면 / 꽃을 꺾어 바치오리다."

이름을 알 수 없는 노인이 수로부인에게 바닷가 절벽에 핀 철쭉꽃을 꺾어 바치며 불렀다는 신라 향가 〈헌화가〉를 기억하시는지요?

신라 33대 성덕왕 때 강원도 강릉 태수로 부임하던 순정공의 아내 수로부인에 얽힌 노래가 바로 〈헌화가〉입니다. 추암 바로 앞 삼척시와 동해시 사이 3km 도로는 오늘날 '수로부인 길'로 불리며 수로부인에 얽힌 이야기를 들려줍니다.

높은 바위 끝, 깎아지른 절벽 사이 아슬아슬 피어 있는 해국을 보고 〈헌화가〉를 기억해낸 건 아주 엉뚱한 일이 아니겠지요. 물론 〈헌화가〉에 나오는 꽃은 철쭉이고 내가 만난 건 해국이지만, 그 꽃이 무엇이든 무슨 차이가 있겠습니까?

제주도는 물론 울릉도와 독도를 포함한 도서 및 중부 이남 해변에 두루 서식합니다.

니콘 D800　19mm　F18　1/320초　노출보정 −1.0EV　ISO 200

학명은 *Aster spathulifolius* Maxim. 국화과의 여러해살이풀

니콘 D800 105mm F9 1/800초 노출보정 -1.5EV ISO 200

니콘 D800 22mm F20 1/400초 노출보정 -0.3EV ISO 320

니콘 D800　31mm　F16　1/60초　노출보정 -1.5EV　ISO 200

니콘 D800　105mm　F18　1/400초　노출보정 -2.0EV　ISO 200

니콘 D800　105mm　F3　1/8000초　노출보정 −2.0 EV　ISO 100

캐논 EOS-350D　18mm　F18　1/125초　노출보정 −1.0 EV　ISO 200

니콘 D800　16mm　F11　1/250초　노출보정 -1.5EV　ISO 200

👣 어디 가면 만날 수 있나

제주도를 비롯한 전국의 해안가에서 만날 수 있다. 단, 서울 인근 강화도나 영종도, 인천 인근 바닷가에서는 보기 어렵다. 사진은 동해안 추암해변에서 담았다. 강원도 동해시 북평동 추암해수욕장으로 가면 된다. 길게 펼쳐진 모래밭을 따라 바위 곳곳에 무더기로 피어 있다. 특히 촛대바위가 솟은 작은 바위 더미 사이에 절묘하게 피어난 해국은 보면 볼수록 감탄사를 자아내게 한다. 저 멀리 제주의 마라도 갯쑥부쟁이 군락 사이에 드문드문 핀 해국도 인상적이다.

141 10월 12일
계면조로 흐르는 가을 강변에

좀바위솔

좀 늦으면 어떻습니까? 이 꽃 저 꽃 만개한 꽃밭도 좋았겠지만, 추색에 깊이 빠진 늦둥이 몇 송이만으로도 충분히 감격적인 하루였습니다.

철 지난 좀바위솔을 뒤늦게 찾아가 벅찬 기쁨으로 만났습니다. 꽃은 비록 절정을 지났지만, 울긋불긋 추색만은 가을의 한복판에 머물러 있었습니다. 만추의 계절과 한두 송이 좀바위솔의 만남은 곁에서 지켜보기에 가슴 시리도록 예뻤습니다.

깎아지른 절벽과 유유히 흐르는 옥색 강물, 불이라도 붙을 듯 붉게 물든 단풍, 그리고 앉은 자리에서 조용히 스러져가는 좀바위솔….

누군가 가을 강은 계면조로 흐른다고 했던가요? 한탄강변 좀바위솔도 계면조로 스러져가고 있었습니다. 반갑다는 인사도 미처 하기 전에 서둘러 떠나려는 가을. 그 가을이 남겨놓은 좀바위솔 대군락을 보고 있노라면 구구한 말이 생각나지 않습니다.

그저 세세연년 같은 자리에 피고 지고, 피고 지고 하기만을 두 손 모아 빌 뿐…. 정녕 내년 가을에도 다시 만날 수 있기를 간절히 기원합니다.

니콘 D800 | 16mm | F18 | 1/100초 | 노출보정 −1.0EV | ISO 200

학명은 *Orostachys minuta* (Kom.) A.Berger. 돌나물과의 여러해살이풀

니콘 D800　105mm　F4.5　1/1000초　노출보정 -3.0EV　ISO 250

니콘 D800　16mm　F6.3　1/500초　노출보정 -1.0EV　ISO 200

니콘 D800　16mm　F10　1/200초　노출보정 0EV　ISO 100

니콘 D800　105mm　F 4.5　1/2000초　노출보정 −1.5EV　ISO 200

니콘 D800　105mm　F 3.2　1/640초　노출보정 0EV　ISO 100

니콘 D800　105mm　F5　1/5000초　노출보정 −1.0EV　ISO 200

👣 어디 가면 만날 수 있나

강원도 철원 태봉대교 인근 한탄강변에서 담았다. 철원군 갈말읍 상사리 산38-1 숲속의궁전 주변에 차를 세우고 한탄강변으로 내려가면 된다. 충북 단양 도락산 자락에서도 만날 수 있다. 단양군 단성면 가산리 도락산 오르는 길의 바위 더미를 살피면 된다.

142 10월 12일
가을산에서 만난 호위 무사들

세뿔투구꽃
-투구꽃

처음엔 바위솔을 만나는 게 주목적이었습니다.

연꽃잎처럼 생긴 너른 이파리 위에 꽃대가 얌전히 앉은 연화바위솔을 보러 가던 길, 우연찮게 흰색 또는 푸른색이 살짝 감도는 투구꽃을 만났습니다. 그냥 투구꽃에 비해 꽃은 다소 작지만, 나란히 난 잎이 어른 손바닥보다 크고 넓적한 것이 도드라지게 눈에 띄었습니다. 그 잎 모양을 확인하고서는 함께 간 일행이 신이 나서 알려주더군요.

"아하! 귀한 세뿔투구꽃입니다. 그것도 흰 세뿔투구꽃입니다."

몇 해 전 가을 그렇게 만났습니다.

큰 잎은 전체적으로는 오각형이지만, 찬찬히 들여다보니 다섯 개의 모서리 중 윗부분의 세 개가 삼각뿔을 이루듯 유난히 모가 나 있더군요. 그래서 세뿔투구꽃이란 이름이 붙었다고 합니다.

자생지가 전남 백운산과 지리산, 대구 청룡산 등 일부 지역에 불과해 환경부 지정 멸종위기종 2급으로 분류돼 보호받고 있는 귀한 꽃입니다.

👣 **어디 가면 만날 수 있나**

경북 봉화 청량산에서 담았다. 봉화군 명호면 북곡리 '입석출발점' 주차장에 차를 세우고 청량사로 향한다. 30여 분 산행을 하다 보면 길 양편, 그리고 청량사 약수터 주변에서 만날 수 있다.

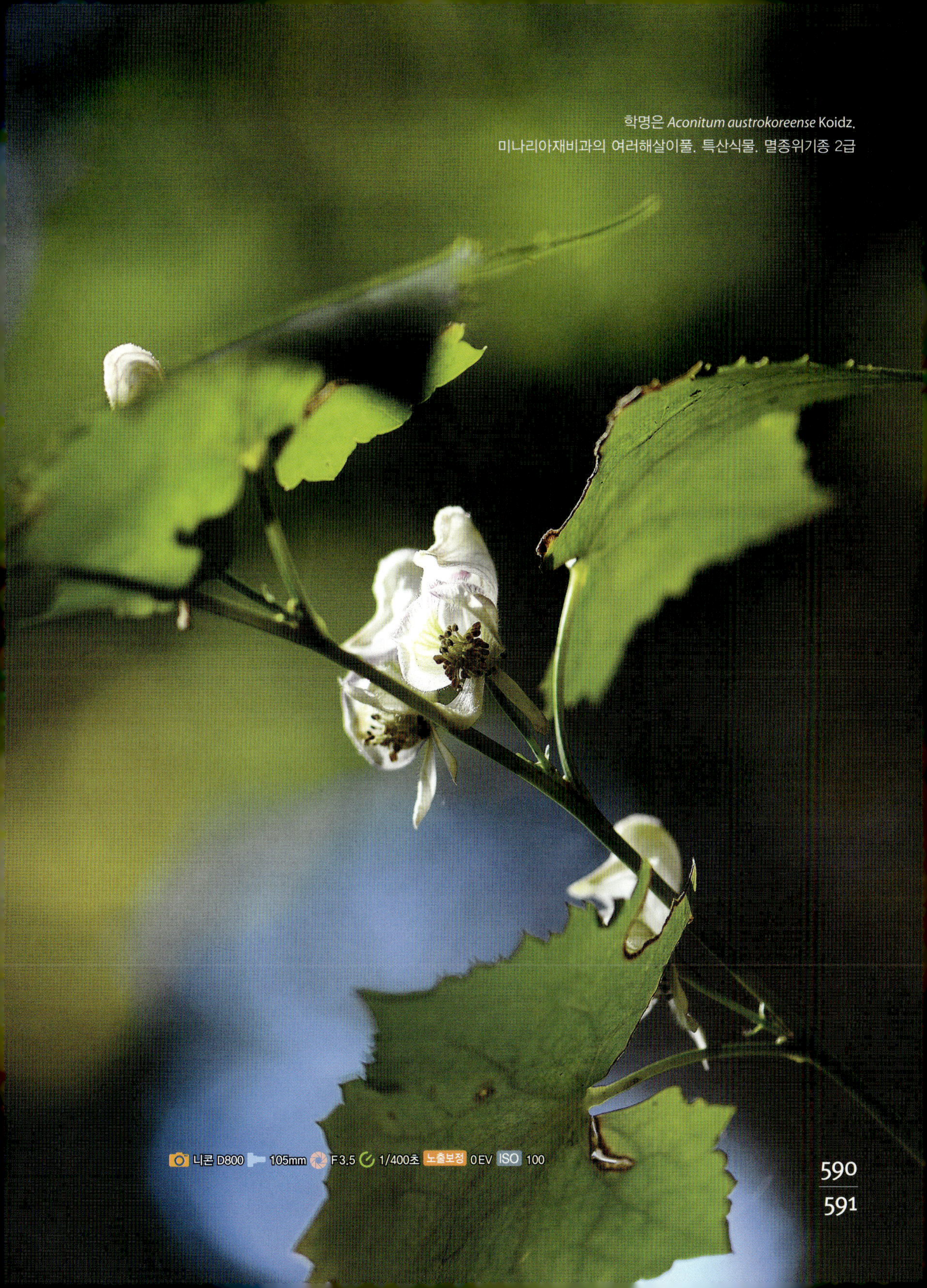

학명은 *Aconitum austrokoreense* Koidz.
미나리아재비과의 여러해살이풀. 특산식물. 멸종위기종 2급

니콘 D800 105mm F3.5 1/400초 노출보정 0EV ISO 100

니콘 D800　105mm　F4.5　1/800초　노출보정 −1.5EV　ISO 250

니콘 D800　105mm　F3.2　1/125초　노출보정 0EV　ISO 100

투구꽃

학명은 *Aconitum jaluense* Kom. 미나리아재비과의 여러해살이풀

　가을날 웬만한 산에 들면 그 옛날 용감했던 로마 병정들이 얼굴에 썼을 법한 모양의 투구꽃이 몇 송이에서 많게는 수십 송이씩 무더기로 피어나 호위 무사를 자처합니다. 처음 본 사람도 꽃 이름을 들으면 '아하!' 하고 무릎을 칠 만큼 모양이 흡사합니다. 짙은 남색, 투명한 보라색, 흰색이 넓게 번진 자주색 등 조금씩 차이가 있지만, 그 어느 것이든 나름대로 매력이 넘쳐납니다.

　그러나 모양과 색이 예쁜 만큼 무서운 독을 품고 있습니다. 그 옛날 폐비 윤씨와 장희빈 등이 마시고 한 많은 생을 마감한 사약의 원료 중 하나가 바로 투구꽃의 뿌리라 합니다.

어디 가면 만날 수 있나

경기도 양평 용문산, 대구 팔공산, 강원도 양구 도솔산 등지에서 담았다.

143 10월 12일
잘 살아온 누군가의 황혼을 닮은

용담 -과남풀

학명은 *Gentiana scabra* Bunge. 용담과의 여러해살이풀

'혹시나' 하고 산에 올라보지만, '역시나' 꽃을 만나기 어려워지는 계절입니다. 그래도 열심히 찾다 보면 개쑥부쟁이나 산국 정도 한두 송이 남아 겨울로 접어드는 황량한 산과 계곡, 들판을 지킬 즈음입니다.

그런 시기 높은 산 정상에서 강렬한 보랏빛 꽃을 만난다면 얼마나 기쁠까요? 바로 용담입니다. 경험상 가장 늦은 시기까지 꽃을 피우는 야생화라 해도 과언이 아닐 것입니다.

늦가을 높은 산 정상 어름에서 석양빛에 황금색으로 물드는 용담을 보노라면, 잘 살아온 한 인생의 황혼기를 엿보는 기분이 듭니다. 봄날 새싹처럼 피는 구슬붕이가 가을날 용담 꽃을 쏙 빼닮았습니다. 둘 다 신기하게도 용담과 용담속의 한통속 식물입니다. 이름과 크기는 다르지만 형태와 색깔이 거의 같은 용담과의 두 꽃이 봄가을 번갈아가며 깊은 산을 보랏빛으로 물들이는 것이지요.

뿌리가 용의 쓸개처럼 쓰다 해서 용담이라 불리는 약용식물입니다.

👣 어디 가면 만날 수 있나
강원도 철원군 동송읍 장흥리 태봉대교 부근 한탄강변에서 담았다.

과남풀

학명은 *Gentiana triflora* var. *japonica* (Kusn.) H.Hara. 용담과의 여러해살이풀

큰용담 또는 칼잎용담 등으로 불리다 과남풀이란 이름으로 통일됐습니다.

늦더위가 기승을 부리던 때, 막 피어난 금강초롱꽃을 만나러 화악산을 오르내리다, 진보라색 꽃이 환상적이어서 이리도 담고 저리도 담아봤습니다.

몇 해 전 고려불화대전에서 그 유명한 일본 센소지 소장 〈수월관음도〉의 '물방울 광배', 그 짙은 녹색에 빠졌다가 난데없이 과남풀이 생각났을 만큼 꽃색이 인상적입니다.

영국 시인 윌리엄 블레이크는 "들꽃 한 송이에서 천국을 본다"고 했지요? 과남풀 한 송이에서 깊이를 알 수 없는 고려 불화의 짙은 녹색을 봅니다.

캐논 EOS 350D | 60mm | F2.8 | 1/4000초 | 노출보정 −1.0EV | ISO 400

어디 가면 만날 수 있나

경기도 가평 화악산 중봉 등산로 곳곳에서 만날 수 있다.

144 | 10월 13일
스산한 가을, 가슴을 파고드는 진한 허브 향

가는잎향유
-꽃향유

만추의 스산함이 묻어나는 꽃, 바로 가는잎향유입니다.

천길 낭떠러지에 똬리를 틀고 앉아 초연한 듯 세상을 굽어보는 신선 같은 모습은 한여름 남덕유산에서 만난 솔나리와 참 많이 닮았습니다. 툭하면 생태계를 해하려드는 인간의 범접을 꺼리는 듯, 절벽 끝에 달라붙어 굽이굽이 산줄기를 내려다보는 가는잎향유 군락이 오래 기억에 남습니다.

깊어가는 가을만큼이나 향기도 깊어갑니다. 사진을 담는 내내 눈이 즐겁고 코가 호강하는 꽃이 바로 가는잎향유입니다. 폐부를 파고드는 듯한 천연의 향 때문이지요. 실가닥처럼 가는 잎은 계절이 깊어가면서 연두색에서 홍갈색으로 변하고, 꽃과 잎에선 박하 향보다도 진한 허브 향이 번져나와 가슴속으로 파고듭니다.

가는잎향유 깊고 강한 허브 향에 취하는 건 나만이 아닌가 봅니다. 가는잎향유 자생지에는 늘 수많은 벌과 나비들이 몰려들어 이 꽃 저 꽃 날아다니며 황홀한 만추의 성찬을 즐깁니다. 야생화 애호가들도 꽃에 취해서, 부지런히 오가는 벌·나비들의 바쁜 날갯짓에 넋을 잃고 연신 셔터를 눌러댑니다.

아직은 멸종위기 식물이 아니지만, 서식지가 많지 않아 잘 보호해야 할 토종 자산입니다.

니콘 D800 | 23mm | F18 | 1/125초 | 노출보정 −1.5EV | ISO 320

학명은 *Elsholtzia angustifolia* (Loes.) Kitag. 꿀풀과의 한해살이풀

니콘 D800　105mm　F10　1/500초　노출보정 -1.5EV　ISO 320

니콘 D800　16mm　F22　1/50초　노출보정 -1.0EV　ISO 500

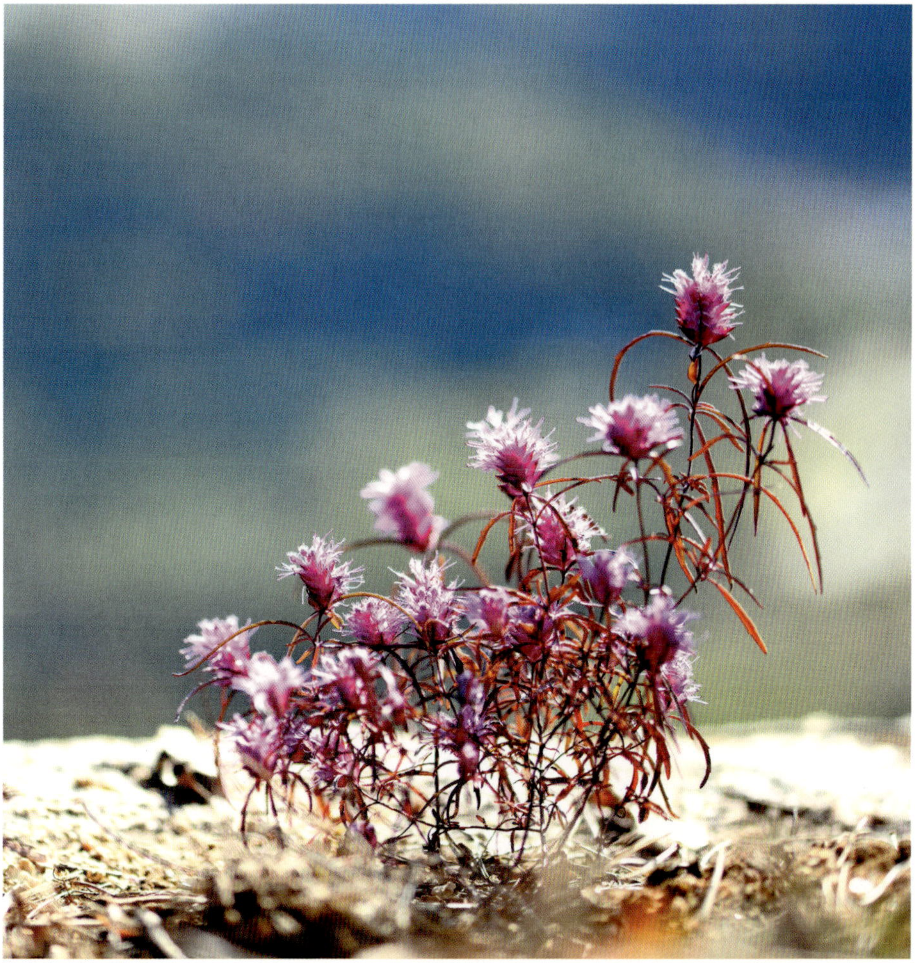

니콘 D800 105mm F3 1/640초 노출보정 −0.3EV ISO 100

어디 가면 만날 수 있나

조령산 · 월악산 · 속리산 등 충청과 경북에 접한 산악지대에 자생한다. 특히 깎아지른 바위 절벽에 주로 자라기 때문에 카메라에 담기가 여간 위험한 게 아니다. 문경새재로 유명한 조령산 절벽 곳곳에 자생하는 가는잎향유가 전망 좋고 꽃무더기도 풍성해 인기다. 몇 해 전 문경새재길에 자전거도로를 내기 전까지는 도로 가에도 무더기로 자랐는데, 지금도 새재길 절개지 일부에서 만날 수 있다.

꽃향유

학명은 *Elsholtzia splendens* Nakai. 꿀풀과의 여러해살이풀

척박한 산등성이, 메마른 바위고개, 잘려나간 절개지….

깊어가는 가을, 우리 산 우리 땅 어디에서건 화사한 자주색 꽃을 피웁니다. 꽃은 물론 잎새와 줄기 등 온몸에 향기로운 기름을 머금고 있는 꽃향유입니다. 깻잎 같은 잎도 줄기도 반질반질할뿐더러, 꽃에서 진한 향기가 나 벌·나비들이 가을의 향연을 펼칩니다.

니콘 D800 16mm F20 1/100초
노출보정 −2.0EV ISO 500

👣 어디 가면 만날 수 있나

제주도를 포함한 전국의 산에서 만날 수 있다. 기온이 영하로 떨어지는 늦가을에도 남부와 제주도 등 볕이 따사한 곳에선 찾아볼 수 있다. 강원도 양구 도솔산의 꽃향유도 유명하다.

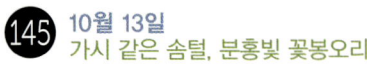

145 10월 13일
가시 같은 솜털, 분홍빛 꽃봉오리

가시여뀌
-이삭여뀌/개여뀌

꽃이 예쁘니 가시가 있고, 가시가 있으니 꽃이 예쁘고…. 명색이 '가시'라는 접두어가 붙었으니 그 꽃도 '한 미모' 하겠구나 짐작이 되시지요? 역시 뷰파인더로 들여다본 가시여뀌 분홍빛 꽃봉오리는 탄성이 터져 나올 만큼 앙증맞습니다.

가시 같은 솜털이 가을 햇살에 반짝이는 것도 볼 만합니다. 솜털이 무성하게 난 꽃대의 그림자를 담고 있는 연두색 잎도 청초합니다. 꽃봉오리가 활짝 벌어진 모습을 볼 수 있다면 금상첨화일 텐데, 아무리 찾아봐도 모두 닫혀 있습니다.

다시 한 번, '작은 것이 아름답다'는 말이 빈말이 아님을 실감합니다.

어디 가면 만날 수 있나

세뿔투구꽃과 마찬가지로 경북 봉화 청량사 주변에서 담았다.

니콘 D800 105mm F3.2 1/200초
노출보정 -0.7EV ISO 100

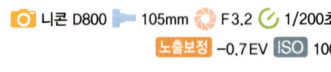

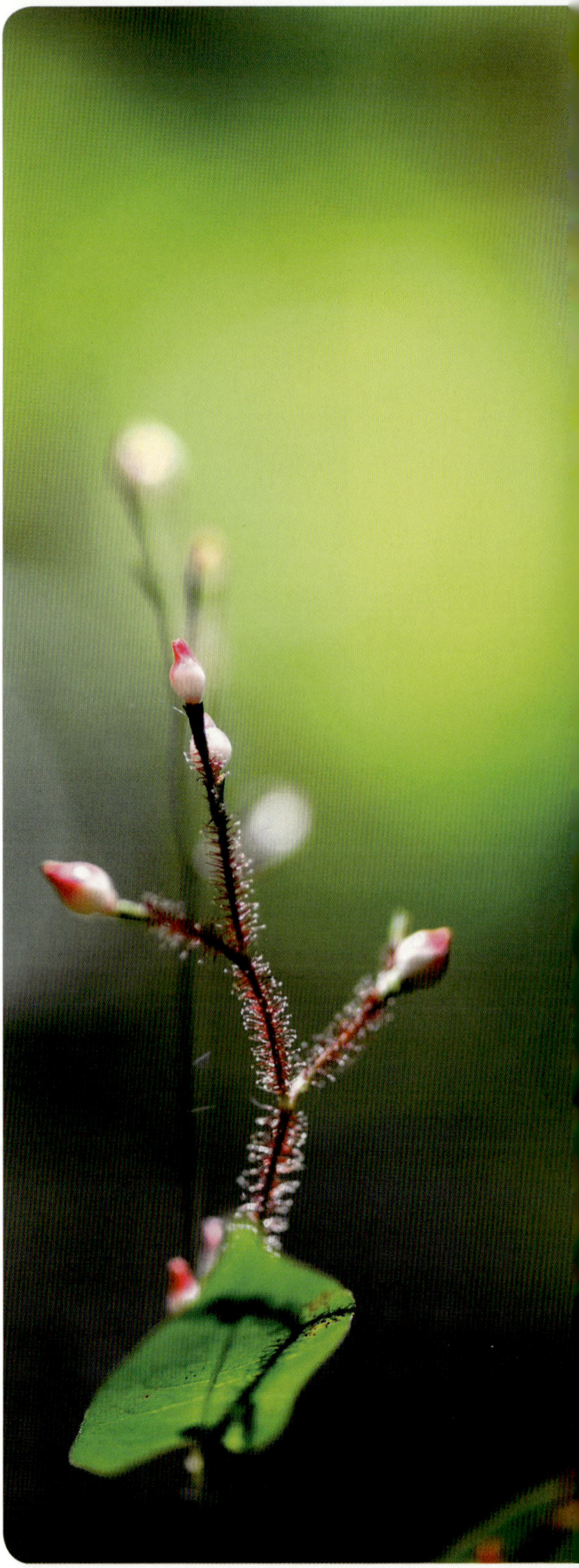

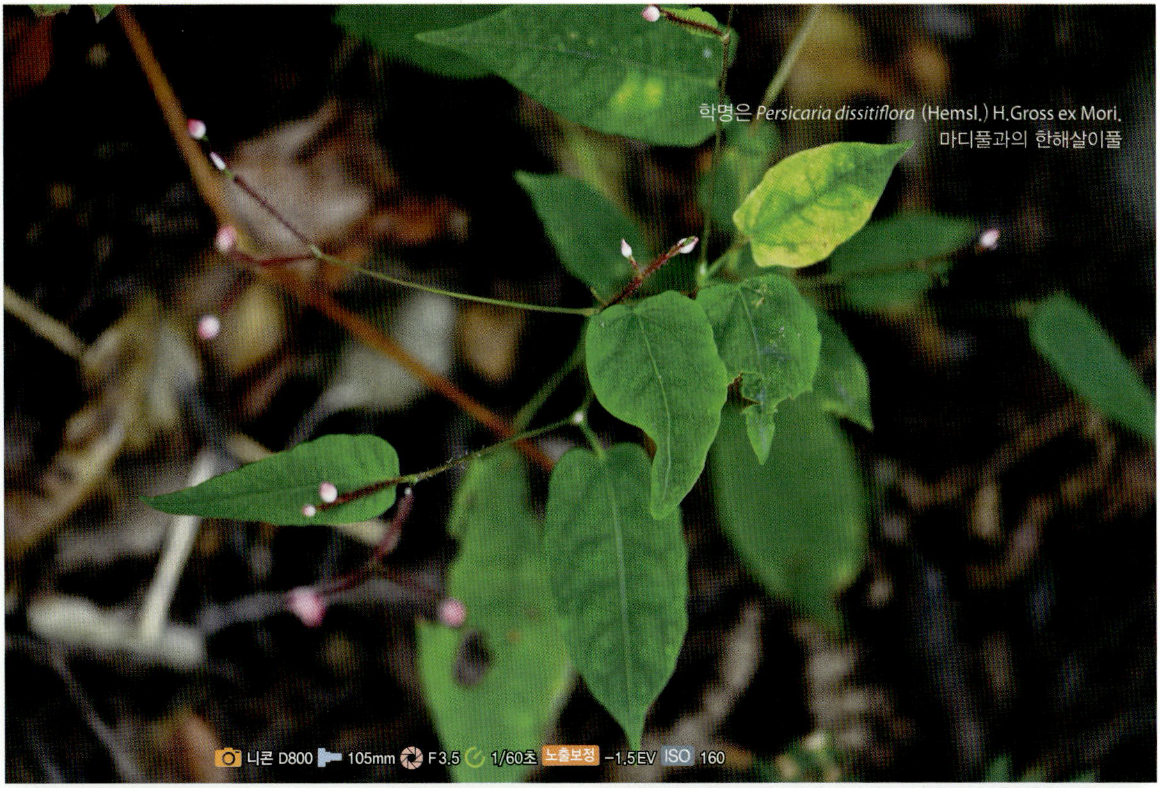
학명은 *Persicaria dissitiflora* (Hemsl.) H.Gross ex Mori.
마디풀과의 한해살이풀
니콘 D800 105mm F3.5 1/60초 노출보정 -1.5EV ISO 160

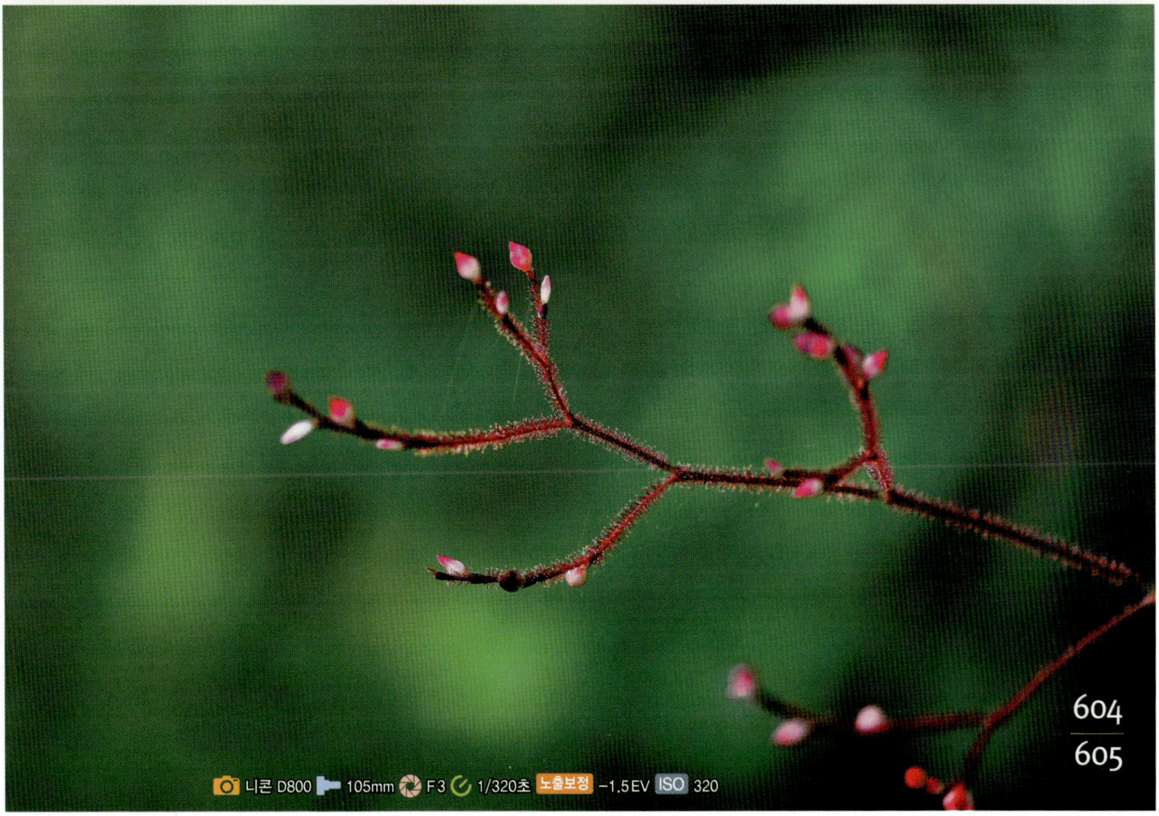
니콘 D800 105mm F3 1/320초 노출보정 -1.5EV ISO 320

이삭여뀌

학명은 *Persicaria filiformis* (Thunb.) Nakai ex Mori. 마디풀과의 여러해살이풀

커다란 타원형 잎들 사이로 낚싯대처럼 가늘고 긴 꽃줄기가 하늘로 솟고, 그 줄기에 드문드문 벼 낟알만 한 꽃이 달립니다. 여름부터 늦가을까지 이름 없는 뒷산을 무심코 거닐다 보면 만날 수 있습니다. 그야말로 잡초같이 생긴 이삭여뀌를 알아보고 그 자잘한 꽃에 관심을 기울이게 된다면, 진정 야생화 애호가라 이를 수 있습니다.

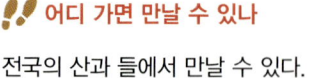 어디 가면 만날 수 있나

전국의 산과 들에서 만날 수 있다.

개여뀌

학명은 *Persicaria longiseta* (Bruijn) Kitag. 마디풀과의 한해살이풀

잡초는 없다지만, 이름 없는 꽃도 없다지만, 그래도 그 이름을 불러주는 이가 거의 없는 잡초 같은 개여뀌입니다. 들이건 산이건 길섶이건, 심지어 버려진 땅에서도 흔히 자라 무심코 지나치는 발걸음에 짓밟히고, 예초기에 잘려나가고, 자동차 바퀴에 짓눌리기도 하지만 아무 일 없다는 듯 다시 살아나 싱싱하게 꽃을 피웁니다.

우리나라의 마디풀과 여뀌속 식물은 모두 31종. 여뀌 중에서도 유사종을 일컫거나 비하하는 뜻의 '개' 자가 붙었으니 참으로 가련한 미물이지만, 봄부터 늦가을까지 줄기차게 피는 자잘한 꽃에선 그 나름의 영롱한 매력이 느껴집니다.

어디 가면 만날 수 있나
전국의 산과 들에서 만날 수 있다.

146 10월 13일
절집 바위틈에도, 검정 고무신에도

연화바위솔

그 인연이 참 묘하다 싶은 꽃입니다.

꽃대를 감싸고 있는 둥그런 잎이 연꽃잎을 닮았다고 해서 연화바위솔이란 이름이 붙었을 텐데, 연꽃은 그야말로 불교와 인연이 깊은 꽃이란 말이지요.

불상을 받치고 있는 좌대가 연꽃이요, 청정함, 나아가 극락세계를 상징하는 게 바로 연꽃입니다. 진흙탕에서 피어나는 연꽃은 지옥 같은 이승에서 깨달음을 얻는 해탈로 비유되기도 하지요. 해서 절집 주위에 활짝 피어난 연화바위솔이 결코 우연은 아니라는 생각에 절집 풍경을 함께 담아보았습니다.

그런데 보면 볼수록 작품입니다. 예술입니다.

자연 상태 그대로의 꽃, 이른바 야생화만을 담는다고 고집을 부린 지 여러 해. 그런데 이번엔 자연 상태의 꽃이 아니어도 아니 담을 수 없었습니다. 이리 보고 저리 보아도 정말 예술입니다. 어느 절집에서 만난 '꽃신' 이야기입니다.

검정 고무신에 담긴 연화바위솔의 아름다움에 탄복했습니다. 연화바위솔을 담은 검정 고무신의 묘미에 한껏 빠졌습니다. 어느 분의 감각인지 감탄하지 않을 수 없습니다. 참으로 대단한 솜씨입니다.

깊어가는 가을, 세상은 넓고 '고수'는 많음을 실감합니다.

니콘 D800 | 16mm | F5.6 | 1/320초 | 노출보정 0EV | ISO 200

학명은 *Orostachys iwarenge* (Makino) Hara. 돌나물과의 여러해살이풀

니콘 D800 105mm F3.2 1/2000초 노출보정 -1.7EV ISO 200

니콘 D800 16mm F18 1/125초 노출보정 0EV ISO 320

📷 니콘 D800　　105mm　　F 4　　1/3200초　　노출보정 −1.0 EV　　ISO 200

👣 어디 가면 만날 수 있나

경북 봉화 청량사 바위 축대에서 담았다. 청량사를 둘러싸고 있는 바위 더미 사이사이에 다수 자란다. 다만 이곳 연화바위솔에 대해선 정선바위솔 등 다른 종이라는 주장도 있다.

147 10월 14일
코끝에 스치는 산국 향, 세상은 그런대로 살 만하다

산국

천지간에 가을이 가득합니다. 눈길 가는 곳마다 울긋불긋합니다.

시리도록 파란 하늘 아래 한 가닥 바람결에 머리가 쌔 해질 만큼 강렬한 향이 실려옵니다. 산국 향입니다.

아침 햇살에 투명하게 빛나는 노란색 산국을 바라보다 때마침 한 줄기 바람이 불어와 알싸한 산국 향이 코끝을 스치기라도 할 양이면, '세상은 그런대로 살 만하지 않느냐'고 스스로 달래봅니다.

이름은 산에서 피는 국화지만, 전국의 산은 물론 야트막한 언덕이나 들녘 여기저기서 흔히 만날 수 있습니다.

꽃향기가 매우 진해 꽃잎은 독성을 빼는 과정을 거쳐 국화차의 원료로 쓰입니다. 잘 알려진 국화베개에 쓰이는 베갯속이 바로 산국의 꽃잎을 말린 것입니다.

15세기 문인 강희안이 쓴 《양화소록》에 따르면, 예부터 국화는 군자의 꽃이라 하여 역대 명현들이 특별히 좋아했다고 합니다. 특히 〈귀거래사〉로 유명한 도연명이 사랑한 은자의 꽃, 그리고 오상고절(傲霜孤節)이라 했듯 선비의 절조를 상징하는 꽃으로 여겨왔습니다.

국화베개의 역사도 오래된 듯, 18세기 문인 유언호는 〈국침명(菊枕銘)〉이란 글에서, 맏형이 묘향산에서 산국 몇 되를 가져와 베로 감싸 베개를 만들었더니 국화 향이 은은하게 코에 어렸다고 전하고 있습니다.

깊어가는 가을산을 오르다, 동네 한 바퀴 산책을 하다 산국 더미를 만나거든 한 줄기 꺾어 그 진한 향을 맡아보기 바랍니다. 머리는 물론 마음까지 환해지는 색다른 체험을 하게 될 테니.

📷 캐논 EOS 350D　🚩 60mm　F2.8　1/4000초　노출보정 -2.0EV　ISO 100

📷 니콘 D800　🚩 35mm　F4　1/1000초　노출보정 -0.3EV　ISO 100

니콘 D800　105mm　F3.5　1/400초　노출보정 −0.3EV　ISO 100

👣 어디 가면 만날 수 있나

전국의 산과 들, 계곡과 해변 어디서든 만날 수 있다. 경기도 연천 지장산 중턱 석대암, 충남 태안 안면도 꽃지해변, 경기도 광주 남한산성, 강원도 철원 한탄강변 등지에서 담았다.

148 10월 22일
여뀌류 가운데 제일

꽃여뀌

오죽하면 이름에 '꽃' 자가 들어갔을까?

가시여뀌만 해도 앙증맞은 그 미모가 여느 꽃들에 결코 뒤지지 않는데…. 꽃여뀌는 얼마나 예쁘기에 감히 '꽃'을 앞에 달고 살까?

이런 생각을 했는데, 실제 만나보니 과연 허언이 아니었습니다. 개여뀌·가시여뀌·바보여뀌·이삭여뀌·장대여뀌 등 국내에 자생하는 31종의 여뀌 중 제일은 꽃여뀌라더니…. 꽃이 작지만 도도한 게 매화랄까, 연분홍 벚꽃을 연상시켜 이게 도랑에서 저 홀로 피고 지는 풀꽃일까 싶었습니다.

한자로는 요화(蓼花)라고 합니다. 도랑이나 논 등 물가에 피는 붉은 꽃이란 뜻에서 수홍화(水紅花)라고도 합니다.

천변에 만발한 여뀌꽃의 아름다움이 이미 오래전부터 알려져 아예 요천수(蓼川水)란 이름으로 불려온 강도 있습니다. 지리산 계곡으로부터 내려와 남원 시가지를 가로지른 뒤 섬진강까지 백 리를 흘러가는 남원의 젖줄이 바로 그 주인공입니다.

추수가 한창인 10월 하순, 멀리 서산의 논으로 달려가 2km 이상 떨어진 곳에서 꽃여뀌의 암꽃과 수꽃을 각각 만났습니다.

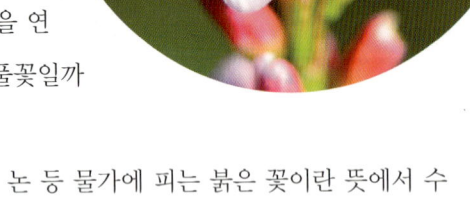

학명은 *Persicaria conspicua* (Nakai) Nakai ex Mori. 마디풀과의 여러해살이풀

| 니콘 D800 | 105mm | F8 | 1/1000초 | 노출보정 -0.5EV | ISO 320 |

| 니콘 D800 | 105mm | F3.8 | 1/8000초 | 노출보정 -2.0EV | ISO 320 |

적지 않은 식물들이 암꽃과 수꽃을 따로 피우기에 그러려니 했는데, 수컷인 장끼가 까투리보다 더 화려하듯, 식물의 세계에서도 수꽃이 암꽃보다 더 크고 색도 화려하다는 걸 새삼 알게 되었습니다. 암술과 수술이 각각 세 개, 여덟 개씩인데 암꽃은 암술이, 수꽃은 수술이 더 길게 밖으로 삐져나옵니다.

어디 가면 만날 수 있나

충남 서산 해미읍성 앞 작은 농수로 가에서 담았다. 서산시 해미면 읍내리 서산고등학교 뒤 작은 개천 가에 가면 만날 수 있다.

니콘 D800　105mm　F3.5　1/125초
노출보정 −0.7EV　ISO 100

149 10월 27일
한해 꽃농사의 마무리, 시작은 미미했으나 끝은 창대하리

좀딱취

어느덧 한해 꽃농사를 마무리할 때가 돼갑니다. 꽃 찾아다니는 이들이 흔히 하는 말이 있지요.

"좀딱취를 보았으니 이제 한해 꽃농사도 끝이구나."

그렇습니다. 이른봄 복수초와 여러 종류의 바람꽃으로 시작된 꽃 탐사의 대미를 장식하는 것이 바로 좀딱취입니다. 물론 개쑥부쟁이와 산국·감국 등 야성 강한 꽃들이 늦게는 눈 내리는 초겨울까지 마을 뒷산을 지키겠지만, 늦가을에 새로 피어나는 꽃은 아마 좀딱취가 유일하지 않을까 싶습니다.

키가 작고 못난 사람을 좀팽이라고 비하하듯, '좀' 자가 인간 세상에선 낮은 대우를 받지만, 자연계에선 결코 그렇지 않습니다. '시작은 미미하지만 끝은 창대하리라.' 키도 작고 꽃도 작지만 늦가을 깊은 숲에서 만난 좀딱취는 세상을 호령하고도 남을 만큼 의연하고 당차 보였습니다.

곰취 등 '취' 자가 붙는 식물과 마찬가지로 국화과인데, 꽃의 생김새는 어찌 단풍취 비슷하다는 말을 듣습니다. 맞습니다. 국화과 중에서도 단풍취·가야단풍취와 함께 국내에 자생하는 단풍취속 3종 가운데 하나입니다.

여름철에 피는 단풍취와 꽃 모양이 많이 닮았지만, 전초나 꽃의 크기는 키다리와 난쟁이만큼 차이가 납니다. 해서 '딱취'라는 식물의 존재를 알 수 없으니, 오히려 '좀단풍취'라고 부르면 어떨까 생각해봅니다.

니콘 D800　105mm　F4.5　1/160초　노출보정 −0.5EV　ISO 200

학명은 *Ainsliaea apiculata* Sch.Bip. 국화과의 여러해살이풀

어두컴컴한 숲속에 들어가 발밑을 아주 찬찬히 살펴야 겨우 알아볼 수 있을 정도로 작은 식물입니다. 물론 하얀 꽃이 형형한 빛을 발하여, 한번 눈에 들어오기 시작하면 주위에 있는 많은 개체를 쉽게 만나볼 수 있습니다.

도감마다 전국에 또는 남부 지방에 주로 자생한다고 하는데, 실제로는 충남 안면도 어름이 북방한계선이 아닐까 싶습니다.

어디 가면 만날 수 있나

남해안과 서해안 섬 등지의 그늘진 곳에 주로 자생한다. 사진은 안면도자연휴양림 뒤 숲에서 담았다. 태안군 안면읍 중장리 안면도해물탕 주변에 주차하고 숲으로 100m 정도 들어가면 된다.

니콘 D800 | 105mm | F3.2 | 1/2500초
노출보정 -1.0EV | ISO 200